国际时装设计经典系列丛书

高级服装设计与面料

修订版

（英）克莱夫·哈利特 阿曼达·约翰斯顿 著

衣卫京 钱欣 译

東華大學出版社

·上海·

图书在版编目（C I P）数据

高级服装设计与面料/（英）克莱夫·哈利特，（英）阿曼达·约翰斯顿著；衣卫京，钱欣译.—修订本.—上海：东华大学出版社，2016.4

ISBN 978-7-5669-0989-3

Ⅰ.①高…Ⅱ.①哈…②约…③衣…④钱…Ⅲ.①服装设计②服装面料 Ⅳ.①TS941.2②TS941.4

中国版本图书馆CIP数据核字（2016）第018254号

This book was designed, produced and published in 2014 by Laurence King Publishing Ltd., London.'

合同登记号：09-2015-005

责任编辑 谢 未

装帧设计 王 丽 鲁晓贝

高级服装设计与面料（修订版）

Gaoji Fuzhuang Sheji yu Mianliao

著 者：（英）克莱夫·哈利特 阿曼达·约翰斯顿

译 者：衣卫京 钱 欣

出 版：东华大学出版社

（上海市延安西路1882号 邮政编码：200051）

出版社网址：dhupress.dhu.edu.cn

天猫旗舰店：http://dhdx.tmall.com

营销中心：021-62193056 62373056 62379558

印 刷：上海万卷印刷股份有限公司

开 本：889mm×1194mm 1/16

印 张：16.25

字 数：572千字

版 次：2016年4月第2版

印 次：2024年5月第6次印刷

书 号：ISBN 978-7-5669-0989-3

定 价：98.00元

Fabric For Fashion

The Complete Guide

导 言

Introduction

服装设计和面料知识在教学中通常是独立的。在服装教学中，一般不包括原材料和面料生产的相关知识。

准确地理解面料以及构成面料的纤维是服装设计的基石，它使设计师能理性地而不是仅靠面料表面的吸引力来随意地选择面料。

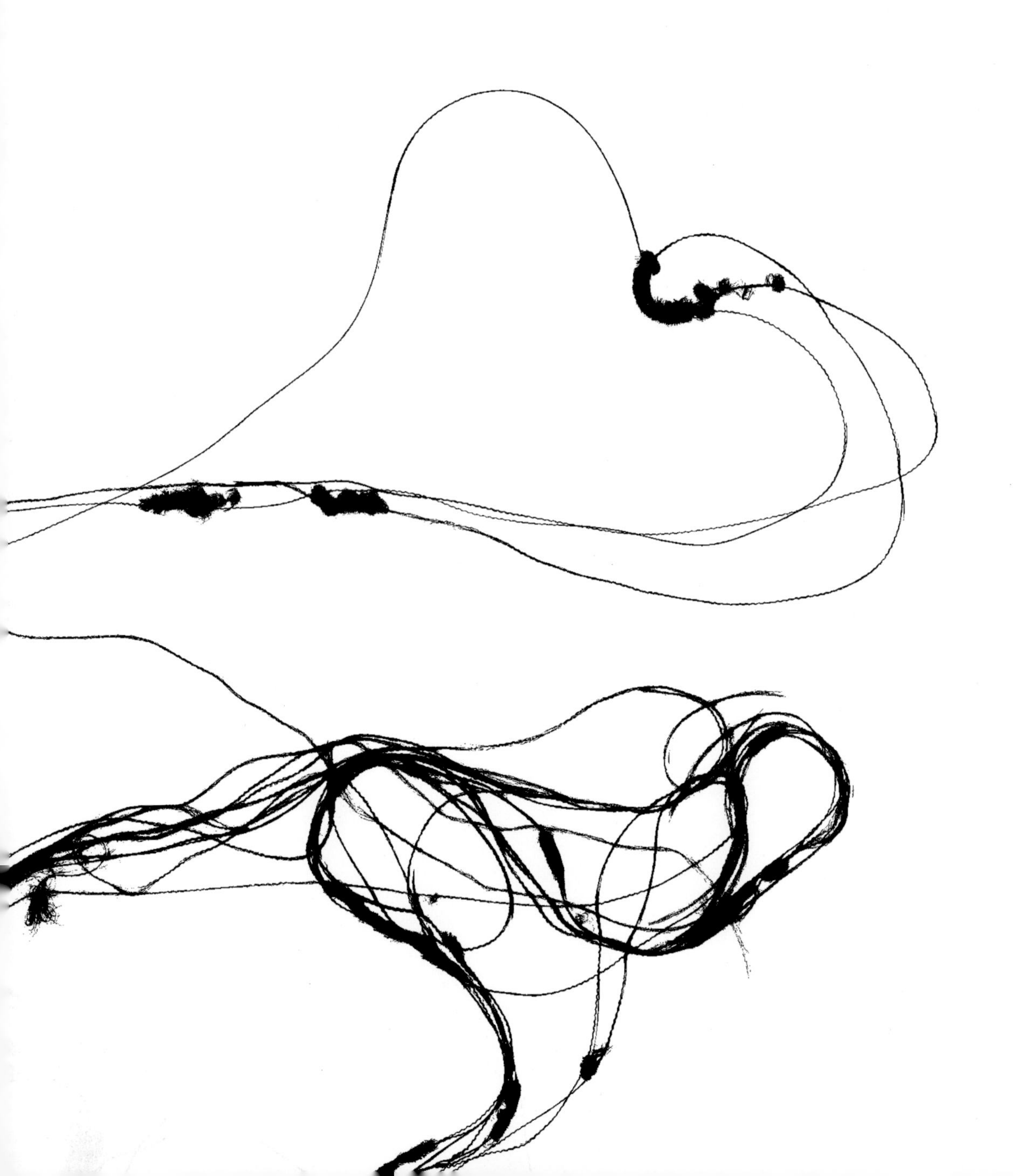

本书旨在成为一部简单易懂的面料词典，探究服装与面料之间的关系，在更广阔的流行领域中关注纤维和面料。本书的编写是为了告诉读者，不同的面料可以为设计过程提供无穷无尽的可能性。本书不是旨在成为一本面面俱到的技术指南，而是作为一种工具，使人们了解，并激发和鼓励他们创意性地使用面料。从内容上讲，本书力图提供足够的基础知识，作为开发服装产品的基础。

着眼于动物、植物和人造纤维，本书的每一个章节都关注特定种类纤维的历史、起源以及加工成面料成品的过程。除此之外，还探究了社会经济因素对某种特定纤维的重要性所产生的影响，以此来引起人们的注意：对于原材料的选择可能会以某种方式影响到生态、可持续性和道德问题。

各个章节都提供了一个丰富的术语库，以此来鼓励同行业专家们进行有知识依据且有效的交流。而这是以适用于所有纤维（无论其来源）的加工程序的信息为基础的。色彩的重要性将在单独的章节中探讨，最后一章则将服装行业所有组成部分的相互关系置于其背景下进行讲述。

服装与面料是一种相互依存、相互影响的关系，基于我们对衣着的需求，它们命运与共。

——《服装与面料：概观》，柯林·盖尔（Colin Gale）与贾斯布尔·考尔（Jasbir Kaur）著，博格出版社，2004年。

我们与纤维及面料的关系息息相关、包罗万象：我们被其环绕，睡于其中，穿于其内。从历史上看，面料的价值不仅体现在它们的实用与美学属性上，更体现在其强大到难以置信的文化含义上。面料显示了一种文明的艺术性与独创力，而有的甚至有助于在一个社会之中彰显身份地位。在现代生活中，面料的不断改进以及多样性，传达出了服装语言的复杂性。

纺织行业可能被过于简单地视为给服装行业提供原材料，但事实上这两个行业有着密不可分的联系。纺织行业的发展持续不断地影响着服装行业，反之亦然。面料做为品牌的一种强有力的视觉标识有着难以置信的影响力，它通常是界定品牌特色的核心部分。

服装设计师与面料之间的关系处于创造过程的核心。正确地选择面料是优秀设计的基础，对设计的成功与否起着关键的作用。对材料的理解越深刻，设计和面料之间的共生关系就越能产生预期的结果。

服装的未来在于面料，一切都源自面料。
——唐娜·凯伦（Donna Karan）

（右页图）在蕾丝和薄纱上镶嵌珠饰和刺绣，并由多层不同的面料组成，这件令人惊叹的作品由日本设计师广川玉枝（Tamae Hirokawa）为Somarta品牌所设计。

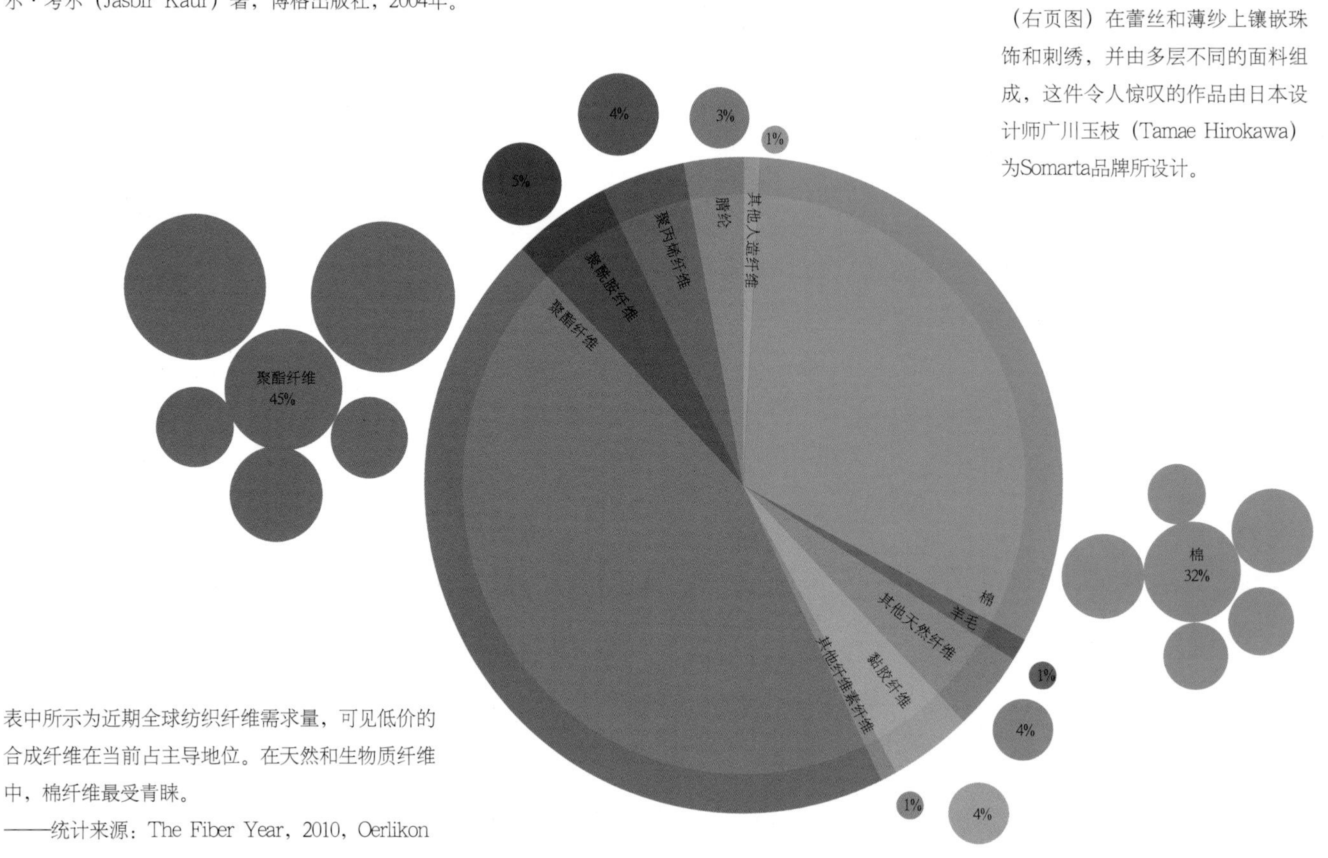

表中所示为近期全球纺织纤维需求量，可见低价的合成纤维在当前占主导地位。在天然和生物质纤维中，棉纤维最受青睐。
——统计来源：The Fiber Year，2010，Oerlikon

面料——服装的原材料（Fabrics：the raw material of fashion）

自古以来人们就穿着由动物或植物纤维制成的面料。人类在开发和加工处理原材料的过程中变得更加心灵手巧。

合成纤维发明于20世纪，最初是为了模仿天然纤维的特性，用以提供一种廉价、护理成本低廉的替代品。一些面料名称，比如达克伦（Dacron）、特丽纶（Terylene）、奥纶（Orlon）、亚克朗（Arylan）和克林普纶（Crimplene），都是以常用的人工合成材料为原材料，包括聚酰胺（Polyamide）、尼龙（Nylon）、聚酯（Polyester）、醋酸纤维（Acetate）和腈纶（Acrylic）。这些纤维和长丝主要是从煤和石油等原材料中提炼出来的。棉和毛料贸易组织投资天然纤维的技术开发，并积极开展营销攻势，以夺回最初被人造材料抢占的市场份额。

近几十年来，天然纤维日渐得到人们的重视，且价格合理。如今，天然纤维以及再生纤维和合成纤维材料在技术上的飞跃带来了令人欢欣鼓舞的发展潜力。它们为越来越复杂的消费者需求提供了让人惊喜的选择。合成织物技术的进步带来了一种与传统的、天然的材质完全不同的新风貌，并且两者齐头并进，而非背道而驰。超细纤维（新一代超微细合成纤维）与再生纱线、蚕丝、棉以及亚麻的结合，提供了新的外观以及各种潜在的性能。日常生活中对于回收利用的重视已经影响了现代对于生物降解合成材料的研究。

服装设计师意识到纤维和面料的最新动态以及正确选用它们对于服装系列设计的重要性。

——莎拉E.布拉多克·克拉克（SarahE.Braddock Clark）和玛丽亚·马奥尼（Marie Mahoney） 著，《科技织物2》（*Techno Textiles 2*）

未来面料（The future of fabrics）

选择并利用面料时，除了美学上的考虑以外，还需要考虑到很多问题。这件在“仙境”展览会上展出的样品（右页图），另辟蹊径地表现出了生物降解技术和产品的生命周期等要素。

“仙境”是一个非常有意思的合作项目，由来自谢菲尔德大学的托尼·莱恩（Tony Ryan）教授和设计师海伦·斯多里（Helen Storey）合作而成，其中还包括纺织品设计师翠西 贝尔福德（Trish Belford）所做的工作。这个项目将艺术、服装和科学都融入到了一个引人入胜的装置当中，于2008年1月第一次在伦敦时装学院以展览的形式公开亮相。

“仙境”被构想为一系列正在消失的服装，它们用入水后缓慢溶解的面料制成，为传达出该项目的中心主题而营造出一种视觉上引人注目的隐喻效果。每一件衣物入水时都发生不同的变化，引燃了水下明艳动人的“烟火”，表现出生物降解技术的美感。

这些正在消失的服装引发了我们对目前服装工业环境可持续性的探究以及我们应当如何处理废弃物的探索。这次合作原本是聚焦在塑料瓶的废弃问题以及“智能”包装这个概念上。其结果是开发出了一种在热水中可以溶解并形成凝胶以利于播种种子的材料，这种材料有着革新包装行业的潜能。

by Helen Storey, London
Tony Ryan,
and in association with Interface,

从纤维到面料（Fibres to fabrics）

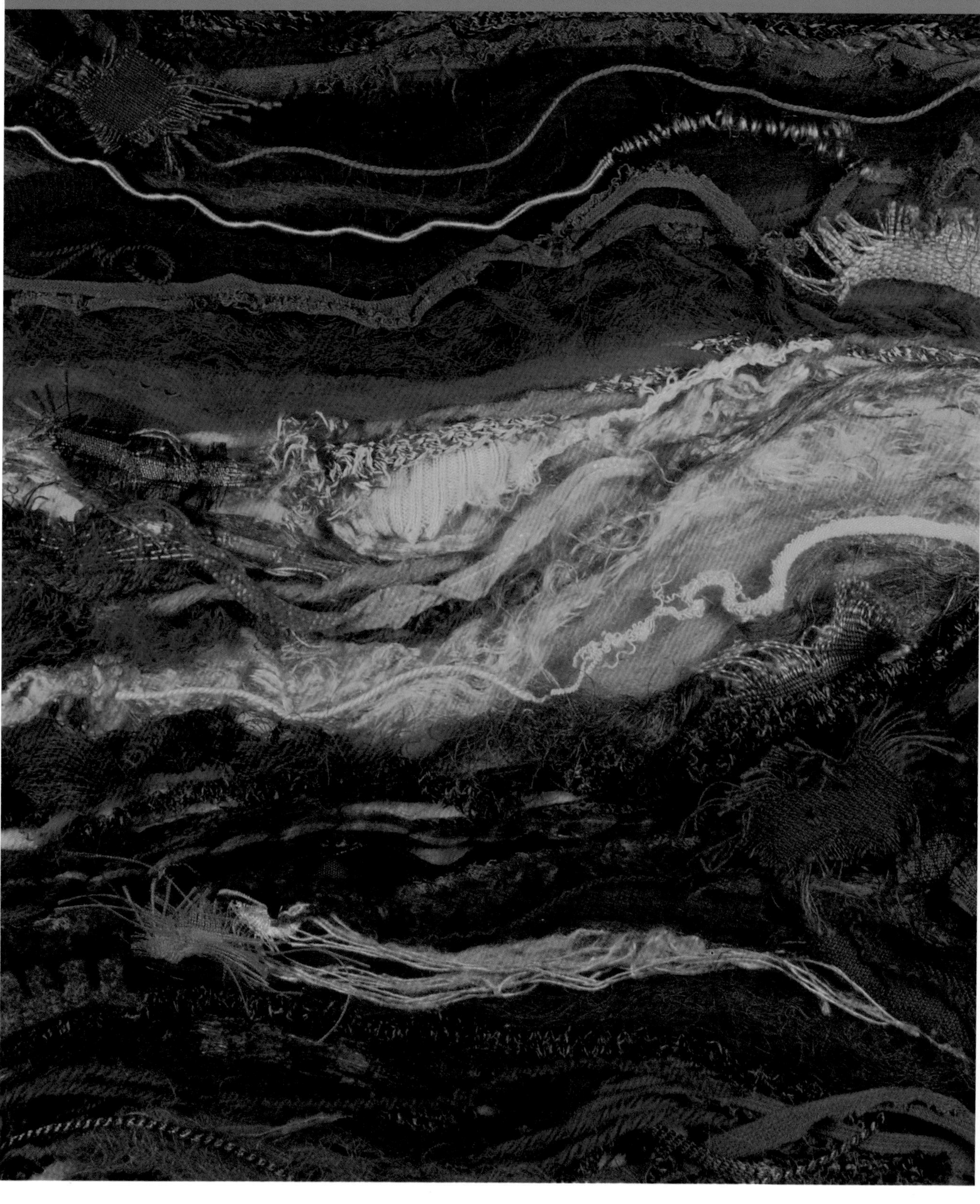

本章作为天然面料领域的入门指南，介绍了纺织品制造加工的全过程，从纤维到面料成品都有所涉及。本章是一个综述，未涉及其属于何种纤维类型、来源于动物或是植物。具体的纤维类型将在后面的章节中分别进行详细阐述。

从纤维到纱线（Fibre to yarn）

所有的天然面料一开始都是纤维。这些天然纤维，不管是源自于动物还是植物，都先纺成纱线，再由纱线再进一步织成面料。

纤维（Fibre）

“纤维”这个术语描述的是一种细而长且柔韧的物质，适用于动物、植物及矿物。纤维以天然的或人工合成的形式存在，并可以进一步加工成纱线。

纱线（Yarn）

纱，或称线，是由纤维相互连结在一起纺成的具有一定长度的结构。它们通常经过针织或机织而形成织物，并可在此工序前后进行染色。

粗梳（Carding）

“粗梳”工序就是将原始的或清洗过的纤维刷理平顺，以备纺纱时使用。大多数纤维都需要进行梳理，包括所有动物的毛发、羊毛以及棉花。亚麻不采用梳理，而是经过脱胶工序，该工序即通过敲打谷类植物，使颗粒物与谷草分离。粗梳工序也可以将不同材料及颜色的纤维混合。

手工梳理使用两把看上去有点像给宠物狗刷毛用的刷子。用它们梳理纤维直到他们差不多朝同一方向排列整齐。然后将纤维从刷子上卷下来并平均分配到一种松散的纤维卷上，供纺纱时使用。

机械梳理设备称为鼓状梳理机，其尺寸规格变化多样，从桌面大小到房间大小的尺寸一应俱全。喂入的纤维被一系列的罗拉拉直并整理平顺。当纤维从罗拉上取下时，它们会形成一个扁平有序的团块，也就是我们所知的毡。

精梳（Combing）

精梳通常是一项在梳理工序之后附加的程序，对纤维进行更优良、更柔顺地加工润饰，最终形成面料。用梳子去除掉短的纤维，也称“精梳短毛”，然后将剩下的纤维朝同一方向排放在平坦的纤维束中。

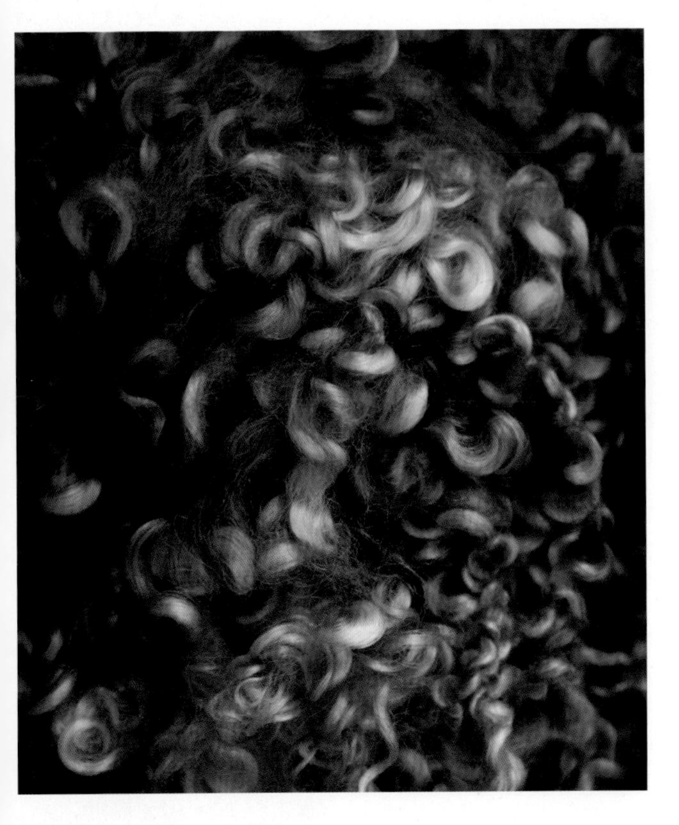

（左页图）磨损面料边缘所见的纱线，可由天然或人造纤维组成。颜色可以是面料染色，也可以纱线染色后再通过针织或机织的方法织成面料。

纺纱前将羊毛纤维染成色彩斑斓的秋季色系。这张图片捕捉到了羊毛纤维卷曲且富有弹性的特质。

手工梳理和混纺纤维（纺织染协会）。

不同特质的纤维混纺形成的新纱线，可以将各种纤维的优点凸显出来。在这个例子中，羊驼毛与蚕丝混纺后具备了两者的质地和色彩；羊驼毛具有保暖性且柔软，而蚕丝则因其光泽而使面料质地更加光亮。

（上图）秘鲁美洲驼毛手工纺纱，这属于劳动密集型的加工工序，现在只有为了达到特殊的手工艺效果才会采用。纱线由手持式木质纺锤纺成，自纺车出现以前的早期纺纱工艺发明以来，这种技术基本未改变。

实用术语（Useful terminology）

混合纤维（Blend）：一根纱线中含有两种或两种以上的纤维。

结子线（Boucle yarns）：卷曲的或环形的纱线。

纤维素纤维（Cellulose fibres）：天然植物纤维或从植物纤维中再生的人造纤维。

绳绒线或雪尼尔花线（Chenille yarn）：由编织物沿经向割成条，并以此为纱线，有着近似于天鹅绒或毛虫的外观。

棉纺系统（Cotton system）：适用于棉或类似纤维的纺线体系。

绉线（Crepe yarn）：强力搓捻后的纱线，带有颗粒质感。

波纹线（Crimp）：以天然或人工的方式使纤维或纱线形成波浪形状。

弹性纤维（Elastane）：具有伸缩性的纱线的统称。

长丝（Filament）：一缕单独连续的纤维。任何由一缕或多缕纤维制成的人造纱线，其纤维长度都贯穿整根纱线始终。

绞/亨克（Hank）：无支撑物的一卷纱线，头尾相接以保持其形状，也称为绞纱（skein）。

夹色纱线（Marl yarns）：将两种不同颜色的纱线捻搓在一起。

金属纱线（Metallic yarns）：纱里面含有金属线或者金属成分。

粗纱（Roving）：一捆长而窄的轻捻在一起的纤维。

洗涤（Scouring）：去除纱线上的天然脂肪、油类和尘土物质。

绞纱（Skein）：纱线首尾连接起来以保持形状的卷纱。

丝束（Tow）：大量未经搓捻的人造长丝。

纱支（Yarn count）：衡量纱线粗细的数量表达方式，以一定的重量中所含的纱线长度来表示，支数值越大，纱线越优质。

纺纱（Spinning）

用加捻的方法将纤维搓捻在一起，能形成更长、更柔韧的纱线。最初纤维都是靠手工加捻，随后发展成使用一种手持的“投梭棒（Stick）”，或是锭子，使这道工序操作起来更加简便。纺车（Spinning wheel）的发明使持续、更高速的纺纱成为可能。家用纺车一般都是用手或脚操作。水力驱动的纺车以及紧随其后的蒸汽动力的纺纱机，使纺纱从家庭进入工厂。电力的发明让纺纱工序比以往更精密、更复杂，使这个行业成为一种实业（手工艺品纺纱除外）。

加捻与合股（Twist and ply）

纱线加捻的方向称为“捻向”。“Z”形捻呈现出向右手方向的斜度，而“S”形捻则有向左手方向的斜度。衡量捻度的大小以捻度（TPI）为单位，即“每英寸多少捻回数”。

两根或多根单纱可以加捻成股线，这种纱线更粗，也可以通过这种方法引入另外一种纱线形成花式效果。

（左图）一种全新工业环境下的现代精密纺纱机。

（上图及右图）美国缅因州莱特富特农场（Lightfoot Farm in Maine, USA），纺纱机正在加工单股和双股纱线。

100%双面羊毛针织服装。服装的正面是灰色或米灰色纬平针，反面是毛圈，这些是常用于棉质休闲运动服的面料。设计师朱利安·大卫（Julien David）设计的这件运动奢华风格针织服装，赋予了常见的灰色以奢华的意味。

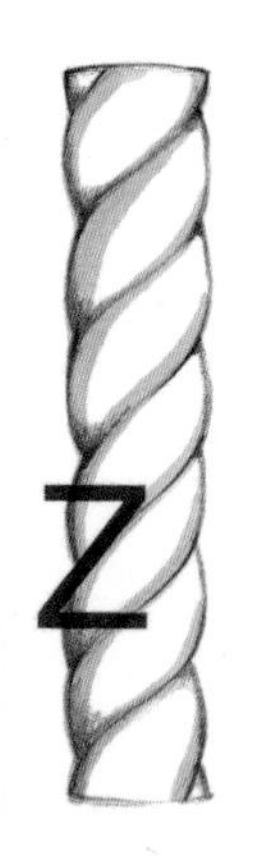

（上图）纱的捻向。“Z”捻和“S”捻。

（右图）股线。两根单纱简单的‘S’捻，三根单纱的‘S’捻以及两根股线的‘Z’捻。

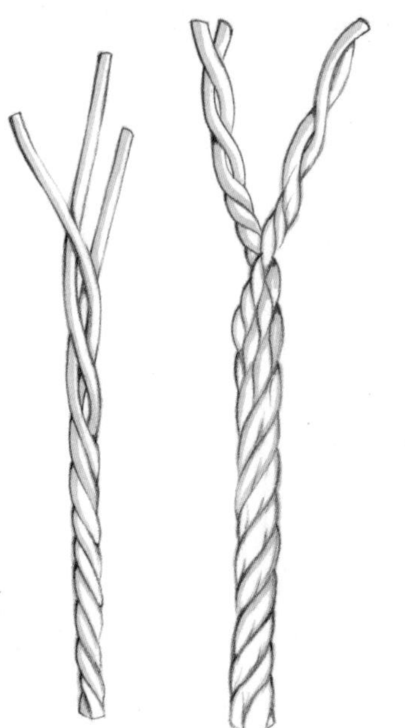

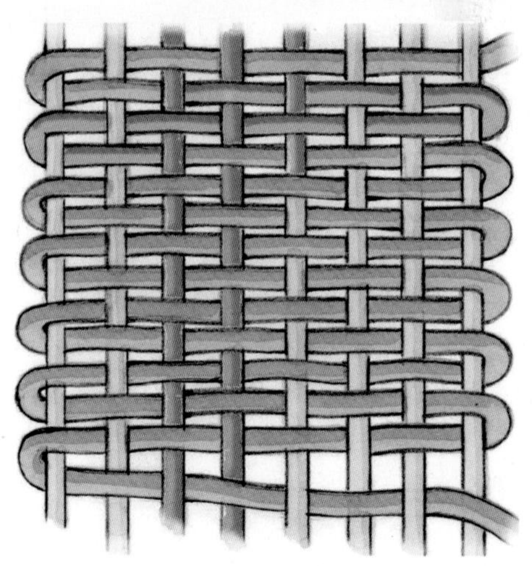

经纱和纬纱，经纱是沿面料的长度方向的纱线，纬纱则在宽度方向上在两个布边之间穿插。机织可以认为是纬纱的合股。

织物结构（Fabric construction）

织物是一种具有柔韧性的材料，由纺成纱线的天然或人造纤维构成。纺织面料的生产方式有多种。虽然可以通过纱线打结或交织，如类似钩编、花边制作或流苏花边编结等方式形成，但最主要的技术还是机织或针织。其他的方式还有毡缩——紧压以及缠结纤维使其互相缠绕。

机织（Weaving）

机织是在织布机上将经纱（垂直）与纬纱（水平）垂直交织在一起的过程。机织有三种基本组织，即平纹、斜纹和缎纹，大部分织物都是采用这几种结构。还有其他几种纺织技术，可制作出结构更加复杂的面料。

平纹组织（Plain weave）

平纹组织是最基础也可能是最古老的织物组织结构。经纱和纬纱相互垂直交织，其中每一根纬纱都从上越过一根经纱，再从下穿过下一根经纱。平纹织物有时也被称作塔夫绸。

平纹组织在质地上既可粗糙，也可光滑，取决于纱线的细度和粗糙度。

方平组织是平纹组织的一种变化组织形式，这种变化体现在两股或更多的纱线被并在一起，并按经纱和纬纱的方向进行纺织，最终呈现出一个更加明显的“方平”组织。

平纹组织的织物包括雪纺（Chiffon）、欧根纱（Organza）、塔夫绸（Taffeta）和帆布（Canvas）。

斜纹组织（Twill weave）

斜纹组织在视觉上有一条斜线或罗纹效果，这是由于纬纱穿过两条及两条以上经纱并处于其下方时产生的。这条斜线也可以称为棱纹。这个凸条纹视觉效果在厚重棉质面料上最为明显。而在轻型衬衫用棉布上则不明显。

与平纹组织不同，斜纹组织织物的正反面外观效果各异，正面斜纹线更明显。原料及纱支相同的情况下，斜纹组织比平纹组织面料更耐穿，因此更适合于工装。牛仔布也许是所有工装面料中最有代表性的，而真正的牛仔布就是斜纹组织结构面料。

虽然“斜纹”这个术语通常用来描述棉质面料，任何类型的纤维都可以用这种方式织造。

与平纹组织相比，斜纹组织更具柔韧性和悬垂性，且褶皱回复性更强。更细的纱线采用斜纹织造时，能织得更紧密，因此其制作的面料支数更高，更耐用，也可防水。如传统的巴宝丽（Burberry）风衣，它最初是为第一次世界大战时战壕内的军官穿着而设计的。

斜纹组织的织物包括哔叽（Serge）、法兰绒（Flannel）、牛仔布（Denim）、华达呢（Gabardine）、马裤呢（Cavalry twill）和斜纹棉布（Chino）。传统标志性的人字呢与棋盘格花纹的织物以及苏格兰格子呢都是斜纹组织织造的。

（上图）织布机。

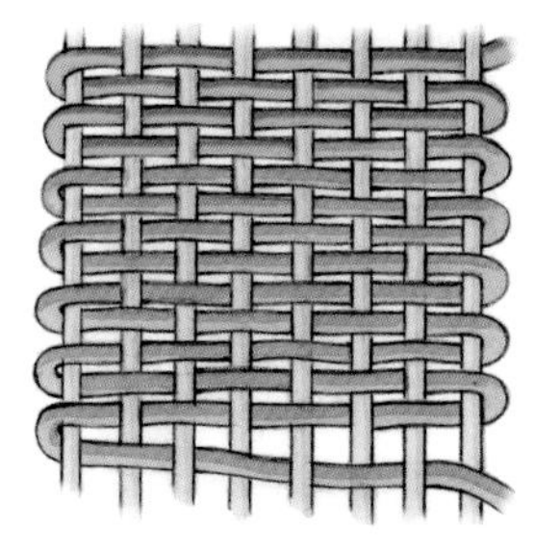

（右上图）平纹组织。纬纱从下方穿过一根经纱，再从上方越过另一根，形成十字交叉结构。

（右图）斜纹组织。纬纱先向上穿、再向下穿过两根经纱（2×2斜纹），然后每排都隔一根经纱，形成视觉上的斜纹结构。如果纬纱越过三根经纱，再下穿过一根，就成为1×3的斜纹。

千鸟格花纹比例被重置，非常醒目，以特大号的珠片表现出来，摈弃了其定制的含义。这件A字形露肩连衣裙，借鉴了20世纪60年代欧普艺术的美学，出自Ashish品牌2008年春夏时装系列。

一款充满现代感的经典千鸟格面料，来自林顿粗花呢（Linton tweed）面料生产商。

设计师德里克·林（Derek Lam）塑造了传统的羊毛人字呢，这种通常与男装紧密相关的面料，在此款裙装设计中充满了女性魅力。

传统羊毛粗花呢面料上相互交替的斜线花纹，采用了斜纹组织，以两种颜色织造，形成了经典的人字纹。设计的比例以及色彩的对比蕴含了无限的可能性。

升级回收（Up-cycling）

这个术语描述的是面料的再次运用，这种面料已经应某种目的而产生，经过对它的再加工、再分配和再创造，使其重获新生，并服务于另一种不同的目的或者审美标准。在这款裙装设计中，斜纹棉布因这道工序而魅力四射。这件来自加里·哈维创意公司（Gary Harvey Creative）的概念性晚装，其构思体现了“升级回收”的概念。将巴宝丽复古风雨衣运用于这条裙子的造型中。雨衣的面料原本是以高支纱采用斜纹组织织成的紧密织物，具有悬垂性和防水性。

经面锻纹组织和纬面缎纹组织（Satin and sateen weaves）

经面缎纹组织最明显的特征是表面顺滑，富有光泽。而纬面缎纹光泽稍暗，且没有闪光。但是，这两种类型的织物由于织法相似，都具有光滑的表面。前者面料的正面是以经线为主，而后者面料的正面是以纬线为主，起主导的纱线沿一个方向排列是形成这种光滑面料的主要原因。虽然影响织物光泽的决定因素是所选用的纤维种类，织物结构也影响面料的光泽。历来通常用蚕丝来制作经面缎纹面料而用棉纱来制作纬面缎纹。如今高质量的经面缎纹面料依然使用蚕丝制作，而价格较低的替代品则使用人造纤维。棉或棉混纺纱线是纬面缎纹的主要原料。

起绒组织（Pile weaving）

当采用起绒组织时，将最终用以产生绒头的经纱穿过连杆或者金属线，而它们事先已经被安插在了其余纱线突起的间隙，或者说“线圈”中。然后使经线保持穿过连杆并套在线圈中的状态。当移除连杆时，可以将线圈割断形成绒头，织造出起绒织物；也可以保持线圈完整，织造出毛圈织物。天鹅绒和灯芯绒面料采用的就是起绒组织。

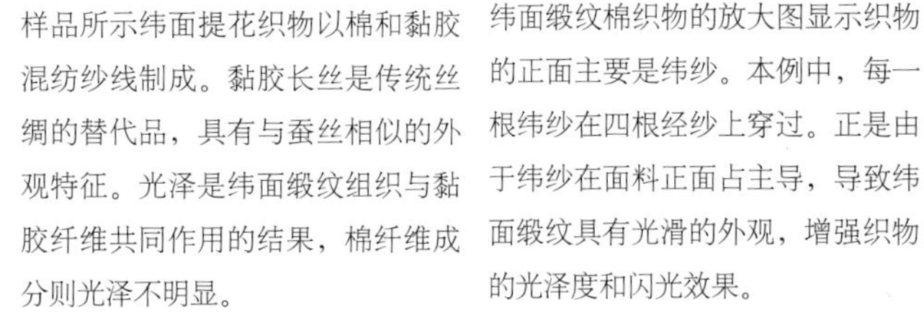

样品所示纬面提花织物以棉和黏胶混纺纱线制成。黏胶长丝是传统丝绸的替代品，具有与蚕丝相似的外观特征。光泽是纬面缎纹组织与黏胶纤维共同作用的结果，棉纤维成分则光泽不明显。

纬面缎纹棉织物的放大图显示织物的正面主要是纬纱。本例中，每一根纬纱在四根经纱上穿过。正是由于纬纱在面料正面占主导，导致纬面缎纹具有光滑的外观，增强织物的光泽度和闪光效果。

灯芯绒（Corduroy）

描述灯芯绒要用到凸条纹这个术语。凸条纹是指垂直穿过面料且平行于面料的织边，凸起的脊或花纹。凸条纹越宽，用以描述的数值越小，反之亦然。每英寸（2.5厘米）中的凸纹数即纵行密度。21条的灯芯绒就是指该面料每英寸有21条凸条纹。灯芯绒条数可从1.5到21。凸条在16条或者以上称为细条灯芯绒；而3条或3条以下则称为阔条灯芯绒。灯芯绒最初是棉制成的。贝德福德（Bedford）灯芯绒的表面平坦，上面有细小的凸纹，最初以棉或毛制成。

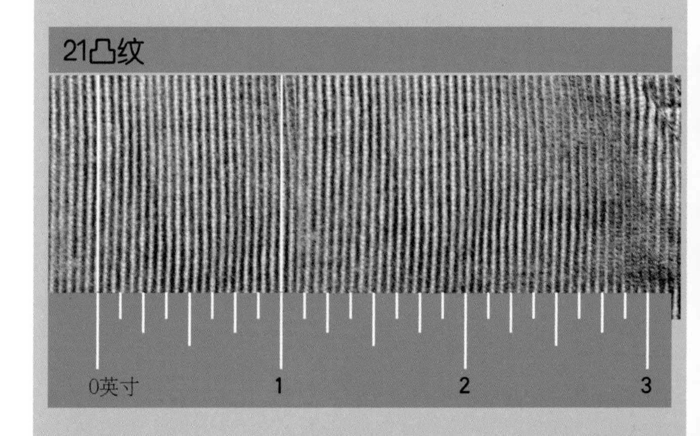

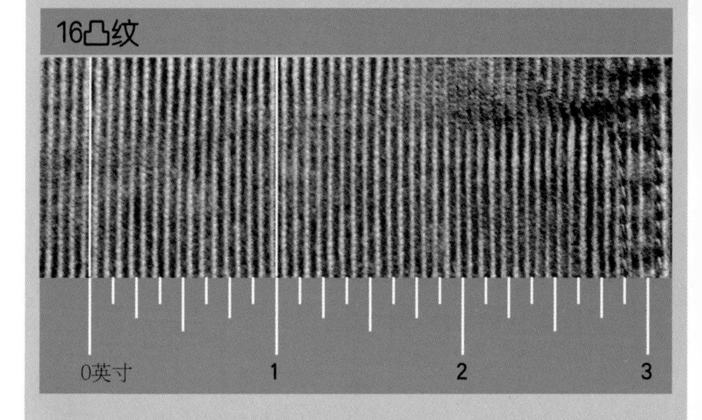

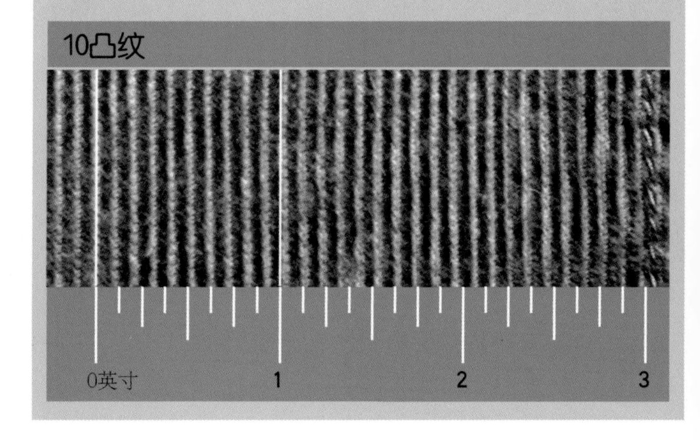

双面织物织造（Double-cloth weaving）

双面织物有两个朝向，或说两个正面（双面），没有反面或背面。这种织物由若干组经纬纱组成。它们相互连接，形成双面布料，两层之间由另外的连接线固定在一起。

双面织物可以追溯到前哥伦比亚－秘鲁时代，那时人们用棉纱和羊驼毛织造出一种合二为一的织物，外层的羊驼毛保暖，而棉质的内层则舒适合体。

双面织物组织被很好地运用到自带内衬或双面穿着的外套和夹克中，使用手工的隐形针缝做为缝合布边的最后工序，不需再镶边或滚边。

双面织物组织的例子包括锦缎面料、毛毯和缎带。

该设计源自英国品牌Loannis Dimitrousis。绗棉的丝质天鹅绒男士棒球衫式夹克以及多色直贡缎裤子。富有运动感的造型给这种传统的奢华机织起绒面料增添了随意休闲的魅力。

英国品牌Gloverall以格纹为里面的双面织物。织物采取机织的形式，以抽线固定在一起。织物机织后，经起绒处理形成表面的绒毛，然后经剪毛或刷毛制成。面料呈红色的那一面边缘上有一些细小的处理过的线，它们就是将面料两面固定在一起的抽线。

提花织造（Jacquard weaving）

提花织机使设计的无限多样化成为可能。在提花工艺开始之前，除织工以外还需另一个工人负责手工选出经纱的线头并将其抬升。这是一个低效的劳动密集型工序，限制了高难度的设计。而提花织机可以根据程序选择经纱并抬升，因此能实现更多优秀的设计。

这种纺织形式出现于19世纪早期，由法国的发明家约瑟夫·杰夸德（Joseph　Jacquard，1752－1834）开发并改良而来。通过该机械装置可以进行复杂花纹的织造，而无需冗长、重复的手工工序。最初的织机是机械驱动的，将面料的设计在卡片上打成孔，并连接起来指挥机器的运作。在20世纪80年代早期，意大利生产商们开发出了第一批电子提花织机。

“提花”这个术语并不是特指某种织布机，而是指附加的控制器械，使设计作品可以自动化地生产出来。它可以是一种纺织工序的类型，也可以用来描述一种织物的类型。这个术语既可以应用于机织和针织面料，也可以用于一些全成型针织衫。

地毯织造（Tapestry weaving）

被视为一种艺术形式的地毯织造是在立式织机上完成的。有时称为纬面织造，与那些经纬纱都清晰可见的织物不同，它所有的经线都被隐藏了。因为仅仅纬线是可见的，所以可以创造出更加精美的设计。历史上的地毯织造形象通常都非常生动，而且大多是有寓意的。

基里姆毯（Kilim）、纳瓦霍毯（Navajo）、小毛毯（Rugs）都采用地毯织造的形式。

（左图）提花机上生产复杂的双面提花织物，图片由CELC提供。

（上图）这件亚历山大·麦昆（Alexander　McQueen）的牡蛎丝带薄纱衬裙的提花连衣裙，上面由提花机织造的花朵图案在反光的缎纹组织上非常显眼，并且与平纹组织构成了反差对比。

扎染织造（Ikat weaving）

在织造之前，经纱或纬纱按照事先设定的长度间隙，运用防染或扎染工序，将经纱或纬纱染成不同的颜色。双重纱线扎染意指经纱和纬纱都经过了染色。

如果染色的是经纱，织工是可以看见图案的，即可借此来调整纱线的排列。在一些国家的文化中，会将图案完美对齐；而在另一些文化习俗中，却更欣赏错落有致的视觉效果。用染色的纬纱进行纺织使设计变得更难把握，因此只有在不以精准为目标的前提下，才会用到这种技术。双重纱线扎染是最难制作的。纱线扎染织造最精确的形式是日本的欧西玛（Oshima）和卡苏里（Kasuri）。

前哥伦比亚时代的中南美洲以及南亚和东亚的很多地区，都存有纱线扎染织造的例证。但是纱线扎染（Ikat）这个名字却起源于马来语（Malay）。现今，由于广泛使用，这个词既可指织造技术又可指织物本身。

2004年由设计师卡琳娜·德布朗（Karina Deubner）推出的Tamerlane's Daughters品牌，纱线扎染的丝质裙体现了个性十足的边缘模糊的织物图案特征。设计师本人的欧亚背景，影响了设计师不同文化融合、特色鲜明的美学观，通过其独特的作品体现出来。该品牌结合了19世纪中亚和欧洲的织物，创造出独一无二的设计作品，以此向传统手工艺和正在消失的文化致敬。

实用术语（Useful terminology）

斜裁（Bias）：以经线和纬线的45°夹角剪裁面料。这种剪裁利用了面料的天然张力，使其披挂在身体上时能很好地贴合曲线。

割绒（Cut pile）：切割线圈形成绒头，如天鹅绒和灯芯绒。

悬垂性（Drape）：织物的形态，指其垂落和悬挂的方式。影响悬垂性的因素有纱线、织物结构、克重和后整理工序。

纹理（Grain）：织物直纹或经纱。

手感（Handle）：对面料的触感，如温暖、凉爽、光滑、颗粒感、毛绒绒的感觉等。

左向斜纹（Left-hand twill）：布面凸起的斜线走向为从右下朝向左上。

毛圈（Loop pile）：未经切割的起绒织物，比如毛巾。

拉毛（Nap）：将面料表面拉起。

匹长（Piece）：面料完整的长度，就像从制造商或批发商那里买到的那种状态。

正反两用（Reversible）：两面都可以使用的织物。

右向斜纹（Right-hand twill）：布面凸起的斜线走向为从左下朝向右上。

布边（Selvedge）：平行于经纱的牢固的织物边缘。

交织面料（Union fabric）：经纱和纬纱采用了不同纤维的织物，比如经纱为棉而纬纱为毛。

针织（knitting）

针织可以涉及两种类型的服装。毛衫是指部分或全部由针织机或手工针织而成的服装。运动针织衫是一系列不同种类的服装，包括T恤、Polo衫，它们由针织面料剪裁制成。运动针织衫中也有使用先进技术的完整针织物，用于无缝男士内衣和女士胸衣。

针织衫这个术语是指任何针织而成的织物，不管其精细度如何。

针织织物（Knitted fabrics）

针织织物是纱线线圈相互串套而成的。可以手工运用单独的织针来完成，也可以使用手动机器，称为手摇织机，或者使用电力机械，简称为机械针织机。机械针织机的引入使得手工针织变成了工艺品，其流行程度随时代流行趋势的变化而变化。

不管是手工还是机械针织，线圈的大小都决定了织物的精细和厚实程度，而这取决于织针的大小以及纱线的粗细。在手工针织中，用号码来描述织针大小型号，而在机械针织中则会用到“机号”这个术语，但它同样反映的是织针大小。在两种情况中，都是数字越大，针织越细密。商业针织面料使用的标准针型为：厚实的户外线织衫使用2.5号针；7号到15号为中度重量；较为细密的针织衫使用18到21号针；28号针可以织双罗纹针织布，用于橄榄球秋衣以及厚重型反面毛圈织物；30号可以归类为极细织物；32号则是运动针织衫的标准。

几组用于细密针织的度量单位（Units of measurement for fine knits）

在美国和英国，非常细密的针织品如用于紧身裤袜类的针织品，用术语旦尼尔（Denier）来表述，它界定了不透明度。用于长丝纤维中表示线密度的度量单位，定义为每9000米的重量克数。

1旦尼尔＝1克／9000米

＝0.05克／450米（按比例缩小为上面的1／20）

DPF（Denier Per Filament）：每根长丝的旦尼尔数，指一整根单独的长丝纤维。若干长丝在一起则可以用它们合计的旦尼尔来表示。如果一根纤维细度低于1丹尼尔，通常将其称为超细纤维。

特克斯（Tex）：简称特，是一种国际性的度量体系，在加拿大和欧洲较为通用。特克斯用于表示纤维的线密度，定义为每1000米的重量克数。

全成型针织衫（Fully fashioned knitwear）

所有的手工针织都是全成型的。意思是制作服装时，通过增减某一排的线圈数来实现所需的造型。

不考虑针织大小，机械针织可以进一步分为全成型针织以及剪裁缝制针织。对于全成型的机械针织，和手工针织一样，服装通过增减织针数来塑型。适型所用的织针织数由产品质量和机械设备决定。“全成型”较多地用于昂贵的纱线，比如羊绒产品，同时当服装使用全成型方式织造时，纱线用量以及劳动力成本都会减少。一件真正优秀的针织设计作品应该是整体完全合体的，而大众市场上的产品为了减少损耗，则可能只在袖窿处是合体的。

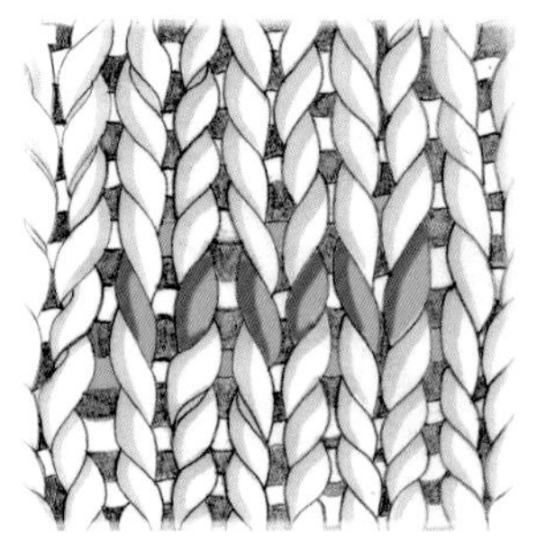

（上图和右图）单面针织物的正面是平针线圈。

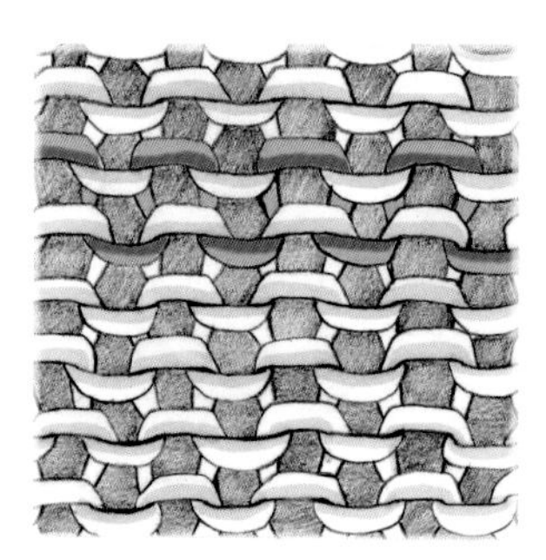

（上图和右图）单面针织物的反面是反针线圈。

标志性的针织风格（Iconic knitting styles）

来自Sans品牌的这件浅灰色毛衣，是对针织衫中运用不同织针和针距的可能性的探索，并且交替使用平针和反针创造出了立体的“条纹”。袖窿是完全合体的。

传统的菲尔艾尔的嵌花针织设计启发了Hildigunnur Sigurdardottirs中性色调的连帽毛衣。

菲尔艾尔（Fair Isle）

这项传统的技艺源自于菲尔艾尔，这是一个位于苏格兰极北边的小岛，处于奥克尼群岛（Orkney）和设得兰岛（Shetland）之间。起初，这些毛衣是由渔夫的妻子们用设得兰毛料织成，在他们出海时穿着。通常使用5～7种颜色织造出复杂的水平分布图案，每件毛衣都呈现出不同的图案和色彩样式。菲尔艾尔针织的缺点是浮线过多，因为在织物的背面，纱线呈浮线跨过多个线圈。这些浮线的长度需要控制在一定范围内，以此避免勾丝现象。现在菲尔艾尔图案可以用没有浮线的提花系统进行复制，但保持了产品原汁原味的质感。

阿尔弗莱达·麦克海尔（Alfreda Mchale）的装置艺术作品，展示了超大比例的针织状态，在2008年伦敦亚历山大宫举办的针迹和针织展上展出。

Ashish品牌通过重设图案的比例和对质感的尝试，赋予了这种传统的菱形格纹神奇的魅力。

菱形格（Argyle，又称Argyll）

人们认为菱形格图案是从西苏格兰的坎贝尔（Campbell）家族的方格纹中衍生而来，它由带颜色的钻石形方格排列成斜置的棋盘形状，上面又进一步覆盖了称为雷克尔（raker）的钻石形线条。这种独特的设计运用了嵌花工艺，这是一种平针组织，在每一个针织横列上用到了若干色彩。图案的形成依靠每次将新的颜色绕在针上作为上一个颜色的结尾，这样就完成了一次变色。传统上这是靠手工架机或者手工针织来完成的，但现在可以由电脑平板针织机完成。

菱形格纹针织衫再次复兴，受到青睐，这要归功于苏格兰Pringle品牌在设计作品中的大量采用。

超大型奶油色大花架式针织套衫，100%美利奴羊毛。来自James Long品牌的“摩登中世纪军人”男装系列。

阿兰花（Aran）

阿兰花是英国盖尔的一种针织衫造型，源自爱尔兰海岸西侧的阿兰群岛。尽管这种立体图案用于针法编织有着古老的起源，但据称这种针织造型始于20世纪早期。20世纪40年代，这种针织衫首次在英国版《时尚》杂志（*Vogue*）上出现，其后在美国声名鹊起。

传统上，真正的阿兰花是用未经染色的奶油色羊毛经手工织成，有时也会用到天然的黑色羊毛，两者都含有天然的绵羊油脂，提供了天然的防水性。

剪裁与缝制针织服装（Cut and sew）

裁剪与缝制针织服装是将针织面料按照与机织面料类似的加工方式，经剪裁缝纫加工而成。由于不可避免的浪费，裁剪与缝制针织服装主要采用廉价的纱线制成。

一般的内衣或T恤衫都是经由剪裁与缝制而成的。为了完全合体，质地优良的30针成衣会用到非常昂贵的纱。而整个工序也非常耗时，因此产品生产的过程较长。

大部分T恤采用的是纬平针或者双罗纹针织布。罗纹面料则可用于制作贴身的造型。

实用针织术语（Useful knitting terminology）

绞花（Cable knitting）：通过十字缝针，模仿绳子、串珠、辫子的立体缠绕效果。

圆机针织（Circular knitting）：主要用于生产T恤面料。在圆机上织造，最终形成筒型面料。成衣在水洗之后都趋于螺旋型，除非将其开幅和定型——使面料通过热气熨烫箱，完成定型的过程。

横列（Course）：沿着面料幅宽方向的一排线圈，相当于机织面料中的纬纱。

双面针织物（Double jersey）：所有织针都按罗纹排针，形成正反面相同的针织织物。

提花（Jacquard）：错综复杂的设计，每一种颜色的纱线在不使用时都织入面料的背面。

平针织物（Jersey）：一般用来描述不同的针织面料。单面平针针织物一面用平针，而另一面用反针，而且用于制作上衣。双面针织物两面都使用平针，且能够在重量上翻倍。裁剪时，它不会脱散，所以适合剪裁与缝制成更加复杂的造型。

衬纬纱（Inlaid yarn）：衬入的纱线被线圈固定，不被织入面料中，形成一种没有弹性、硬挺的面料。

正针（Plain knit）：普通针织布的正面，背面则称为反针。

添纱（Plated）：双面针织面料。这种技术使用了两种不同类型或颜色的纱线。一种织在正面，另一种织在反面。这种面料是由一种固定在针床上的添纱装置织造而成的。

反针（Purl）：普通针织布的反面，而正面则是平针。

单面针织布（Single jersey）：平针针织的另一个术语。

集圈组织（Tuck stitch）：在针织物中，通过不脱圈形成的一种凸纹效果。

折边（Welt）：一种在针织物上收边的形式，经常作为一个独立的部分针织，例如口袋。

亚历山大·麦昆设计的针织羊毛大提花风格的斗篷，配合横向带状图案设计，这一设计借鉴了传统民族图案与纺织工艺。

毡合（Felting）

毛毡是一种使纤维缠绕、压缩形成面料结构的无纺布。毡是人类所知的最古老的织物，而现在因其充分的柔软与韧性，或者因为其牢固性特征而用于工业用途。在中亚的游牧部落，毡的制作技艺仍然保留下来。在西方，毡被视为纺织面料中极具生态环保性质的艺术表达方式。

湿毡法是一道传统的工艺，在此过程中天然纤维受到摩擦，并在水和碱类物质（通常为肥皂）的润滑作用下，使纤维缠结在一起。

工业上，毛毡是通过化学工序或者使用刺针而实现的。毡合效果也可以通过家用洗衣机的热循环完成。不能将毡合与缩绒相混淆，缩绒是一种与毡合相似的工序，在面料织造完成后进行，与在洗衣机里高温洗一件毛衣相仿。

便宜的毛毡通常是用人造纤维制成的，但要使面料更结实，最少需要30%的羊毛。另起一行来自阿尔卑斯山区的洛登呢（Loden）面料，最初是一种毛毡面料，但现在洛登呢通常经机织而成，因此现在这一名字只与面料的感觉相关，而并非其真正的定义。

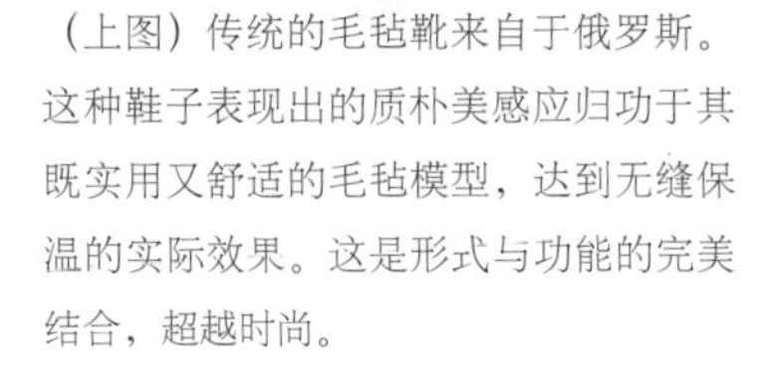

（上图）传统的毛毡靴来自于俄罗斯。这种鞋子表现出的质朴美感应归功于其既实用又舒适的毛毡模型，达到无缝保温的实际效果。这是形式与功能的完美结合，超越时尚。

（上图）湿毡法。美利奴羊毛纤维以90°角相互层叠，并在热肥皂水和摩擦力的作用下使羊毛的天然鳞片互相交织毡化。

（右图）手工针刺制毡法。针刺制毡法是湿法制毡法和化学制毡法的替代方法。工业针刺制毡需要配有数以百计的倒钩针的机器，将纤维冲压和缠绕在一起。很多无纺面料都是运用针刺制毡或是针刺冲压制成的。

（左图和下图）来自雷文斯本（Ravensboure）的毕业生苏裴·洪（Sue Pei Ho）的成衣系列。它们的特征是数缕羊毛融合在丝绸表面，这一技术最初由面料艺术家波莉·佰科里·斯大林（Polly Blakney Sirling）和樱井幸子（Sachiko Kataka）开发。

（左图）设计师安娜·克尤·奎恩（Anne kyyro Quinn）通过在这个毛毡靠垫上运用立体切边的技法，使毛毡呈现出雕刻般的非凡品质。

勾编（Crocheting）

钩编是一种用线和纱来织造面料的工艺，使用钩针将少线的一些线圈拉过另一些线圈。

虽然学者们理论上认为钩编起源于阿拉伯，但并没有实质性的证据，在18世纪之前，钩编在欧洲得到运用。爱尔兰和法国北部是钩编织造的中心，其中很多都是为了支持那些生活水平低下的贫困社区而建立的，因此通常将钩编视为一种家庭手工艺。但是，钩编制品备受新兴中产阶级的青睐。随着新浪潮嬉皮运动以及他们对于乡村文化的欣然接受，钩编在20世纪60年代中期经历了一次复兴。

（上图）波兰艺术家阿方·奥雷克（Agata Olek）独一无二的可穿钩编“雕塑”，强调了“塑型”服装（如钩编或针织）超现实的一面。业余针织爱好者常会觉得它们的作品“成长”了，并呈现出自己的生命。本作品于2003年在纽约威廉斯堡艺术与历史界超现实主义时装秀上初次亮相。

（左图）阿方·奥雷克将钩编技术拓展到鞋子上，制做了既异想天开又具有历史感的钩编鞋。

蕾丝制作（Lace making）

蕾丝是一种轻薄型的镂空织物，可以通过机器或手工织造。通过拆除事先织好的布料上的纱线来实现镂空效果，但通常情况下，镂空是蕾丝织造工序过程中形成的，在此过程中，将线进行绕圈、搓拧、编结，不依赖其他任何衬布。最初神父们将蕾丝用于宗教仪式，而后在16世纪做为一种财富和地位的象征流行开来。

最初制作蕾丝的理想材料为麻线、丝线、金线和银线，现在也使用棉线，比如合成纱线用于机织蕾丝。

设计师玛丽娜·斯纳伯格（Marina Shlosberg）设计的麻质吊带裙，裙子胸前以刺绣装饰，灵感来源于复古织物。麻是表现威尼斯风格的孔状织物刺绣的理想面料。

（上图）来自伦敦时装学院的毕业
蕾切尔·科莎设计的“升级回收”
（Up-cycled）裙装，以上身融合
同类型的再生材料和复古棉质蕾丝
及双宫茧丝质裙为特色。此设计作
中90%以上材料是回收再利用的，
战了“回收利用”的概念。

（左图）该图展示了手工蕾丝加工
程中的一个步骤。数10个颜色编码
线轴显示了该工艺的复杂性。大量
叠和缠绕的线按照底部卡片上标注
指示形成错综复杂的图案。大头针
来在图案制作时固定纱线。

现代蕾丝“Rae III 2002”，以棉质蕾丝和弹性纤维为特色，源自乔治娜·麦克纳马拉（Georgina McNamara）的一个摄影系列作品，这个系列探讨了身体与想像力之间的关系。这件夸张结构设计作品颠覆了蕾丝、服饰以及它们与人体体型相互影响的传统联系。

做为一种实体材料，黑色蕾丝有着与性、死亡、性别有关的多种不同的文化含义。在安妮特·威尔逊（Anne Wilson）的这幅艺术作品中，自然形态的黑色蕾丝的网格被破坏，以此创造出了壮观的横向视觉效果或者说“实体绘画”，它们复杂而精致。通过拆散纱线，人们对蕾丝的结构特征有了更多的理解；网状结构经过钩编和结网也被重构。蕾丝碎片经过扫描、滤镜，以纸质图像的形式打印出来形成电脑数码印刷品，运用不同的材料进行手工针缝将其再现，展示出自然形态蕾丝和再造蕾丝之间的关系。

蕾丝的类型（Types of lace）

常见的蕾丝类型包括：

针绣蕾丝（Needle lace）：用一根针和线制成，是最灵活的蕾丝织造技术。织造耗时很长，被视为最纯正的蕾丝艺术，现在一些古老的蕾丝织造技术已经失传。针绣蕾丝的类型包括亚洲的蓬图（Punto）、威尼斯针绣，法国针绣、阿朗松（Alencon）、阿让（Agentan）、亚美尼亚（Armenian）、利默里克（Limerick）、霍莱（Hollie）针绣。

雕绣蕾丝（Cutwork lace）：去除机织物背面部分纱线，剩下的线即构成装饰。雕绣蕾丝的类型包括巴滕贝格（Battenberg）、英国刺绣（Broderie anglaise）、卡里克玛克洛斯（carrickmacross）。

梭结蕾丝（Bobbin lace）：用梭心和编织台进行织造，将梭心上的线编织在一起并用大头针固定在编织台上。梭结蕾丝的类型包括：安特卫普（Antwerp）、佛兰德斯（Flanders）、贝叶（Bayeux）、尚蒂伊（Chantilly）、热那亚式（Genoese）、威尼斯式（Venetian）、马耳他式（Maltese）、布鲁日（Bruges）、布鲁塞尔（Brussels）、米兰式（Milanese）。

针织蕾丝（Lace knitting）：通过技术手段使针织设计作品中呈现很多“洞”，以此创造出蕾丝效果，被视为针织的最高形式，特别是在19世纪维多利亚女王将之付诸实践时，针织蕾丝非常流行。在俄罗斯的一些地区针织蕾丝成为嫁妆的一部分，其中最优质的针织蕾丝可以从戒指中穿过。

机织蕾丝（Machine-made lace）：任何由机械方式而非手工制成的蕾丝类型。

梭结花边（Tatting lace）：一种最早在19世纪初期被引入的模仿针绣蕾丝作品的蕾丝织物。由一系列的链状结和线圈制成，大多用于蕾丝镶边、衣领和桌垫。

编结（Macramé）

编结是由连接的线结制成的，据称起源于阿拉伯，用于装饰手织面料边缘过长的纱线。随着摩尔攻占西班牙，编结也随之引人，最终在欧洲流行开来，于17世纪引人英国。它也可归为蕾丝的一种形式。

整个19世纪，编结成为流行于英国和美国水手中的一种消遣方式，其中，牢固的方形结最受青睐，用来制作吊床和带子。

与棉和麻一样，人们也经常使用皮革进行编结。大多数象征友谊的手镯都是采用编结的形式。

在詹姆士·隆（James Long）的男装系列“阿拉伯雄马”中，这件穿在丝质薄纱T恤外、以错综复杂的打结技术为特色的服装，颠覆了编结的内涵。

染色（Dyeing）

染色是将着色剂转移到纤维、纱线、面料和服装成品上的一道工序。着色剂包括液态的染料或细密的粉末状颜料。

在19世纪中期以前，彩色染料和颜料的主要来源是动物、植物和矿物；植物中提供染料的部分主要有浆果、根茎、树皮和树叶。这些天然染料在使用时几乎不再加工（即使需要，也是少量地进行加工）。最早的合成染料称为毛维尼（Mauvine）或称苯胺紫（Aniline purple），在1865年一次失败的药剂实验中意外发现。

工业革命是面料行业大规模发展的催化剂，并以此带动了合成染料的发展。其结果是产生了更多的颜色，且色牢度更强。除此之外，在连续穿着和洗涤的情况下，色彩也变得更加稳定。如今，不同的面料属性以及不同的面料生产阶段所采用的染料类别都有所不同。

纱线染色（Yarn dyeing）

纱线在通过梭织或针织方法制成面料之前，被染成选定的颜色。两种常用的纱线染色方式为：棉线以整批的形式染色、羊毛线和腈纶线采用绞染的形式。

与面料染色相比，纱线染色制成的面料在穿着和洗涤过程中色牢度更强。任何带有条纹、棋格纹和其他被编织进面料的设计都是纱线染色的。优质的西装面料和衬衫面料即使是纯色或无花纹，几乎都是采用纱线染色。

纱线染色的面料与面料成品染色相比，通常成本更高。纱线染色的工序耗时更长，而且最小的订单量要远远大于面料成品染色的最小量。在设计过程中，纱线染色的颜色选择也必须大大提前，因为工厂从织造到面料成品的交货时间更长。

在较大批量的样品纱线染色之前（称为一个染色批次），会少量地染几段纱线线圈，作为样品以供审核。这些样品称为色样，设计师、商品企划师和技术人员都可能参与这个审核过程。

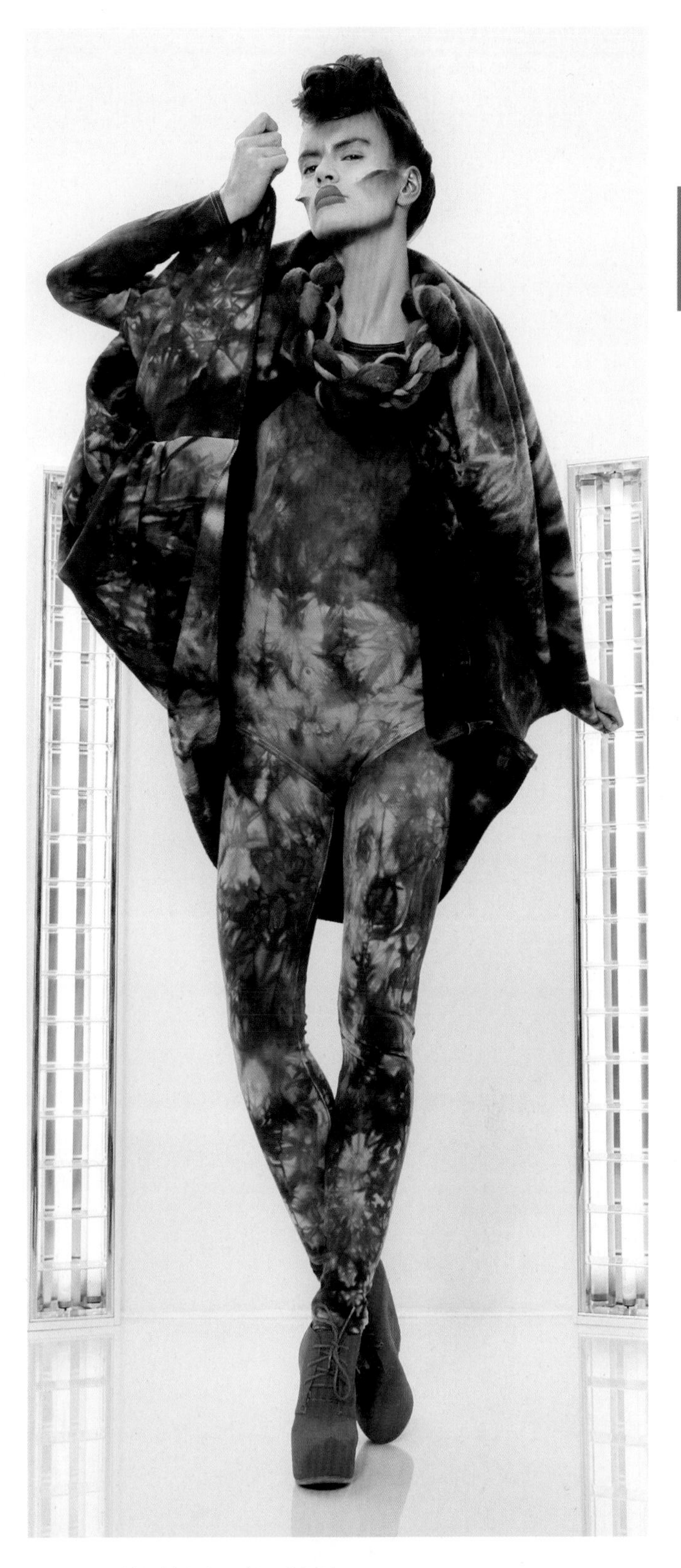

Ta-ste品牌设计师坦尼娅·斯图尔（Tanja Steuer）设计的紧身衣裤和上衣由不同克重的棉针织面料制成，并在染色前在水中预先浸湿。然后再经过挤压形成褶皱，抑制了染料的吸收，产生了不同深浅的颜色，最终形成随机斑纹效果。

面料染色（Fabiric dyeing）

面料染色同时也称为匹染，在此情况下，面料是在织造完成之后才进行染色的。面料染色的优势在于，与购买纱线染色面料相比，所需购买的起订量大大减少，因此保存色彩丰富的面料小样就更简便、更经济。此外，交货时间也会大幅缩短。对于面料供应商或加工者来说，这意味着更小的风险，因为面料可以始终保持坯布的未染色状态。

匹染面料非常适合于纯色、棉梭织制品，也可用于轻质细密针织布、双罗纹针织面料、厚型双罗纹针织面料（圆领运动衫）和拉绒布等针织棉制织物。纯色泳衣与内衣的面料也经常使用匹染。用于厚重型外套的纯色粗纺毛织物，通常也采用匹染。

在大样染色前，需在小容器或烧杯中染几小块面料，做成色样。将三种深浅差异较小、客户所规定的颜色提交给设计师，审核后，进行样品试染（通常染50米的量）。随后根据获得核准的销售订单，进行大批量面料染色。

（上图）将匹染面料放在杆上晾晒。对于纯色面料来说，与纱染相比，匹染的成本要低得多，且耗时短。

（下图）不管是纱染还是匹染，在大批量染色之前，色样必须获得认可。将几种不同的色调样品提交给客户，以供其进行颜色对比并核准。一旦做出决定，工厂与客户双方都要保留一份样品，用于批量生产过程的质量比对。

（上图）印度一家传统染坊中的手工染色。如今，这种手工染色仅仅应用于小规模与特殊面料的染色。由于常年浸泡在染料中，染色工手上的颜色永远都无法去除。

（右图）一家印度作坊中悬挂晾干的浸染面料。世界流行趋势不断发展变化，匹染面料与扎染等特殊染色方法通常在类似环境中对小料进行加工。

成衣染色（Garment dyeing）

成衣染色，也就是对服装进行染色，是色牢度最低的染色方法，但它却可以呈现出独特的视觉效果。由于成衣在织造后可以储存在仓库里，然后再染成特定的颜色，这种技术也为制造商们提供了更大的产品色彩灵活性。最常见的此类产品如廉价的衬衣和上衣。

服装染色往往会沿着凸起的接缝边缘留下残余物，如果用于缝合服装的缝纫线颜色和成分不同，将会产生防染效果，形成对比反差的线迹。

防染染色（Resist dyeing）

防染染色是指通过防止染料到达织物某些区域，以此形成面料图案的各种方法。常见的方法包括使用蜡和糊剂，或者将一些区域缝合在一起，达到防染效果。另一种方法是在染料中加入一种化学助剂，防止第二种颜色上色。

蜡和米糊（Wax and rice paste）

在染之前制定出设计稿，并将蜡或者米糊作为防染剂应用于面料上，防染剂变干后，通过熨烫将其去掉，呈现出底下的颜色。多次重复后，可呈现出复杂的重叠的色彩效果。

在各种不同的世界文化中，可以找到一些这种方法的不同形式，如印度尼西亚、马来西亚和印度的蜡染印花布以及日本的防染（Roketsuzome）、型染（Katazome）、友禅染（Yuzen）和筒描（Tsutsugaki）。

（上图）这件兼具复古与未来的都市风格裙子裙身呈鲜艳的粉红色，采用细褶裥装饰，下摆采用了浸染的方法，由卡米拉·冈雷斯卡·卡巴斯卡（Kamila Gawronska-Kasperska）设计，设计灵感来源于装饰艺术风格（Art deco style）以及弗里茨·朗（Fritz Lang）导演的电影《大都会》（Metropolis）。这件服装由手工褶裥和染色的丝绸欧根纱制成。

（左图）蜡染——防染染色的一种类型，是一种古老的手工艺，这是个复杂且劳动密集型的工艺。熔蜡和米浆直接应用于面料上，干燥后，染料将不会渗透到面料已经处理过的部分，重复这一工艺，可以获得更加复杂的多层次效果。

多色蜡染丝绸设计，面料艺术家伊莎贝拉·惠特沃思（Isabella Whitworth）的设计作品。在这幅作品中，通过绘画和自由的形式将蜡防技术表现出来，展示出染料渗进冷却的蜡的裂缝后产生的独特“冰纹”。

缝合和捆扎（Stitching and tying）

可以将面料的部分区域进行缝合或者捆扎，达到防染效果。不同的文化背景产生的技术形式有所不同，如印度尼西亚和马来西亚的经纱扎染法、亚洲的扎染和非洲的阿地力防染等。

化学防染（Chemical resist）

在染料颜色中添加一种防染剂，第二种染料颜色添加并相互融合时，会受到防染剂的排斥，达到防染效果。这种做法通常用于绘制T恤。

媒染剂（Mordants）

一些染料染色后需要使用媒染剂进行固色。历史上，人们用媒染剂修改颜色，也用来增强天然染料的强度，除此之外还可以提高它们的色牢度。现在，随着人们环保意识的提高，限制使用某些类型的媒染剂，在这种情况下，以不需要媒染剂的易反应的染料和金属络合物染料替代。

褪色效果（Reversing the dyeing effect）

为了消除织物上不需要的染色，可以使用褪色工艺，该工序使用强力还原剂来破坏颜色，但也可能会破坏纤维的组织结构；可供替换的方法是再套染一种更深的颜色，比如海军蓝或黑色。

伊莎贝拉·惠特沃思设计的绞染丝绸围巾。将丝绸面料朝同一个方向紧紧地用力拧紧然后捆牢，伸展后对折，再朝相反的方向拧紧。施以染料后通过各层的吸收，变干后，将面料展开，显现出最终的设计效果。

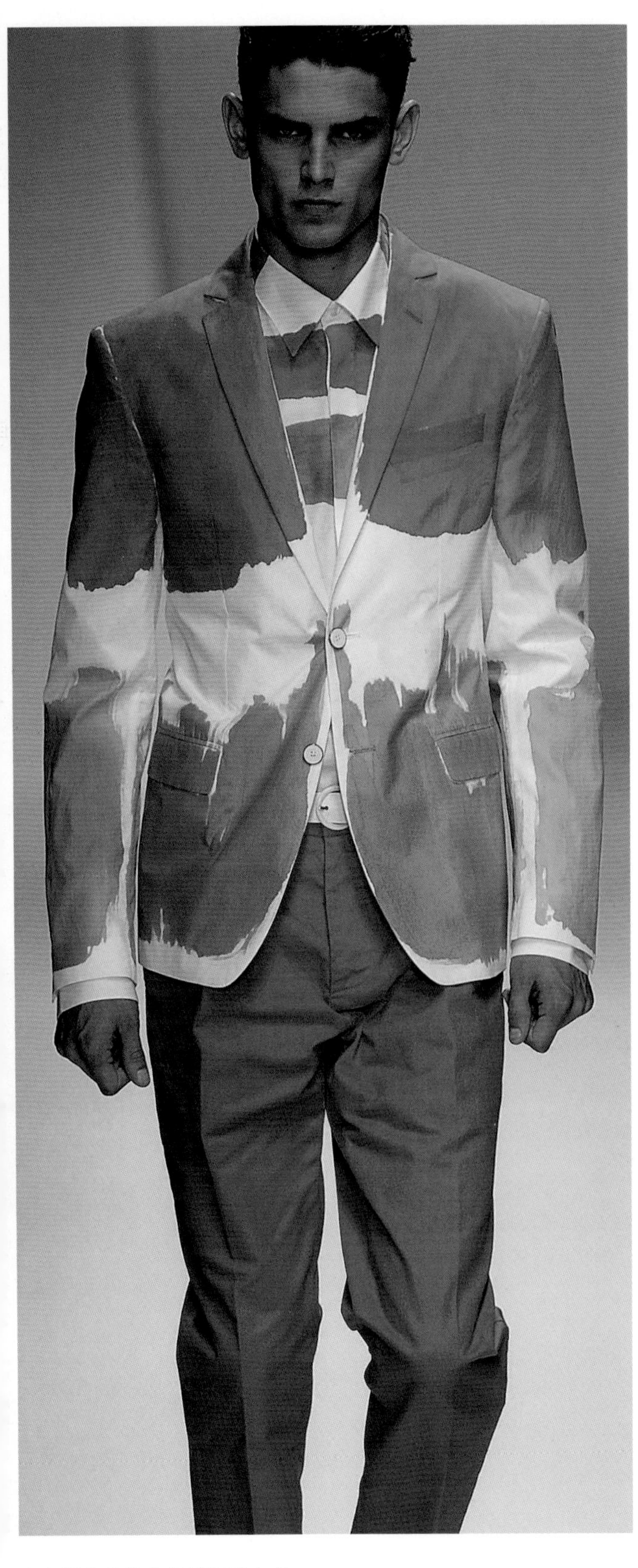

这套经典剪裁的棉质夏季夹克、裤子和衬衫具有前卫的绘画风格，是由萨瓦托·菲拉格慕（Salvatore Ferragamo）设计的。服装上红色和珊瑚色云纹直接通过手绘处理。

实用染色术语（Useful dyeing terminology）

酸性染料（Acid dye）：染料的类别，用于蛋白质纤维染色，比如丝和羊毛。

明矾（Alum）：天然的染料媒染剂。

苯胺染料（Aniline dye）：最早的合成染料，由酒精和煤焦油（Coal-tar）衍生物制成。

偶氮染料/不溶性偶氮染料（Azo/azoic dye）：石油基染料，通常用于染纤维素纤维。

碱性染料（Basic dye）：染料的类别，用于一些合成纤维的染色。

批染（Batch dyeing）：大批量的纱线在同一个染缸染色。一批次称为一个缸号。

渗色（Bleeding）：颜色的缺失或者转移。

闪光效应（Changeant）：使颜色从不同的角度观看呈现“变化”的效果，也称为双色调或者闪色效果。

铬染料（Chrome dye）：用于羊毛的染料种类。

连续染色（Continuous dyeing）：将面料依次经所有的染色步骤进行加工，可以不断地对产品进行染色。

直接染料（Direct dye）：用于纤维素纤维的染料类型。

分散染料（Disperse dye）：用于一些合成纤维的染料，如聚酯纤维和醋酸纤维。

易褪色（Fugitive）：易洗掉或褪去的颜色，即色牢度较差。

绞纱染色（Hank dyed）：以绞纱的形式进行染色。

靛蓝（Indigo）：可能是唯一仍在大量使用的天然植物染料。

配伍（Match）：指两种样品的颜色匹配在商业上是可行的。

媒染染料（Mordant dye）：铬染料的替代品。

禁色（Off-shade）：不可接受的配色。

渐变色（Ombre）：由浅到深渐变的颜色。

活性染料（Reactive dye）：用于纤维素和蛋白纤维的染料类型。

色差（Shading）：面料染色有缺陷，以深浅不一的颜色为特征。

闪光布（Shot）：从不同角度看颜色产生变化的面料，是一种染色纱线交织后的效果。

打样（Strike-off）：用于确认颜色和印花的初始小样。

脆损（Tendering）：不良的染色使面料变差。

染缸（Vat）：染色容器。

还原染料（Vat dyes）：普通的棉染料。

表面装饰（Surface decoration）

这个通用术语是指用于成品面料的、以质地或/和颜色来表现的任何形式的装饰。两种最重要的表面装饰方法是印花和刺绣。

印花（Printing）

印花是指通过颜色的使用而在织物表面上形成设计的工序。

手工模版印花（Hand-block printing）

木块上雕刻着设计图案，用于将染料转印到织物上。每一个重复单元都是通过手工仔细摆放对准。

丝网印花（Silk-screen printing）

丝网印花是原始的手工印花技术，以模板刻花为基础。将一张编织细密的网状织物（最初是丝绸）放在框架上绷紧，以不透孔的模板覆盖。需要印花的织物置于其下，墨水或染料在模板上刮过，使其通过模板上有孔的部分。一系列的此类筛网可以印出多种颜色。

（最上图）印度尼西亚手工模版印花。

（上图）在蜡染处理后的织物上使用铜版叠印。

（上图）该作品来自Undercover品牌，采用丝网印的方式，将巨大的T恤照片印在超大号纯棉质运动衫上。

（左图）该作品来自Ioannis Dimitrousis品牌，将有视错觉、放大的“斜向编织”结构以丝网印的形式印出来。

筛网印花（Rotary-screen printing）

筛网印花在生产5种颜色以上套色的大量重复和复杂设计时，比辊筒印花价格便宜，也适合针织物印花。

辊筒印花（Roller printing）

适合于大量产品快速印花，生产准备成本包括铜辊的雕刻，每种颜色一个辊筒，因为需要加热固色，颜料印花推荐使用干法印花，而染料印花推荐使用湿法印花。

热转移印花（Heat-transfer printing）

面料和转印纸在热辊间通过，将染料由转印纸上转移到面料上。这种方法是少量产品印花的经济合理选择。

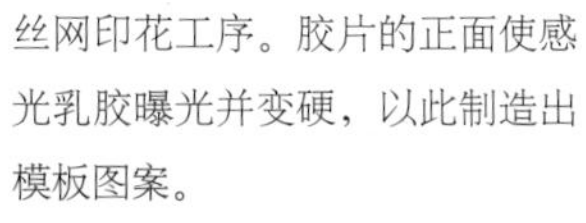

丝网印花工序。胶片的正面使感光乳胶曝光并变硬，以此制造出模板图案。

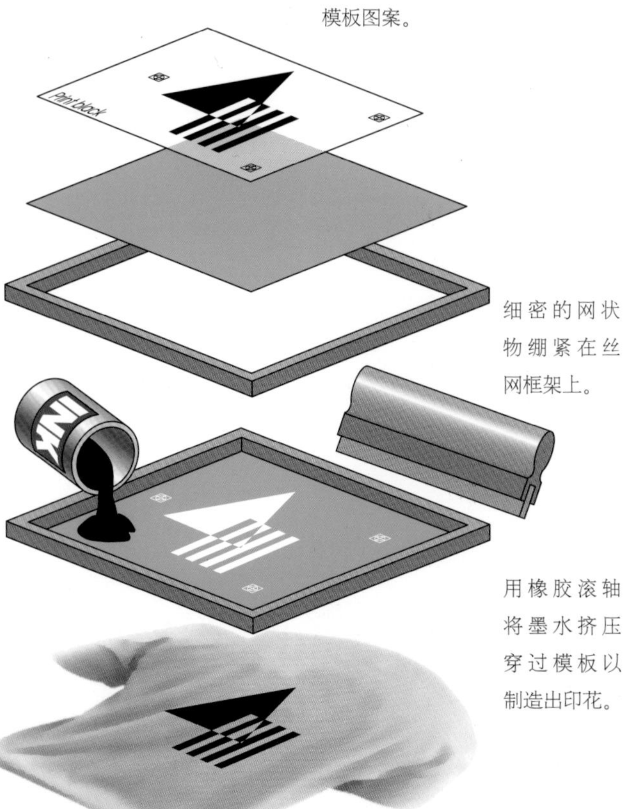

细密的网状物绷紧在丝网框架上。

用橡胶滚轴将墨水挤压穿过模板以制造出印花。

印花公司应用最先进的生产设备，提供开发丝网印花面料的全套服务。

（最上图）传统的手工丝网印花。

（上图）若干段面料的机械化丝网印花。

（左图）单件服装的机械化丝网印花，最常见的是T恤。

媒染剂印花（Mordant printing）

将一种媒染剂（染料的定色剂）在面料染色之前预先印刷成图案。颜色只会附着在媒染剂印刷过的地方。

防染染色（Resist dyeing）

将诸如蜡之类的防染物质印刷到面料上，然后再染色。上蜡的区域不会染上颜色，留下未着色的图案与染色区域形成对比。

拔染印花（Discharge printing）

某种漂白剂印刷到事先染好的面料上，以去除部分或全部颜色。

数码印花（Digital printing）

数码印花降低了打样的成本，并可以多次试验。在单次印花中没有套色和尺寸的限制，因此很容易做出摄影图像的品质，特别的软件能精确地通过显示器的颜色配色，消除人工配色的误差。

数码印花特别适合于实时生产，订货至交货时间缩短并且通常没有最少印量的限制。这更利于新产品开发，不需要存储面料。选用合适的墨水，大多数印花机可以在任何面料上印花。面料通过印花机上的导布辊，数以千计的墨水液滴施加到面料表面，经过加热或蒸汽即可固色。有时面料也需要洗涤和干燥处理。

耗水量降低50%，不需要洗涤丝网或辊筒，只有少量墨水浪费且排污减少。

实用印花术语（Useful printing terminology）

烂花（Devore）：在含有两种或多种纤维类型的面料上印上某种物质，它可以烧尽或破坏其中一种或多种纤维。其结果通常是形成部分透明的面料。

植绒印花（Flock print）：在面料上印上某种黏合剂，短绒黏附其上。

闪光印花（Glitter print）：先印刷黏合剂，然后是闪光颗粒。

底色（Ground colour）：面料的基础色或者是印花的主导色。

半色调（Half tone）：单独一个色调区域内的色阶。

金属印花（Metallic print）：用金属颜料印花。

罩印（Over-print）：设计图案印在已有的全幅印花上面。

涂料印花（Pigment print）：一种由涂料或者黏合剂而非染料制成的印花。往往留在面料表面而未被吸收。

定位印花（Placement print）：图案印在服装上的指定位置。

重复图案（Repeat）：一个设计完整的单元。小的重复图案有全幅效果，而大的重复图案则需要在面料剪裁之前对其安放位置进行仔细考虑。

印量（Run）：印花面料的完整长度。

转移印花（Transfer print）：彩色的图案从一种材料或者纸张上转移到服装或者面料上，通常采用加热的方式。

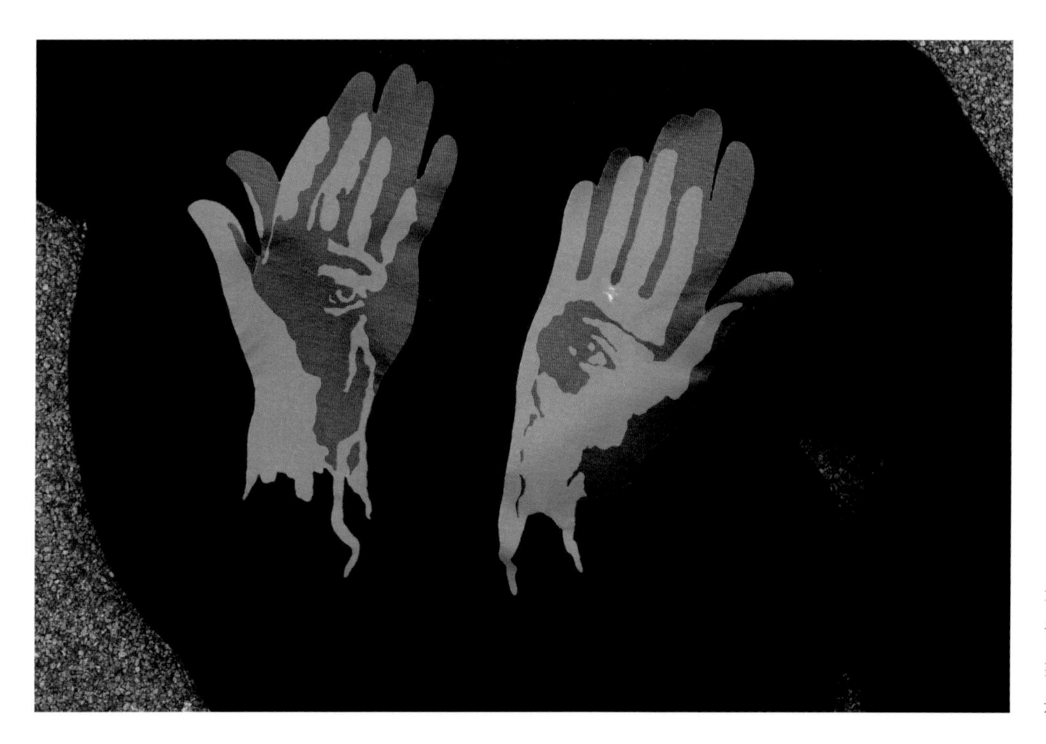

米卡·鲍姆（Myka Baum）设计的“思考的状态”系列“幻象”。利用乙烯在100%全棉的运动衫上定位印花。

烂花（Devoré）

烂花（来自法语“dévorer”，吞噬之意）技术也称为“烧花工艺”。它描述的是当部分面料的组成物因应用了腐蚀性糊剂而被破坏以产生的设计效果。酸性的印花糊剂会吞噬面料的纤维素区域（如黏胶纤维、人造纤维、棉或麻）。底布（丝绸或者合成物）被保留下来。这个技术对于起绒织物特别有效，如丝绸或人造丝天鹅绒，轻薄的丝绸底布与起绒肌理形成鲜明的对比。

激光切割和雕刻（Laser cutting and engraving）

激光切割和雕刻在小尺寸的设计中具有独特的优势，它能将面料按照准确的设计图案精确地重现。大多数面料都可以使用激光切割和雕刻方法加工。激光束的高温能够封闭切口，避免磨损，设计既可以在卷装的面料上，也可以在衣片上实现，即便是复杂的产品加工也同样能够实现。

设计师哈利·切尔（Harley Cheal）作品，在丝绸天鹅绒面料上的“烂花”原创设计。

（上图）阿加莎·鲁兹·德拉普拉达（Agatha Ruiz de la Prada）设计的双层激光切割服装。设计师可以使用激光切割在不同的面料上创造出轻薄凹凸装饰效果，加工过程中激光切边会将边缘锁住，尤其是加工合成纤维织物时，效果更好，无需再通过刺绣来锁边。

（上图）伦敦设计师玛丽·卡特兰佐（Mary Katrantzou）设计的极具结构感的数码印花裙，一系列复杂的数码印花图案印到整件裙子上创造出醒目的视觉效果，并强调了身体的不同部位。

（右图）波兰设计师卡米拉·冈雷斯卡·卡巴斯卡（Kamila Gawrońska-Kasperska）设计的“拟态”系列中的蜻蜓装展现了数码印花的逼真效果。精美的蜻蜓翅膀图案通过数码印花方式印到真丝欧根纱上，裙装的下部分由100多片切边印花面料制成。

刺绣（Embroidery）

刺绣是一种用线和纱以不同的针法以及针法的组合而形成设计的表面装饰形式。这种工序还包括可能添加的珠子和亮片，也可以采用其他装饰性辅料。

刺绣工艺有许多根源，同样，许多不同的风格也反映了文化与地域的多样性。

刺绣可根据它的织物背景或者依据线迹的位置与面料之间的关系进行分类。还可以根据线迹是在面料上还是穿过面料进一步的划分。

手工刺绣（Freehand embroidery）

在织物上进行设计时，不需考虑基础面料的纺织结构；手工刺绣也是一种表面刺绣形式。绒线刺绣和中国传统刺绣是手工刺绣的两个例子。

（上）该设计来自Ashish品牌，厚实的羊毛纱线刺绣应用于羊毛绉呢上，在这套裙装中形成了一种定制面料。该设计以紧身上衣和衬有丝质薄纱衬裙的长裙为特色。

（右图）科莱特·韦尔默朗（Colette Vermeulen）设计的翠绿色上衣灵感来源自民间传说。高质感的面料采用马海毛和拉菲亚树棉黏胶材料，利用大提花技术制成，织造完成后在提花上使用预先洗过的丝带进行手工刺绣。

对称刺绣（Counted-thread embroidery）

在插针与布置绣线之前，刺绣人员预先计算出底布的经线和纬线。设计通常是对称的。半针绣与十字绣属于这类刺绣。

帆布刺绣（Canvas work）

绣线穿过帆布形成一种细密的花纹，完全覆盖下层面料。帆布刺绣需要使用刺绣箍或刺绣框来拉伸面料。半针绣、点针绣与锯齿绣即属此例。

打褶绣（Smocking）

打褶绣是一种使面料收缩的刺绣技术，源于中世纪的英格兰。利用刺绣技术，将收缩在一起的面料定位。它的得名源自喜爱这种技术的农场工身穿的短袍或罩衫。在使用松紧带之前，打褶绣取代钮扣用在袖口与领口上，使外衣拥有一定的弹性。

蕾切尔·科莎（Rachael Cassar）设计的再循环材料裙装，由改造的印度棉钩针蕾丝外层与尼龙和莱卡混合底布上穿珠刺绣构成。设计师的目的是生产出一次性的裙装，90%的材料都是由可回收面料组成的，并对那种认为奢华与持久性相互冲突的偏见提出质疑。

（上图）约瑟夫·冯特（Josep Font）设计的凸花纹刺绣大衣。“自由下落”的刺绣珍珠与亮片凸显了领与肩部。

（左图）由卡特·克斯托拉（Cartae Costura）设计的灰色细羊毛束腰外衣，以现代化的手法重新阐述了打褶绣的艺术魅力。这种面料通过逐层的松紧褶带塑型，使面料形成细微凸起，类似泡泡，增加了面料的弹性。

机绣（Machine embroidery）

刺绣设计可以由自动化的机器缝制而成。现在T恤、运动衫、Polo衫上的标志徽章会大量用到机绣。

贴布绣（Appliqué）

这种刺绣技术使用一些面料小块，将其缝制或刺绣在基础面料上，以创造出设计作品。源于法国，却在北美广泛使用，用于传统绗缝被。非洲西部以及印度和巴基斯坦的部分地区也以贴花绗缝而著称。

绗缝（Quilting）

该技术为缝针穿过两层或多层面料，其间有一层填充物，以创造出隔热以及三维装饰效果。

（上图）裸色薄纱裙装，手工缝制的毛边贴布绣，由梭织丝质条纹面料剪裁而成。来自Vivienne Westwood品牌2009年春夏的“DIY”系列。

（右图）这件青灰色裙装由设计师朱利安·大卫（Julien David）设计，他出生于法国，在纽约学习，现定居于东京。作品由丝绸和金属化圆形聚酯纱做成，具有雕塑感的钟形结构由内部的绗缝絮料支撑。

（上图）精细的精纺羊毛西装由毕业于皇家艺术学院的铃木一朗（Ichiro Suzuki）设计，他应用了传统的细条纹光学图案，通过在肩膀上强化错落有致的三维结构，颠覆了传统缝制效果。

后整理工序（Finishing processes）

面料生产出来后，可以运用很多工序对其进行处理，从传统的做法（如通过刷洗使表面更具有亲和力，或使编织更加紧密）到化学浸渍，使面料防水，甚至增加阻燃的特性。大部分此类加工处理用于机织面料，但也可用于针织面料，并且都是在制造工厂进行，不过一些特殊的后整理加工需要将面料送到专门的后处理加工工厂。

防水处理（Waterproofing treatments）

对面料进行防水处理，以增加其防雨或抗风化的特性。理解术语“防水”和“拒水”之间的区别非常重要。防水或防雨是指没有水的入口；这个术语同时应用于面料以及服装的制作工序。使服装防水的制作工序需要处理接缝，阻止水从缝制的空隙进入，或者在外层面料和内层里衬之间加入一层防水膜。

涂油和打蜡也是防水处理方式，但会随着时间的推移变差，因此需要重复运用。

提升处理（Enhancing treatments）

改变面料基本外观，可以采用多种处理方式。

缩绒和水洗是众多变化而来的专门处理方式的通用术语，每种方式都可以产生完全不同的效果，是为基础面料提供附加设计价值的经济合理方式。牛仔布就是一种水洗处理的面料。

刷毛可以提升面料的表面，使色彩倾向更加柔和；轧光和丝光处理可以增添面料光泽感。

添加剂处理（Additive treatments）

这些是提升面料和纱线性能及耐久性的处理方法。有些处理方法可以使面料更容易打理；有些则会减少面料起皱的自然特性。阻燃处理通常是为满足儿童睡衣和装饰面料的需要。

抗菌、防污、免烫和抗皱面料都采用了添加剂处理方式。

实用整理工序术语（Useful finishing terminology）

抗菌（Antibacterial）：抑制细菌生长。

防污（Anti-soiling）：使污渍更容易去除。

蒸呢（Blowing）：蒸汽吹过织物以清除褶皱，并使面料呈现一种特有的外观。

黏合工艺（Bonding）：两层面料附着或熔接在一起，可包含或不包含提供强度和保暖的中间层，如两层间支撑结构和隔热性的泡沫夹层。

增白剂（Brightening agent）：增加面料的白度或亮度。

轧光（Calendering）：增加面料光泽度和光滑度的工序，使面料通过加热辊筒来实现。

化学后处理（Chemical finishes）：加工方式不限，为面料提供特殊的后整理效果。

抗皱（Crease-resisting）：加工后的服装一般不需要熨烫。

免烫（Easy-care）：服装制作完成后，不需要多少熨烫工序。

砂洗（Emerized）：金刚石覆盖的辊筒使面料呈现出仿麂皮效果的后整理工序。

酶洗（Enzymes）：天然存在的蛋白质，催化化学反应。

缩绒（Milling）：一种使色彩混合、组织模糊并使面料更加细密的工序。

水磨洗（Mill washing）：一种水洗加工工艺，使面料变软和做旧。

上油（Oiling）：应用于面料的拒水处理。

预缩（Pre-shrunk）：面料在纺织厂已经经过缩水，不会进一步缩水。

酸洗（Souring）：去除纱线上的油脂以及污物的工序，赋予纤维饱满度并使面料膨胀扩大。

防雨整理（Shower-proofing）：任何应用于面料的防水处理方式。

上蜡（Waxing）：涂蜡使面料具有防水特性。

色彩导论（Introducing colour）

色彩是一位强有力的沟通者，它和语言和音乐一样难以琢磨。

色彩是我们体验世界的基本方式；它是我们对周遭环境视觉与情感意识的核心。色彩是我们看到的第一事物，通常先于形状和细节而被觉察到。强对比的色彩组合能刺激孩子并使其对此作出反应。色彩可以激起富有感染力的联想和回应，甚至给予事物以冷或暖、激动、刺激、舒缓、安静等特质。色彩具有指示性，以此影响情绪或提升我们的体验。它通过帮助诠释视觉语言，丰富我们对世界的感知以及领悟的方式。在遇到危险时，色彩是一种有效的隐藏手段，同时它也可以是一个符号，使我们警觉到危险的情况并引导我们即使是下意识地予以规避。

色彩原理（Colour theory）

古希腊哲学家恩培多克勒（Empedocles，公元前492－431）首次阐述了色彩原理。他假设：色彩不是物体的特性，而是存在于观察者的眼中。这个看似认知上的哲学飞跃，在数世纪以后才得以证实。色彩的科学也被称为色彩学，它涵盖了人的眼和脑对色彩的感知、材料中色彩的起源、艺术中的色彩理论以及可视范围内电磁辐射的物理学——或者我们通常所称的“光”。

色彩和光（Colour and light）

从观察者的角度看，色彩可能被称为一种“感觉”，但严格地说它包含在光里面。个体对于色彩的感知是在头脑中合成的。色彩的概念是对光的感觉的反应，它通过眼睛传递到大脑。光是由能量的波动形成的，它们以不同的波长传播；大脑将这些诠释成色彩上复杂的微小差别，并对这些波长之间细致入微的差异进行处理。

颜料是纯粹的色彩，但即使是一种颜料的色彩，本质上仍是它所反映的光的色彩。每看到一种色彩我们看到的是有色的光，因为颜料有一种特殊的能力，它吸收落于其上的光的特定波长，并将剩下的波长反射到眼睛里。

白色的表面会反射所有照射到它的光线，相反黑色的表面则会吸收光线。一个有颜色的表面，如红色，会反射红色的光，但会吸收其他所有的光线。可以说白色是纯粹的光，而黑色完全缺乏光，事实上两者都不是色彩。

物理学家和数学家艾萨克·牛顿（Sir Issac Newton）开创了在实验室条件下对光的研究，并制定了理解色彩的逻辑框架。牛顿的理论是：阳光由光谱的色彩组成，每次彩虹的形成或者太阳光线在肥皂泡表面被驱散，或者通过小水洼上的一层油膜都会得以彰显。

可见光谱（Visible spectrum）

当光的射线进入三棱镜，通过三棱镜折射出的色彩排列由以下顺序呈现出来：

红
橙
黄
绿
蓝
靛
紫

（左页图）出自阿兰·格拉（Alain Guerra）和尼来多·拉佩斯（Neraido de La Paz）的相当于房间大小的装置作品：“致敬”，以彩虹色调的废弃服装堆积而成。

（右图）设计搭档布索（Basso）和布鲁克（Brooke）设计的多层晚礼服，使用光谱暖色调区的邻近色调，创造了一种夕阳色彩的奢华效果，极富于视觉冲击力。

光的组成部分称为可视光谱。每一种颜色波长都不同。当光照射到一个表面，某种波长被吸收，其他的则被颜料或色素反射。大部分的光源都会发射出不同波长的光，这一过程使其表面呈现出色彩。

1860年，苏格兰物理学家詹姆斯·克拉克·马克斯韦尔（James Clerk Maxwell，1831–1879）证明了光是一种电磁波的形式。眼睛每秒所接收到的光波达400–800Hz，我们将这些视为色彩。紫色的波长最短而红色最长。

色相（Hue）

色彩首要的度量是色相。色相是色彩的名称或类型。当我们提到一个色彩的名称时，指的是它的色相。一个纯正的色相是没有其他色彩混入的。

某些色相组合的标准化分类：

单色：即单一色相。

相似色：光谱上相邻的色彩。

互补色：色相环上位于相对位置的色彩。混合互补色彩会降低合成色彩的饱和度，或说浓度以及彩度，或说明度，换句话说，其效果将变暗。

三原色：设置为色相环时，任意三个在光谱上等距的色彩。红、黄和蓝是最基本的三原色。当完整的色谱以盘状形式展示出来，红、黄和蓝三者的相对位置形成一个完美的等边三角形。

色彩组及体系（Colour groupings and systems）

用于色相环模式下的各种术语。

原色（Primary colours）：原色这个术语是指不能由其他色彩组合而成的色彩。红、黄和蓝组成了三原色。

次级色（Secondary colours）：次级色是两种原色混合的结果，比如蓝和黄混合产生绿。次级色三元组（Secondary triad）由绿、橙和紫构成。

三级色（Tertiary colours）：当原色和与之相邻的二次色混合时得到三级色。

减色体系（Subtractive colour system）：制造色彩的减色法以颜料和染料为基础，通过吸收一些光的波长并反射其他波长可以解释这些色彩的混合方式。

加色体系（Additive colour system）：这是一个混合有色光的过程，就像在剧场或零售业中运用一样。加色体系从没有光开始——即黑色，然后加入光，由此形成色彩。

区分色彩体系（Partitive colour system）：区分色彩模式基于观者对相邻色彩的反应。

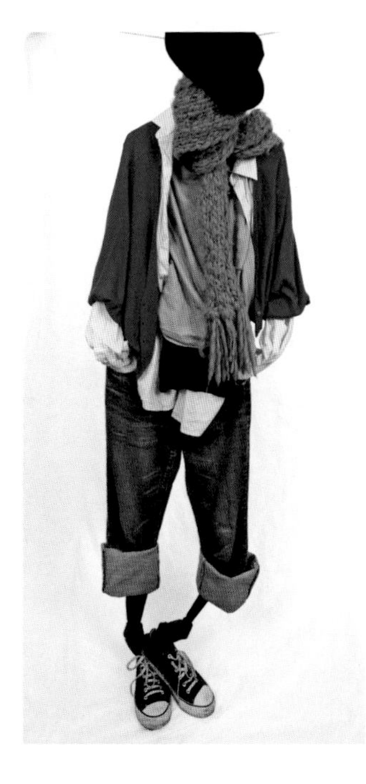

一套单一色相的服装。

色环（Colour Wheels）

色谱可以按圆环的方式进行排列，以帮助人们合理地预测色彩的相互作用。色环是分析与讨论色彩的首要基本工具。色彩的视觉组织形式多种多样，有的简单，有的则非常复杂，但他们的原理是相通的。

颜料色（Pigment coluor）

在减法混色、色素或混合色中，传统上最基本的就是红色、黄色、蓝色。若将两种基本色混合，理论上它们就可以产生次级的橙色、绿色和紫色。若将三种基本色都混在一起，理论上它们会产生黑色。

颜料色及进阶色环（The pigment and process wheels）

在传统的12色色环上，基本色是红色、蓝色与黄色；次级色是橙色、绿色与紫色；三级色则是相邻的基本色与次级色的混合。如果颜色是与它的补色（在色环上处于其对角线上的颜色）相混，那么产生的就是中性的灰色，正如色环正中所显示的那样。12阶色环是减法混色的基础；面料艺术家会使用减法混色色环，通过染色来创造纱线与面料的颜色。

12阶进阶色环同样可应用于减法混色，但基本色更纯——黄色、洋红色、蓝绿色，相应地混合之后，也会产生纯度更高的色调。在彩色印刷与摄影以及颜料生产中，这是标准的配置。

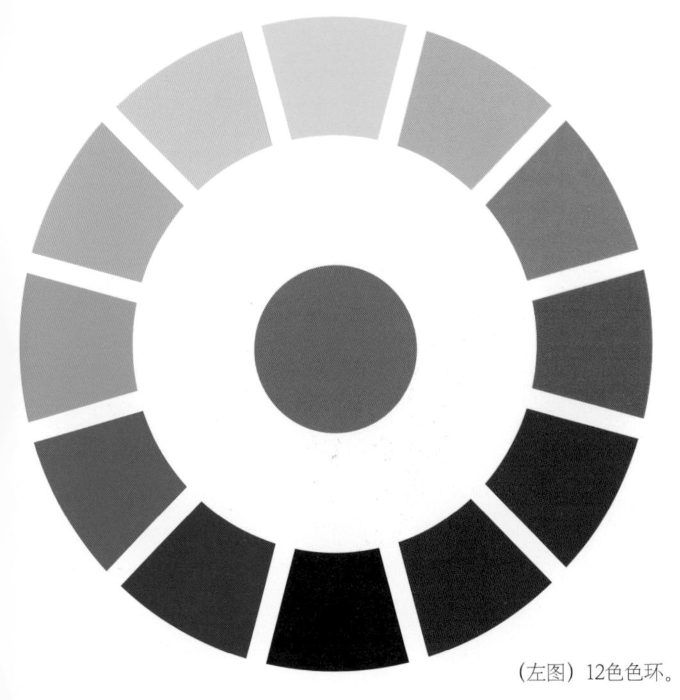

（左图）12色色环。

伊腾色环（The Itten wheel）

由瑞士教师及艺术家约翰内斯·伊腾（Johannes Itten，1888−1967）发明，伊腾色环展示了运用色彩的一种富于逻辑且容易记忆的形式。从科学与精神的层面理解色彩，让伊腾非常着迷，而在1920，他正执教于极富影响力的德国包豪斯学校。他发现色彩可以按照暖色或冷色色阶进行分类，而这两者结合的方式会影响色彩自身。这些来自包豪斯教学的理论基础，包括伊腾色环，至今仍在世界范围内对艺术产生指导作用。

伊腾色环以一种实用的图像方式将原色、次级色与三级色相互关系的基本理论展示出来。处于中间的三角形显示了三个不能由其他颜色混合而成的原色——黄色、蓝色与红色。周围是三个由原色混合而来的次级色。环绕原色与次级色的则是被分为12等份的圆环。其中6份是原色与次级色，而其两两之间的则是另外的颜色。伊腾将其称为三级色。一个三级色是由一个基本色与一个次级色相混合而产生的。

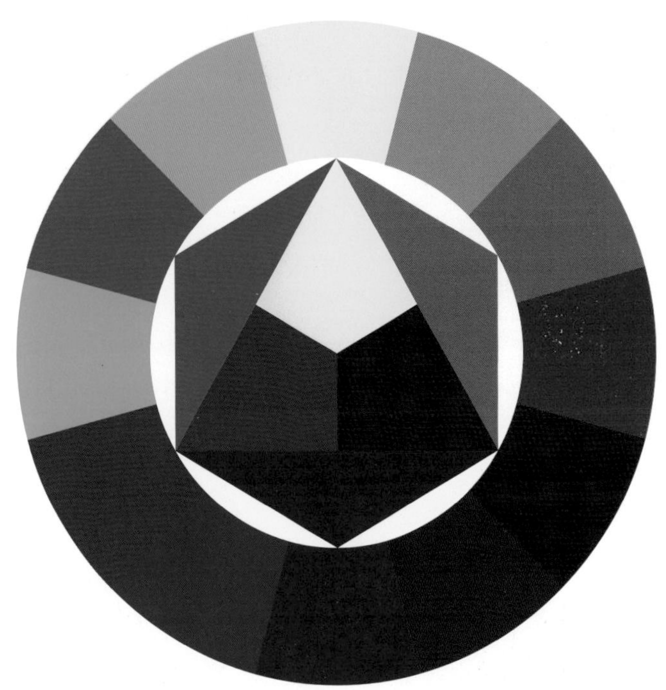

（上图）伊腾色环展示了有关基本色、次级色与三级色相互关系的基本理论。

蒙赛尔色环（The Munsell wheel）

阿伯特·蒙塞尔（Albert　Munsell，1858－1918）开发了基于5个原色的表色体系，正如他所提到的，基础颜色是黄、红、绿、蓝和紫。这些原色是基于残象感知，即当长时间凝视某一特定颜色后大脑提供的相对色，它源自于我们在大自然中看到的色相。

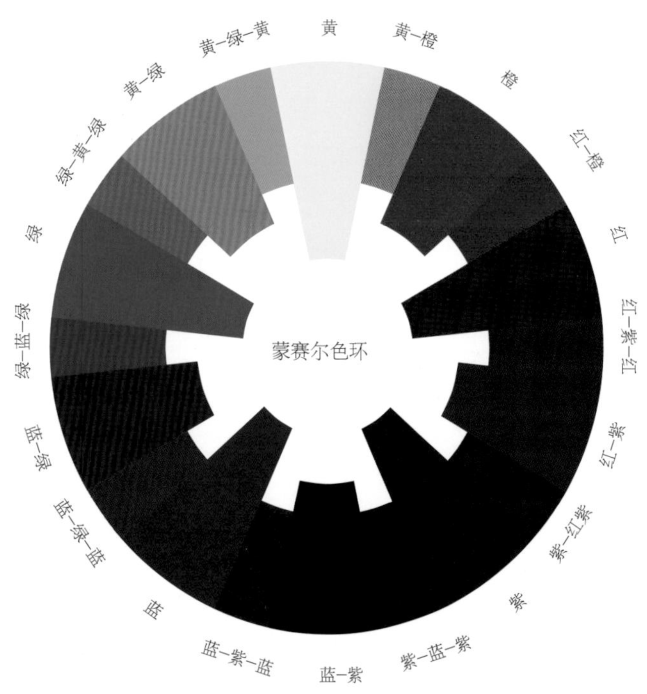

视觉环（The visual wheel）

这个16阶的视觉环（下图）是由意大利艺术家莱昂纳多·达·芬奇（Leonardo da Vinci，1452－1519）排列而成的，它对于互补色的理解极大地影响了文艺复兴时期的绘画。它是一个差别性和减色性色环。

光色（Light colors）

这些色彩呈现加法性而非减法性（如颜料），如果原色光（橘红、绿、蓝紫）以重叠的圆圈形式显示，它们混合形成光的合成黄色、洋红色以及青色。在加法混合中，次级色比原色要浅。当三种原色重叠时，它们产生白光。这个体系用于灯光照明，也成为影像和电脑图形的基础。

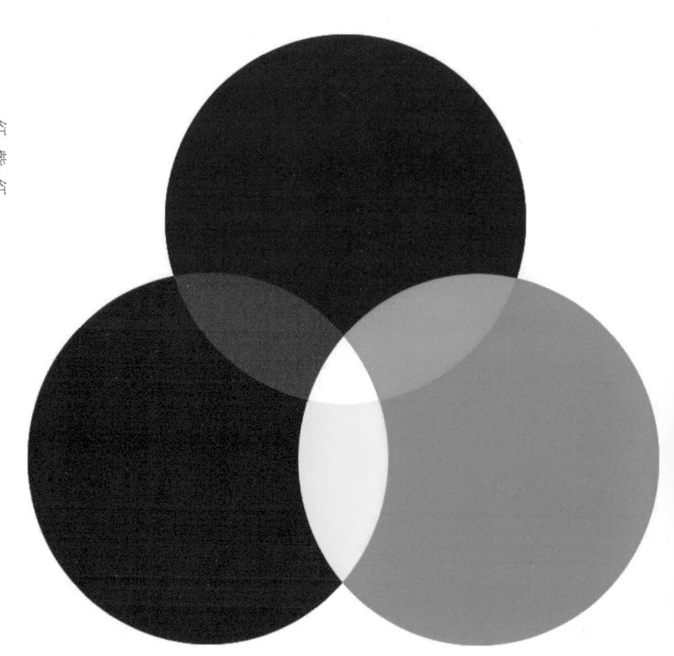

光色是加法性的（上图），而且它们与颜料反应的方式不同，颜料是减色性的（下图）。

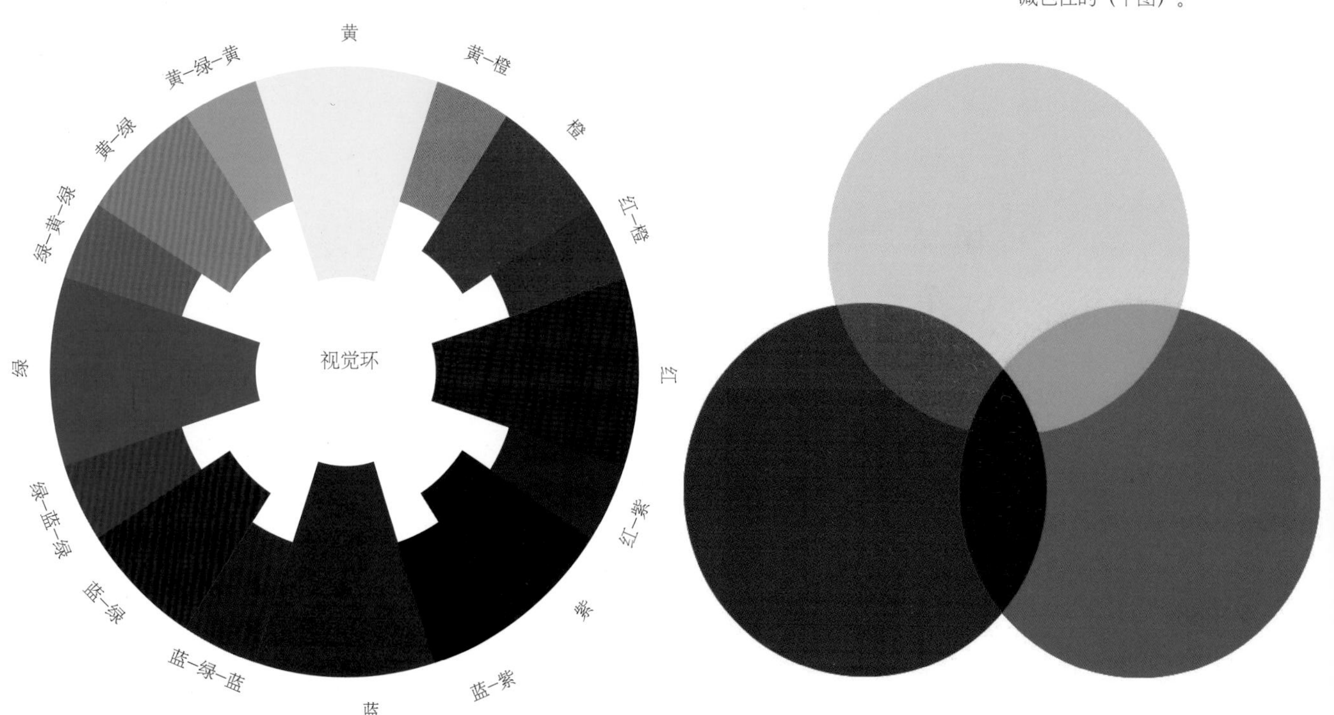

色彩感知（Perception of colour）

我们对色彩的感知对于我们界定整个世界以及情感的能力有着重要作用。从经验中我们获知，某些色彩可以与冷或暖的感觉联系起来。色彩可以帮助我们识别新鲜、成熟或者腐坏程度，也可能是潜在疾病的信号灯，还有助于我们感知恐惧、愤怒或者尴尬。

心灵与物质（Mind and matter）

有三个要素是鉴别色彩时必须具备的：光源、对象以及观察者。眼球的晶状体接收到光波，大脑将其诠释为色彩。眼睛接收到的信息被传递到大脑，因此对色彩的感知是一种精神的、心理的以及客观的现象。我们对于色彩的感知受到色彩所在环境的影响：周围有哪些事物？周边的邻近色有哪些？其接受的采光如何？正是人类的双眼与大脑综合力量的结合，揭示了我们是如何区分所见色彩类型的。

我们感知质地、距离以及三维空间的能力受到色彩的影响：通常较深的颜色给人以向后退的感觉，或者使对象看起来更小，而较浅的颜色则效果相反。

黄色和绿色往往比其他颜色更显眼，而红色和紫色是最不易察觉的。

文化指示性（Cultural reference）

色彩所表达的含义以及情感冲击力在不同的文化中不尽相同，并会随着时间的推移有所变化，古往今来其内涵既有正面的，也有负面的。流行同样也显著地影响着我们对不同色彩的界定。参与运用色彩来开发任何时尚产品，都需要熟知不同色彩之间沟通的“密码”。

具有象征意义的色彩联想依靠的是受众对相同文化的共同体验。但有些色彩联想是世界范围内很多文化共有的，如蓝、绿和紫色，给人的感觉是“冷的”，而红、橙和黄色则是“暖”的。这种联想源自于我们对水、阴影以及冰冷气候，或者火、太阳和沙漠的共同生理体验。色彩的内涵似乎是产生于生理体验的心理反应。

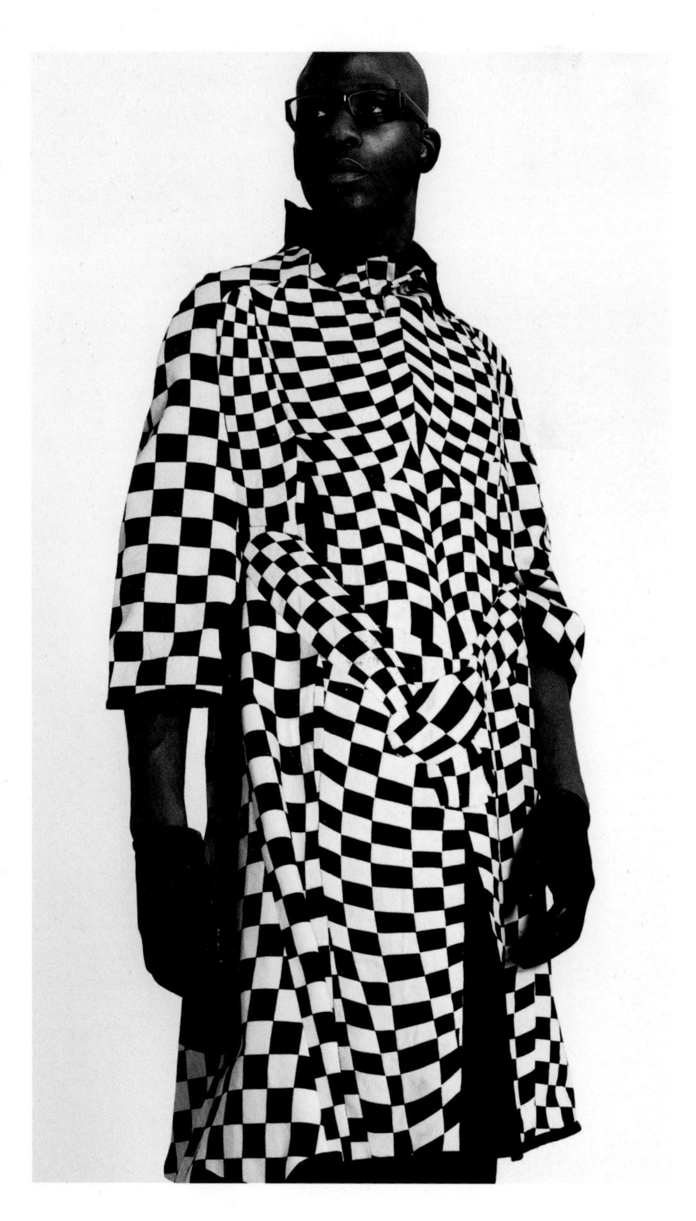

日本设计师铃木一朗设计的男式大衣，他使用坚挺的白色斜纹棉布作为基布，并在其上通过数码印花印上欧普艺术图案，灵感来源于布里奇特·莱利（Bridget Riley）和埃舍尔（M.C. Escher）等艺术家的作品。服装大身上部采用拼凑的图案而其他部分全部使用棉质印花格子花纹。

作品“色彩聚合”，出自设计师米卡·鲍姆，阐述了同步对比的原理。

色彩交流：色彩的词汇（Colour communication：the vocabulary of colour）

人类的眼睛可以区别数百万种不同色相、饱和度和色调的色彩，而且利用形容词，可以识别出有多种视觉特征的色彩。

用于描述色彩的词汇通常是不精确的。我们说到红色，这个红色可能整体偏黄或者带点蓝色、极富张力、暗得令人厌烦，也有可能偏向温柔的粉红色。单凭一个概括性的颜色名称，无法充分表达色彩间的差异。因此色彩名称，如红色，常被加上唤起共鸣的形容词，提升对色彩“感觉”的理解，如地狱火焰红，樱桃红和血红。

文化必然性（Cultural necessities）

将色彩与情绪和感觉相联系而进行思考，可以启发唤起共鸣或者富有感染力的语言以及描述性的词语，引发人们对某些特定色彩的关注。

成千上万的色彩已经具有自己的名称，但这些从总体上来说是很有限的。即使是最丰富的语言，其基础色彩词汇量也极其匮乏，通常不足12个词语。所有其他的色彩描述性词语都是通过在基础词汇上添加“浅”或“深”进行修饰，或者为其设定一个参照物或者材料来阐释，如象牙、柠檬、咖啡或者红木。

对于在不同语言中色彩术语发展的精准性，无人能予以确定。但在某种特殊商品的重要性或者描述环境因素的需要与描述性色彩术语的复杂性之间似乎存在相互关联性。色彩语言的精准性通常受到社会环境的影响，如生活在沙漠的部落有大量的描述黄色和棕色的术语，与之相反，爱斯基摩人拥有广泛的色彩词汇来区分冰和雪的各种形式。在毛利人的词汇中，有超过100个单词用来描述“红色”。很多非洲部落有着大量色彩词汇描述对他们而言意义重大的财产——牛。过去的日耳曼人对于马的倚赖，在他们很多马的形容词上反映出来，这种传统融入到英语当中，英语也便拥有了纷繁复杂的关于马的色彩的描述性词汇，包括：红棕色、枣红色、栗色、杂色。在大多数文化中，头发和皮肤的颜色同时也是描述性符号，反映了建立一个人的家族传承和社会地位的复杂的色彩变化。

色彩趋势（Colour trends）

消费者的第一反应都基于色彩。当设计一个产品系列时，首要考虑的因素是选择色彩并且形成明晰的色调板。

我们对色彩喜好的不断变化极大地影响着很多行业。色彩趋势的预测涉及到对所有影响消费者喜好的微妙因素进行不断评估。

对色彩的迷恋也可能与某种生活方式有关。一组色彩可以表达一种文化态度，或者产生鼓舞人心的生活方式的联想，如“运动感的”“经典的”“民族的”。20世纪持续时间最长的色彩趋势始于80年代。受到新一波日本设计师个性鲜明的美学启发，黑色猛烈席卷时尚的各个角落，并且不再是与悲痛或诱惑相关的色彩，最终成为适用于当代都市生活各个方面的意味深长的“无彩色”。

同步对比（Simultaneous contrast）

将明度相同的色彩并置在一起所创造的效果称为同步对比（左页图）。光谱上相互对立的色彩可以创造出极富视觉冲击力的效果——似乎在摇曳、闪烁或者根据其比例和排列顺序的不同，甚至在波动。这种效果只有在两种色调都是同一明度的情况下才能充分呈现出来。每种色彩的色值受相邻色彩的影响。色彩以印花或条纹的形式为载体，在视觉上可以产生“闪烁”的错觉。

色彩预测（Colour forecasting）

纺织业为获得色彩趋势走向指南，会与一系列专家合作。服装与纺织的部分共生关系源于色彩趋势，并且影响着色彩开发的初始阶段。

为了获得下一季色彩趋势的第一手资料，可以参观在巴黎每年举行两次的“第一视觉”面料展（Premiere Vision）。这里提供行业专家的咨询服务，以预测和规划未来色彩和面料的趋势。最重要的色彩机构由国际专业的色彩学家组成，确保了色彩预测的全球化视角，以细致且精准的色彩预测而闻名。最主要的色彩咨询机构包括英国色彩集团（Colour Group of Great Britain）、国际色彩局（International Colour Authority，ICA）、美国色彩联盟（Colour Association of the United States，CAUS）、色彩营销集团（Colour Marketing Group，CMG）。色彩预测者分析并诠释潜在的社会、文化和消费者对色彩“倾向”或色彩类别的偏好，并对未来做出推测。他们不会将色彩选择强加于市场，而是擅长分析和诠释体现消费者色彩倾向和偏好的潜在趋势。大多数预测的色调板至少比零售周期提前一到两年发放到纺织服装行业。

配色（Matching colour）

设计师、产品开发人员、业务员和零售商都应注意光源在人们对色彩的认识过程中所产生的作用。我们所看到的每一种色彩都受其周围环境以及其所处的灯光条件所影响与决定。不同类型的光源可以完全改变色彩效果。在荧光灯下呈灰绿色的面料，在零售环境的家用灯光及其他色彩背景下，可能会呈现出蓝绿色。零售环境下的照明可能会影响人们查看色彩的方式，因此，为零售目的的配色必须仔细权衡，以避免可能出现的商业败笔。

人工照明也被称为弱化的光谱照明，因为它在某些色彩频率上是有缺陷的。白炽灯泡发出暖色的光，它支持黄色、橙色和红色的频率。因此在这种灯光下观看时，暖色看起来更加生动。荧光灯则与之相反，更支持蓝绿色系的冷色频率；这种光源会使这些色彩看上去更有活力。天然采光则以随意和杂乱的方式照射物体。如阳光或者电光，可以向各个方向散射，波长也不尽相同。如果产品系列的各组成部分是在不同国家生产，并且配色是在不同的零售环境光源下完成的，那么形成的色彩可能呈现出极大的差异性。

环保考虑（Eco consideration）

消费者越来越关心他们的消费习惯可能对环境造成的影响。色彩预测者在20世纪90年代注意到这种态度的转变，据此制定了“自然状态”的面料色彩趋势，即未染色、未漂白的织物，给人一种更亲切、更“真实的”色彩感觉。

生产和加工染色纺织品对环境和社会造成的影响可能非常大，并且毫无疑问，此过程中某些化学物、染料和加工工序对环境产生了负面影响。加工过程中化学染料释放的有害物质和天然资源的浪费是采购纺织品时最主要的考虑因素。近年来一些非政府机构推动了立法的变革，因此，欧洲有22种致癌的含氮染料被禁用。消费者明智的选择和产品开发人员的努力有利于保护环境。

色彩搭配。艺术家伊莎贝拉·惠特沃思用天然染料做实验，使这种无公害种植的半野生蓖麻蚕丝更加完美。她的样品册记录了配方：4杯洋葱皮、2份水和2汤匙白醋，煮15～20分钟，关火在锅中保留30分钟。

受光材料的物体表面也会影响我们感知材料的色彩。灯芯绒、天鹅绒、缎和起绒粗花呢其表面质地差异极大，因而对光源的吸收或反射程度不同，从而影响我们对色彩的视觉感知。如果表明粗糙或多孔，所吸收的光波更多，色彩显得更暗，而光滑的表面反射的光更多，因此会显得更亮。

国际照明委员会（CIE）是1931年成立的有关照明的国际性委员会组织，应拓展色彩标准化的需求而产生。这个体系以光为基础，色度计用于测量任何色彩的三种可变因素：亮度（即光发射的强度）、色相和饱和度。这些属性值综合决定了色彩的“色度”。CIE体系的优势是它为工业生产提供了精准且一致的配色方法，几乎察觉不到其差异性。这套客观的标准消除了人们诠释方式上的差异。国际纺织字典百科标准色彩和潘通专业体系（Pantone）也广泛应用于纺织服装行业。

色彩组合（Combining colour）

我们观察色彩或运用色彩都不是孤立的。运用色彩时，尽力超越已有的常识——哪些色彩可以搭配，哪些不可以。流行需要不断地对色彩提出新见解、新想法。当色彩呈现相似的视觉特质时，我们则认为它们是和谐的或者统一的。将不同色彩并置时，会让色彩感知产生错觉，在外观、色调甚至面积上发生巨大变化。

为开发秋季服装色彩而制作的色调板。

创建一个色调板（Creating a colour palette）

选择色彩并制定一个色调板是设计和筹备成衣系列首先考虑的因素之一。色调板展现了成衣系列用色的组合色彩。色调板中的某些色彩会占主导地位，并被作为基础色——它们可能是较深的色调或者中性色，而另一些色彩则会少量地用做点缀色或者限于印花范围内使用。认识到某些色彩可能与肤色不匹配以及战略性地使用色彩如何对身形的视觉效果产生影响非常重要。

可以从各种意想不到的资源中获取灵感，以寻找创造色彩的新途径并建立色调板。

形成一个丰富的色彩组合需要从各种灵感来源中提取色彩，包括绘画、摄影图像、涂料样本、染色纱线、已有的物体以及大量的材质和材料。

色彩资源需要收集各种色彩案例。色调板通常源自研究时装系列时所收集的各种灵感素材，再结合色彩流行趋势信息而形成。

将所选色彩与启发性的情绪或者“感觉”联系在一起，有助于分别定义单个色彩的“性格”以及它们在一个系列中的相互关联性。如某个色调呈现出的情绪可能是肮脏的、都市的、视觉上偏暗的中性色彩板，与酸性荧光灯的鲜明色调形成对比。通过与档案室的色度进行比照，并与专业的色彩体系进行匹配，可以对色彩选择重新定义。意识到色度之间的微小差别有助于创造色调变化中更加微妙的色彩。

时尚需要新奇，需要对我们认为曾经见过的色彩进行重新审视，对它们的色调、特质以及强度进行再创造，并将其置于新的组合中。

（右页图）黑白单色的色阶产生了灰色的微妙变化。最浅的颜色可能给人以干净、珍珠般、光亮的和谨慎的感觉。暗淡和柔和的色调给人以落满尘埃、灰暗和粉末状的感觉。中色调则给人以冷酷、成熟、优雅和严肃的感觉。灰色与其他色相结合可以呈现出一种错觉的变幻莫测的活力。

实用色彩术语（Useful colour terminology）

无彩色（Achromatic）：没有任何色相存在，没有色度。

色度（Chroma）：色彩的饱和度和亮度。这个术语也可以定义色彩的纯度和强度。

有彩色（Chromatic）：具有某一色相。

色光治疗学（Chromotherapy）：色彩运用于治疗目的。

CMYK体系（CMYK system）：用于再现彩色图像的四色屏幕体系：蓝绿色（Cyan）、洋红色（Magenta）、黄色（Yellow）、黑色（Black）。

色彩的协调（Colour harmony）：色彩的关系，色彩相互之间的比例。

对比度（Contrast）：色彩的视觉差异。如黑和白就是强对比度的色彩。

共同三原色（Co-primary triad）：三原色分成三组时所得到的效果，每组分别由每种色相的冷和暖形式构成。

暗色（Muted colour）：色相减弱的形式。

中性色（Neutral）：基于三级色色相的色彩。

粉彩（Pastel）：色彩调入白色后产生的更加灰白的色彩形式。

二次色三元组（Secondary triad）：在减法色彩中它们是橙色、绿色和紫色，称为二次色，通过两种原色的结合而形成。

色阶（Shade）：通过给色相添加黑色得到的色彩。

明调（Tint）：通过给色相添加白色得到的色彩，或者是某种颜色对另一种颜色产生微弱的影响，如“呈淡绿色的灰色”。

灰调（Tone）：有灰度的色彩。

白色给人一种脱俗的纯净和极度的轻盈感。现代的白色呈现出闪烁、反光以及带有些许淡蓝色和紫外线的意象。由于太阳光照射而褪色、含淀粉、石灰质的天然色相，其亮度的维持时间较短。奶油色或朦胧的色彩倾向在古朴的白色中较明显。

鲜亮的柑橘黄色近乎化学性的明度以及呈酸性意象的黄绿色，通过金色亚麻色调和橘黄藏红花色得以中和柔化，呈现出蛋黄、奶油以及阳光晒过的痕迹。

自然清新、青翠的叶绿色给人一种强烈的生机勃勃的意象，该颜色变暗时，又给人以邪恶之感。铜绿和饱满发光的祖母绿象征着足智多谋，加入蓝色后变成优雅的翡翠色。高度灰、浑浊的以及发霉的色调倾向在橄榄绿、卡其色和苔藓绿中呈现出来。

灰白优雅的浅粉红色给人一种妩媚而略施粉黛的暧昧。刷上一层颜料后，变得炫丽而飘渺。绚丽的粉红色洋溢着近似于红色的火辣而独具吸引力。粉红色略加紫色又给人以矫情而甜腻感。粉红色略加黄色，则呈现出果肉的质感，晶莹而柔和。橙色中成熟的红色调给人以饱满多汁和丰硕的感觉，散发出热情洋溢的温暖。略染棕褐色，粉红色即刻化身为带有泥土气息、秋天般、锈迹斑斑的古铜色调。

饱满的鲜红色以其最为狂热和火辣的色彩意象使人心跳加速。鲜亮的红宝石色和朱砂红加深后变为深红色和干红葡萄酒色。

蓝红色可加深成为紫褐色，且近于紫色。红色略带棕色和蓝紫色则散发出带有乡土气息的艺术魅力，进而演绎出更加复杂多变的颜色，如紫红色。

冷冷的蓝色或者以盐漂白的淡蓝色传递出慵懒的臭氧般的明净。苍白、流动和带有铜绿的色相会产生反光效果。强烈而饱满的蓝色给人以精神振奋、精力充沛之感。加入蓝紫色后增添了温暖的感觉；标志性的靛蓝牛仔布，其色彩范围从最浅色到最深色（即较深的海军蓝）不一而足。

第一部分 动物纤维

Section 1 Animal fibres

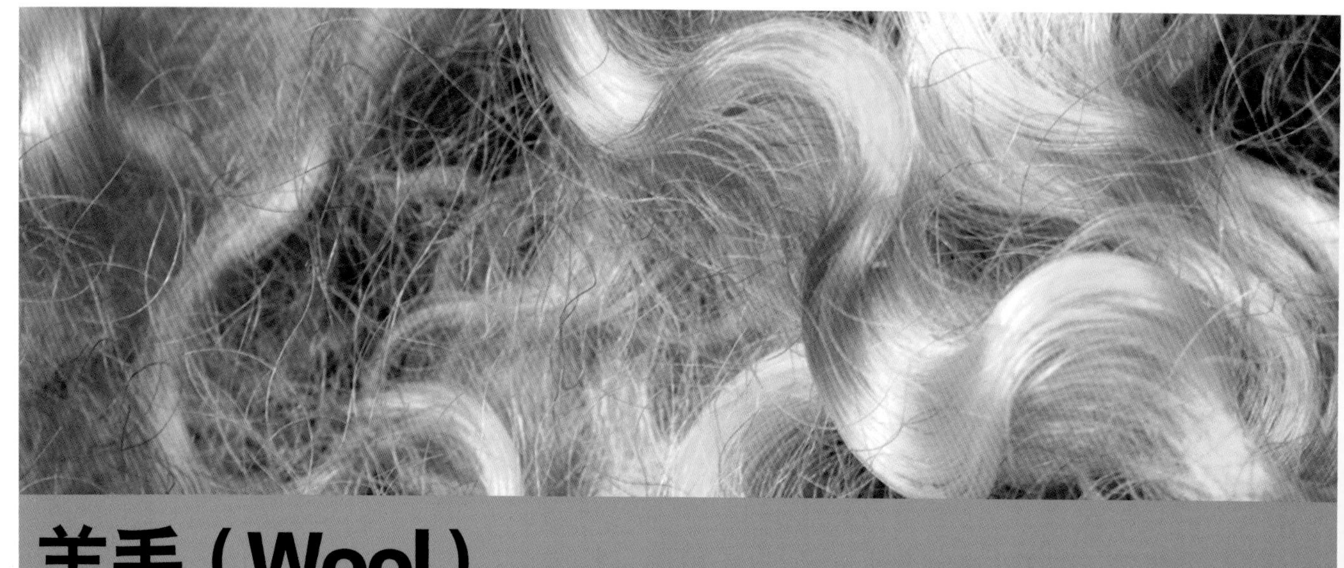

羊毛（Wool）

羊毛属于质地丰富多样的天然纤维，可以表现很多不同的特征。

羊毛既可以给人以柔软、温暖、舒适和愉悦之感，也可以结实、粗犷并具备功能性，同时其内在的悬垂性使纤维——即便是最细的纤维也会显得有光泽、柔顺和高雅。

羊毛的历史（The history of wool）

自文明出现伊始，我们便与这种悠久的纤维产生了联系，无论是在历史上还是现代社会，羊毛独特的热感应和保暖特质，都一如既往地弥足珍贵。

早期历史（Early history）

服装中使用毡制羊毛可以追溯到数万年前。人们将动物背上自然生长的羊毛做成垫子，受此启发，世界各地的原始文明都有垫子的成熟加工工序：把羊毛弄湿、揉搓再挤压形成细密的像席子一样的“毯子”，可以切割或者处理，改变其厚度或者形状。早在纺织技术发明以前，毡制羊毛在中国和埃及已很常见。

然而，羊毛是最早用于纺织的动物纤维，到罗马时期，羊毛、亚麻以及皮革在欧洲已有了穿用的功能。那时棉仅仅是奇特品种，而丝绸则是一种豪华的奢侈品。据称是罗马人发明了粗梳工序：通过刷、梳理纤维使其平整，便于纱线的纺织。同时，人们认为是罗马人开始有选择地饲养羊的品种，以提供更好、更优质的羊毛。

(右图）这件红色的美利奴羊毛“拳击”裙装由美籍德国艺术家安吉丽卡·维尔特（Angelika Werth）手工毡制，以现代的手法演绎了传统工艺。该作品为12件“玛德琳”系列中的一件，艺术家通过此系列的构想来表达特殊的个性，是对受巴洛克风格裙装的诠释，充分利用了传统优质的美利奴羊毛毛毡雕塑般的特性和结实特质。

(左页图）这些羊毛卷体现了经过漂洗染色的温斯利代尔长毛羊身上出产的羊毛具有的天然卷曲和光泽。

前工业时代（Pre-industry）

在中世纪初期，羊毛贸易是低海拔国家和意大利中部地区的经济推动力，而且服装生产依赖于英国的羊毛出口。当时，羊毛是英格兰最基本而且是最宝贵的出口商品。文艺复兴前期，佛罗伦萨的繁盛同样是建立在纺织工业基础之上，它引导着银行业的政策方针，使佛罗伦萨成为文艺复兴时期的中心。

17世纪中期，英国的毛纺开始在国际市场上与丝绸竞争。为了保护这项有利可图的贸易，国王禁止其美洲新殖民地与除了英国之外的任何国家进行羊毛贸易。

西班牙的经济同样也依赖于这项获利颇丰的出口，因此美利奴羊羔的出口必须得到皇家的批文特许。西班牙的美利奴绵羊，由于羊毛质量上乘，成为最珍贵的绵羊品种。现在绝大多数的澳大利亚美利奴绵羊都源自于此，最初是作为送给荷兰开普敦统治者的礼物，几经辗转到达澳大利亚，那里大范围的干燥牧场非常适合优质羊毛绵羊的培育。西班牙人还将绵羊引入到阿根廷和乌拉圭，那里的气候和牧场都非常有利于绵羊的生长与繁殖，现在两国的出口收入中羊毛出口额占有相当大的比例。

现代（Modern times）

19世纪的工业革命将约克郡（Yorkshire）的布拉德福德（Bradford）变成了世界纺织工业中心。据称，布拉德福德对于优质羊毛毛纺纤维的巨大需求建立并维系了澳大利亚的殖民地经济。到20世纪初，澳大利亚的绵羊养殖及羊毛贸易已经成为欧洲工业的重要支柱，直到现在，澳大利亚仍然是全球最重要的羊毛生产国。

二战的结束使社会经济和政治发生了巨大变化。人造材料适应了现代世界的发展——女性进入工作场所、忙碌的生活方式以及更大的社会流动性。新的运动的出现以及人们对休闲生活的追求，促进了易打理面料的发展。合成材料最早于20世纪三四十年代开发，在整个20世纪五六十年代广泛使用。人们普遍认为，这是一种先进的材料，并与战后价值观相一致。

腈纶纤维织物的研发是为了替代针织羊毛。同时，聚酯纤维（缝制行业所熟知的聚酯）是一种适合于随洗随干、免烫、易打理生活方式的完美材料。

相比之下，20世纪60年代中期，新的社会政治运动在北美和西欧涌现；权利归花运动（Flower-power movement）的嬉皮士反战运动对西方的价值观提出质疑，特别是物质主义。在新的世界秩序探索过程中，很多替代性的生活方式和文化被欣然接受。其中一个很明显的标志就是传统手工艺的复兴。羊毛和棉这两种传统的天然纤维最受青睐，如果是手织则更可取，而源于有机耕种则更理想。可以说嬉皮士运动对羊毛的复兴产生了重大的推动作用。

20世纪60年代的嬉皮士运动对西方的世界观提出挑战，并且对天然纤维的复兴之路产生了重大的推动作用。源于有机耕种的天然面料成为注重礼节的必需品，具有讽刺意味的是，当时的这幅广告利用嬉皮士的图像来推广合成面料。

未来展望（Looking to the future）

作为一种商品，羊毛的巨大优势在于其历史内涵以及耐用性和高品质特性，然而当代的消费者越来越精益求精，要求不断提高，同时，面料与时装必须努力应对各种生活方式转变而产生的问题。科学家和纺织品设计师正研究和开发新的技术解决方法，使羊毛设法满足当代消费需求的同时确保羊毛的重要地位，以此来拓展这种传统而重要纤维的现有特性。纺织品领域的技术进步使天然面料的适应性得以增强，使之前理想的原材料的某些特性更加出色，并产生新的用途，因而继续保持其优势和魅力。目前的研究旨在开发新的处理方法，以此增强、拓展和改变羊毛的特性，应对21世纪的消费者不断变化的需求。

新一代羊毛技术的开发并非受成本因素的驱动，而是为了添加其他纤维素，不管是合成纤维还是高科技纤维，目的是为了提升羊毛的视觉效果、肌理效果和实用性，增加羊毛的适用范围。在二战后的20年里，人造纤维和天然纤维各自为阵，对它们的选用反映了文化层面的阶级分歧。现在，无论是从纤维本身还是社会的角度，天然纤维和人造纤维都得以和谐共处。优质羊毛中添加2%的莱卡可使其具有一定的弹性，而添加金属纤维，可以使色泽暗淡的精纺羊毛西装面料增加光泽。这种组合搭配可以无穷无尽。

羊毛在现代社会中的演绎为设计师提供了广泛而切实的设计手法，以满足各种设计需求，从经典、传统和质朴的特性，到性能面料最具挑战性的未来风格探索等。

此前，消费者认为对羊毛的打理应小心手洗、使用专用洗涤剂并以毛巾拭干。而现代的消费者既可以充分享受羊毛产品的瑰丽，其打理过程也如其他纤维产品一样便利。

这种多功能性纤维所具有的丰富特性，可以展现并满足各种时尚诉求，不管是都市的、现代摩登的奢侈品，还是功能性的、在技术上得以改进的运动衫，不一而全。

羊毛分类
细羊毛 低于24.5微米
中级 24.5～31.4微米
异质细毛 31.5～35.4微米
粗质细毛 35.5微米以上

羊毛纤维的直径以微米为衡量单位（见68页）。

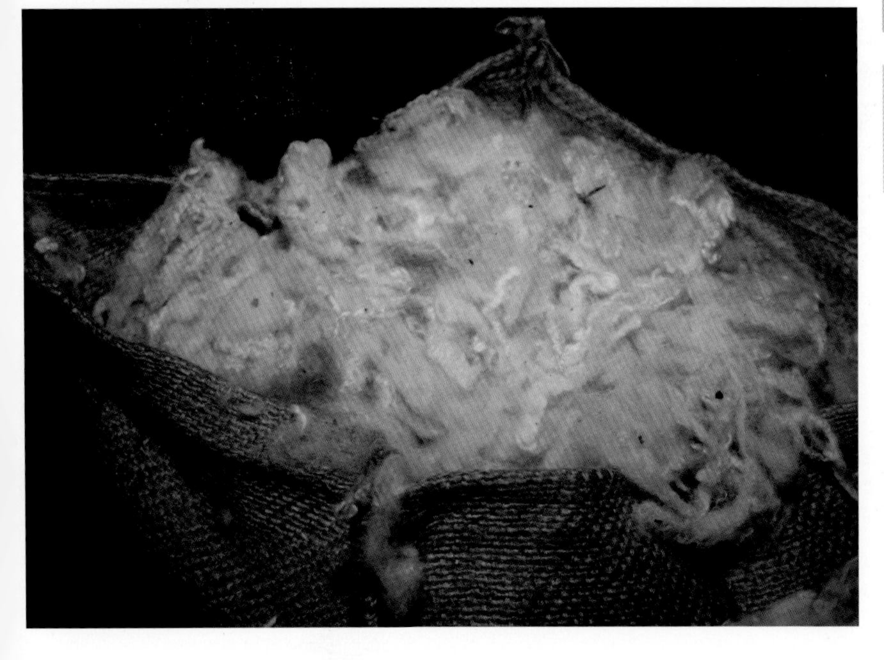

英格兰德文郡（Devon）的科尔德哈伯（Coldharbour）毛纺厂待等级分类和梳理的羊毛。

羊毛纤维（Wool fibre）

羊毛的天然特性使其富有弹性、回弹性、保暖性、吸水性、保健性以及可塑性。

羊毛是一种由角蛋白构成的有机化合物，角蛋白同时存在于头发、指甲、羽毛和动物角中。与头发和毛皮不同，羊毛有很多细小的相互叠交的鳞片，所有鳞片都指向同一个角度。

羊毛的自然色主要是奶白色，但有些绵羊品种可以产生其他自然色，如棕色、黑色和银白色，同时还有一些随意的混合色。

羊毛纤维在动物身上未经处理时，上面覆盖有一层含有绵羊油的油脂。在羊毛的清洗工序中，将这种略带黄色的物质去除并采集起来，用于诸如化妆品、皮肤药膏和防水蜡等产品中。在某些情况下，羊毛上的天然油脂得以保留，使羊毛在加工后能保持极好的防水特性。如最初为苏格兰和爱尔兰渔夫所使用的传统的阿兰羊毛，正是利用了羊毛的这一保护特性。

卷曲性（Crimp）

羊毛纤维具有卷曲性，这种自然卷曲将空气保留在组织结构中，赋予羊毛天然的保暖性。优质的美利奴羊毛每英寸中可多达100个卷曲，而较粗糙的卡拉库尔羊毛（karakul）可能每英寸只有一个或者两个卷曲。在纺纱过程中，羊毛纤维的卷曲相互缠绕，增强了羊毛本身已极佳的拉伸性，拉伸幅度可达其自身长度的25%～35%，而后才会断裂。卷曲所具有的拉伸性赋予了羊毛天然的回弹性，或者说“弹性”，使毛纺服装不会变形。将起皱的服装置于潮湿或充满蒸汽的环境中，无需按压或熨烫，褶皱很快就会消失。

（左上图）这件由传统的阿兰羊毛编织的羊毛衫具有三维立体结构，有利于阻断空气，增强保暖性。保留了羊毛中的天然油脂。

（上图）娜塔莉·雅各布（Natalie Jacobs）设计的阿伦羊毛针织作品，采用了解构手法，通过重置针织的方向并舍弃常规的袖子，使传统的针织技术现代化。

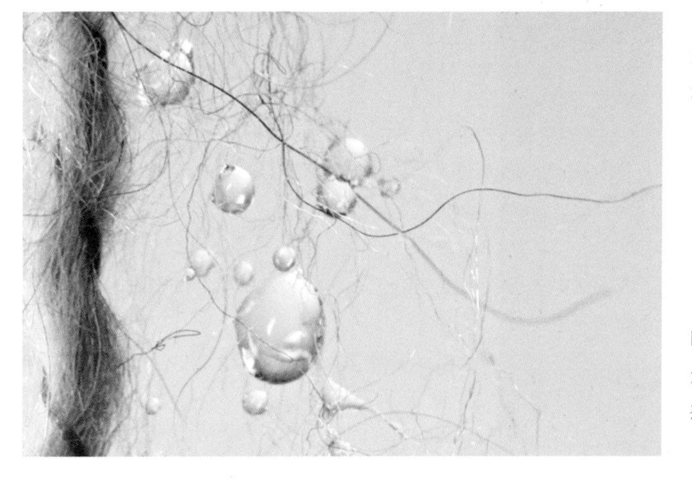

（左图）羊毛纤维外层具有防水性的微小重叠单元。而纤维内部具有亲水性，使羊毛服装即使在潮湿状态依然能保持天然的保暖性。

回弹性（Resilience）

羊毛纤维的外部结构具有疏水性，对水会产生排斥；而纤维的内部结构具有亲水性，会吸收水分。意指它可以吸收高达自身重量30%的水分，而不会有潮湿感。这一特性赋予了羊毛舒适性，因为即便是在潮湿的状态下仍然使穿着者感觉温暖，正是这一特性，使其备受那些在严酷恶劣的气候中生活和工作的游牧民、牧羊人和渔夫的青睐。

羊毛有天然的阻燃性，因此燃点较高，而且在温度高达90℃时才会分解。

经过毛毡和以绵羊油处理过的羊毛具有防水和透气性，并且可以适度抗菌，帮助羊毛去除异味；将羊毛产品通风，可以去除因长久穿用而累积的异味，因此无需不断洗涤。

绵羊（Sheep）

绵羊是一种普遍养殖的动物，从它身上可以生产出独特的纤维。其品种包括短毛绵羊和长毛绵羊两种。而长毛绵羊又可细分为三种类型。

短毛绵羊（Hair sheep）

短毛羊是现在我们所养殖的绵羊的鼻祖。它们最初拥有粗糙的毛发以及绒毛内层。经过长时间的选择性培育，毛发消失了，而绒毛内层发展成了我们现在所知的外层羊毛。据估计，现在全球绵羊总数中，短毛绵羊仅约10%，且大部分生长在非洲。短毛绵羊用于肉类加工以及皮革制造。绵羊皮称为纳帕羊皮，小羊羔羊皮称为小羊纳帕。

长毛绵羊（Wool sheep）

长毛绵羊可细分为三种主要类型：

丘陵型绵羊或短绒绵羊，偏爱较温暖、较干燥的气候。

长绒绵羊，在潮湿、牧场较多的地区繁殖较快。

山地绵羊，适合生长在无高大植被的山上。

驯养绵羊的土地和牧草影响着羊毛的特性，长毛绵羊既可作为肉类加工而养殖，也可用于羊毛生产。

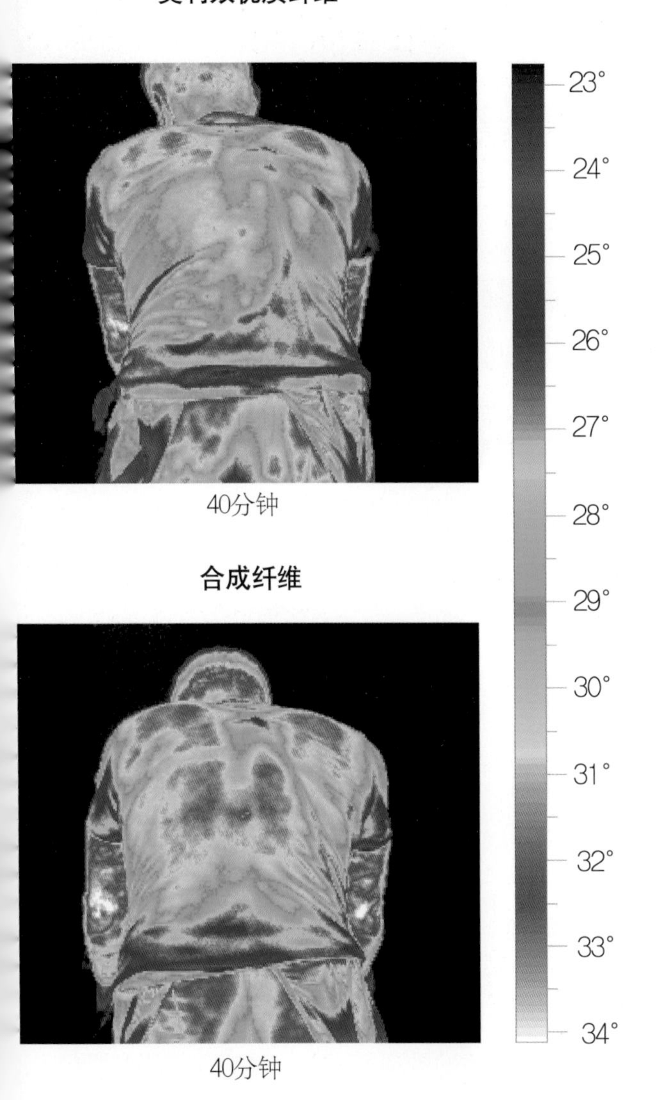

（左图）该图展示了一件羊毛运动衫在热成像照相机镜头下纤维对热量的自然调节作用。在天气寒冷时，能够提升人体体温，而当环境温度升高时，又能够为人体降温。

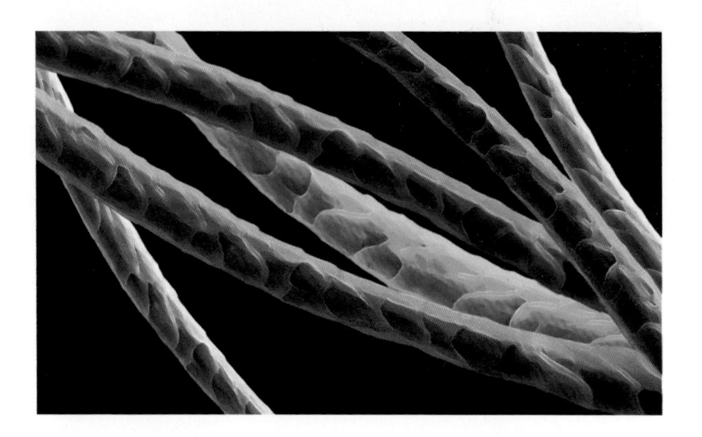

（右图）放大后的羊毛纤维，可以发现很多朝同一方向相互层叠的细小鳞片。自然的波浪或者卷曲使空气保留在组织结构中，使纤维具有天然的保暖性。

羊毛生产（Wool production）

全球的羊毛生产总量中60%以上都是用于服装产业。澳大利亚是羊毛的最大生产国，其中大部分都属于美利奴品种。新西兰位居其次，大部分为杂交品种。有机羊毛越来越受青睐，但在全球产量中比例较小。

全球生产的羊毛60%都是用于生产服装。

剪毛（Shearing）

绵羊的羊毛经过仔细修剪，并整体取下。在整个羊毛生产周期中，剪毛工序的成本最大，约占总成本的20%。最优质的羔羊毛来自羊羔大约6个月时的首次剪毛，这个月龄的羊毛柔软而纤细，此后绵羊每隔一年剪一次。

蛋白质注射可以代替手工刀或电动剃刀进行剪毛。在注射蛋白之前，将一张防护网紧身裹于绵羊身上，这种蛋白质可以使羊毛纤维自然脱落。一周后，将网取下，手工剥下羊毛即可。

剪毛后，将羊毛置于剪毛棚的旋转台上，干净的一面朝下，去除羊毛上的杂质和任何异物。

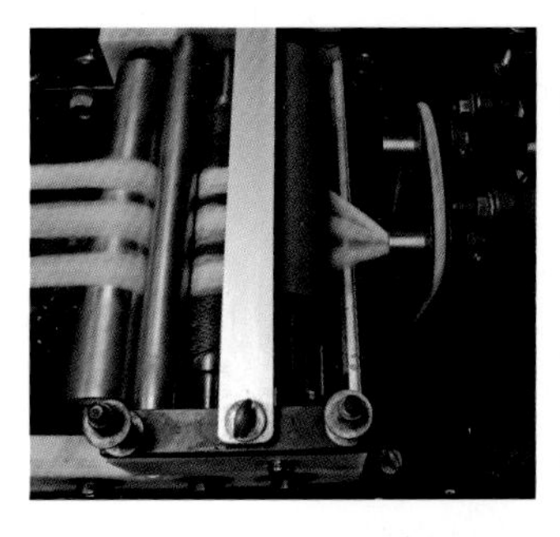

（左图）美国缅因州莱特富特农场，纺纱过程的针孔传输图。

（下图）英格兰德文郡科尔德哈伯毛纺厂待纺纱的粗纱轴。该羊毛出自家养的多塞特塘种无角绵羊，呈现的是其自然色调。

羊毛等级（Wool classes）

纺纱之前，将羊毛分级，根据不同的质量等级进行划分，即羊毛等级。纤维的直径以微米为测量单位，作为确定其等级类别的参数。一般来说，直径小于25微米的羊毛都用于轻薄型服装，中间等级用于厚重型外套，粗纤维等级用于毛毯。其他重要的参考因素还包括：细度、卷曲度、纤维长度、洁净度和颜色。在这一阶段以及在羊毛酸洗和净化之前，都称为原毛，内含油脂。最后将羊毛打包成捆，以备包装和运输至工厂，进行下一轮加工。

羊毛酸洗（Wool souring）

酸洗是必不可少的洗涤工序，在纺线之前，清除羊毛上的油脂和残渣。酸洗后的羊毛重量通常为酸洗前或说原毛重量的70%。

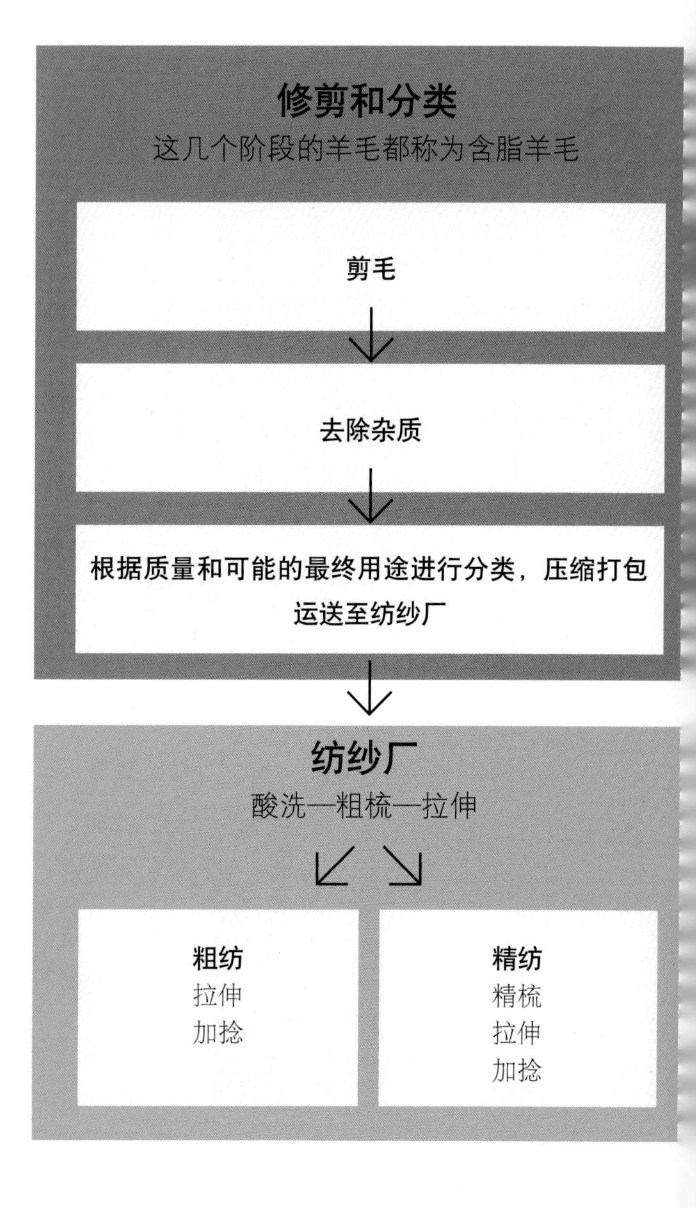

粗梳（Carding）、精梳（Combing）、拉伸（Drawing）

粗梳和精梳（见第13页）以及拉伸是三个独立的工序，它们是纺纱工序的组成部分，同时还包括纺纱过程。所有这些工序都在纺纱厂里完成。

拉伸和后整理拉伸（Drawing and finisher drawing）

拉伸和后整理拉伸两道工序都可应用于粗纺和精纺，其作用是在最终纺纱之前进一步提升纱线的光滑度和均匀度。粗纺的纱线还需要经过搓条机，将网和絮（即大片纤维）分离成既定重量的股。每种技术都使面料和最终产品在外观视觉效果和肌理效果方面呈现出独特的与众不同特性。如何选择这些处理方法体现了设计的创意性。

羊毛的纱支（Wool yarn count）

纱线出售时的计量单位是重量而不是长度。因此，通常以规格（数量或者支数）来表现纱线重量和长度之间的关系。这种关系也反映了纱线的直径和密度。

羊毛支数是指纺成一磅重的净羊毛所需纱线的绞数（以每560码或512米为长度）。羊毛越细，一磅重量的羊毛支数就越高。羊毛在制造时所含有的绞数，决定了它的支数。

在成衣定制面料术语中，以“超级”来修饰面料，是指面料用100或更多支数的纱线织造而成。因此“超120”面料是用比“超110”更纤细的纱线织成的。羊毛支数越细密，面料的手感越柔软。

纺纱（Spinning）

纺纱流程的最后一步是对纱线进行加捻，使其具有更大的拉伸强度和柔软，为后续的针织和机织工序做准备。加捻还可以增加面料的视觉效果。将同一色相不同色阶的纱线捻搓在一起会产生色调重叠的混色效果，而将互补色的纱线捻搓在一起形成的色彩富于新意。此外，将不同类型的纱线捻搓在一起可以使面料的结构更加复杂。将金属细线与传统羊毛纱线结合，可以产生光亮的视觉特性，赋予传统的羊毛或精纺面料以新的风貌。将不同细度的纱线混织，使织物表面更复杂，独具趣味性。

香奈儿1964年推出的经典外套，据称采用的是林顿粗花呢。香奈儿热爱英国粗花呢的历史传承及实用性，并与制造商合作，以更轻的纱线和出其不意的色彩使其现代化。

（上图）纽约设计师迈克尔·安吉尔（Michael Angel）灰色短外套衣袖采用全法兰绒，形成对比效果。炭黑色和鸽灰色的色块，以及米黄色斑纹箱型褶裥毛丝混纺裙的搭配，更加突出了这一大胆的粗短比例的图形魅力。

（右图）光亮而中性的造型充分体现了现代都市制服的概念，该套装由科斯塔斯·姆库迪斯（KostasMurkudis）设计。

（右图）韩国设计师孙正元（Son Jung Wan）设计的柔软垂褶灯笼裙由斑点和具有微妙亮点的金属线混纺的斜纹制成。外面搭配炭灰色的羊毛圆翻领短羊毛衫。

从面料和时装的角度来说，将不同来源的天然纤维纱线混纺，是一种非常有趣的尝试，而且也是品牌潜在的营销优势。将丝绸与羊毛混纺，可使其零售市场的营销产生意想不到的效果，它充分展现了两种纤维的差异性，同时又呈现出互相补充、互相融合的特性。与之相反，在价格竞争激烈的市场中，各品牌可能会将山羊绒和羊毛混纺，以产品奢华的特性为卖点的同时，价格不会增加很多。

在探索推陈出新、为设计师提供新颖的设计手法、并最终服务于终端消费者的过程中，能与传统羊毛纱线混纺的纤维非常多，如胶膜、金属纱等，追求创意的过程同时也推动了传统纤维与新技术的结合。

粗纺毛纱（Woollen spun yarn）

经过梳理和拉伸工序后的纱线称为粗纺毛纱。粗纺毛纱的纤维通常向各个方向展开，形成有毛绒和纹理的外观。粗纺毛纱适合各种型号的针织机，织造的毛衣柔软、舒适。但是粗纺毛料较精纺毛料（见下文）手感更粗糙，织物结构不明显，采用的纤维更粗，长度更不均匀，因此非常适合织造表面有纹理的织物，肌理感更强，如粗花呢。

精纺毛纱（Worsted spun yarn）

除粗梳、拉伸之外，还经过精梳工序的纱线称为精纺毛纱。纤维之间的排列几乎是平行的，因此精纺面料通常更平整、更光滑，且织物结构要清晰得多，与粗纺面料相比，外观更整洁，干净。用于高端定制和高档服装，也用于一些要求表面更平整、“毛感”质地较弱的专门的针织衫。采用的纤维更细，长度更平均，使精纺面料成为高端定制的完美选择。

精纺羊毛（Worsted wool）

精纺羊毛是表现现代经典、精准成衣定制的最佳织物。新型羊毛混纺使现代解构剪裁得以实现垂坠、顺滑的优雅效果，既合体又极为舒适。

传统的羊毛粗花呢既可以体现其原汁原味、粗犷厚实的质地，又可以利用更柔软的纱线呈现出轻柔、舒适的运动感。新的纤维技术增强了羊毛天然的保暖特性，使其成为功能性和时尚休闲服的绝佳选择。

（左图）这套高档灰色精纺羊毛套装由克里斯·万艾思（Kris Van Assche）设计，凸显了这种经典的定制面料的天然垂坠感，传递出舒适和优雅。

（上图）设计师尼古拉·K（Nicholas K）利用不同质量的机织和针织面料改变体积和肌理制作的燕麦片层状套装。具有垂褶的肩角夹克由平纹机织毛料制成，而细针不对称开襟羊毛衫由美利奴混纺羊毛制成。

（左图）出自爱德华·塞克斯顿（Edward Sexton）2008系列的精纺毛料套装。在20世纪60年代末，他与汤米·纳特（Tommy Nutter）利用伦敦活力四射的精神气魄与热情，激活了一度呆板保守的伦敦萨维尔街，并吸引了一群崭露头角的摇滚和流行乐明星。

面料生产：机织和针织（Producing fabric：weaving and knitting）

纺纱完成后，就可以通过针织或机织的方式制成面料。专门的针织厂和机织厂通常使用精选的纱线织造粗纺、精纺面料或针织衫。它们新开发的产品及新的流行色会在每年举行两次的纱线商品交易会上展示。与时装设计师相比，这种类型的展览会更适合针织产品设计师和面料设计师。每季的产品展销会才算真正拉开新一季时装展的序幕。

传统的织纹肌理感（Textured traditional）

传统的有肌理感的面料，源自于手工织机，体现出质朴、结实、粗犷不光洁的特征。

粗花呢（Tweed）：通常用于描述源自苏格兰、爱尔兰和约克郡的粗犷质地的粗纺毛面料，不过最初源自苏格兰。现在的粗花呢重量更轻，可以赋予其所有的流行色。粗花呢通常以其来源城市或地区为前缀而命名。

海力斯粗花呢（Harris tweed）：最初是以手工织机织造的粗花呢，使用植物染料染色，出自苏格兰赫布里底群岛。

钢花呢（Donegal tweed）：最初以手工纺成，里面掺杂了彩色的粗纱，现在为类似面料的通用术语。

啥味呢（Cheviots）：传统的斜纹组织外套面料，由切维厄特羊毛（Cheviot）或杂交羊毛织造而成。

光滑细密感（Smooth and compact）

这些羊毛面料的表面结构略明显，轮廓分明，手感细密。

直贡呢（Barathea）：可能以粗纺毛或精纺毛而织成。外观非常平坦，表面微凸。

马裤呢（Cavalry twill）：有比较明显的双斜纹组织。

华达呢（Gabardine）：有清晰的表面以及细密的罗纹组织。

哔叽（Serge）：双面斜纹组织。虽然最初它是意大利的一种丝绸组织，现在专指精纺毛面料，并用于成衣定制。

威尼斯缩绒呢（Venetian）：手感结实近似于缎的组织，略带哑光的光泽。

羊毛面料（Wool fabrics）

这里列举的面料都是现在最流行的粗纺毛和精纺毛面料，为设计师、商品企划师或打造整体系列提供了广泛选择。但这里列举的面料并不详尽，他们的主要成分都是粗纺毛纱，虽然有些名称也用于其他天然或合成纱线。

（上图）爱尔兰设计师保罗·卡斯特洛（Paul Costelloe）基于舞蹈服造型的灵感，选用赤褐色的大格纹海力斯斜纹面料来突显身体的造型。

（左图）人字纹是一种由织物结构而形成的经典双色设计，在规律的间隔处穿织斜纹组织而形成，产生了独特的“人”字效果。

（右图）“威尔士王子”（Prince of Wales）是一种传统的苏格兰格伦乌夸特方格呢（Glen Urquhart），通常黑白相间，并以独具特色的彩色套格花纹为特征。在20世纪初威尔士王子穿用后开始流行。

（左图）这件黄色斜纹套装是由伦敦时装学院的毕业生玛丽·邦定（Mary Binding）设计的，采用纯羊毛海力斯斜纹呢做成。特别新颖的黄色、橙色、奶黄色赋予了经典的多尼哥织物现代感。

（右图）出自纽约品牌Rag & Bone的传统羊毛格子呢套装，受到传统英国剪裁及经典面料的影响，同时又兼具现代感。斯图尔特格子呢的运用让人即刻联想到其传统的苏格兰格子呢源起，使这套服装具有了经典魅力。

凸起的表面（Raised surface）

席纹呢（Hopsack）：平纹组织，有着如其名字一样的明显的表面结构。

巴拿马薄呢（Panama）：轻薄型的平纹组织，具有模糊的十字形效果。

（右图）斜纹组织的织造中利用了两种颜色，创造出“星形”效果，称为犬齿纹或犬牙格子花纹。同样的效果在更小的比例中称为小犬牙纹。

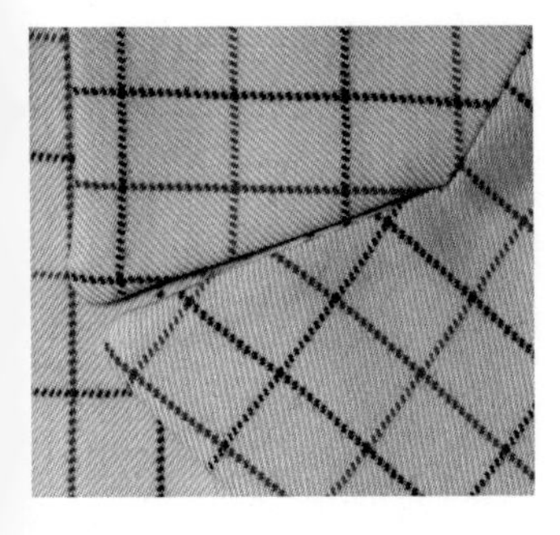

（左图）塔特萨尔花格呢（Tattersall），一种传统的用于马术的面料，取名于18世纪伦敦的海德公园角（Hyde Park Corner）的赛马拍卖商，远远早于其现在的盛名。现在，塔特萨尔这个术语可用于保留了最初马术风格的任何纤维及任何比例的格子纹。

经典的面料设计（Iconic fabric designs）

这两页所展示的是源自于苏格兰和英格兰有历史意义的传统面料，通过使用其他的纤维（既有天然纤维，也有合成纤维）得以重新诠释。设计师通过比例重构与重新演绎，颠覆了其传统地位，强化了它们的可识别性，在印花、针织，甚至刺绣领域得到了不断的运用。

如：

犬牙格子纹（Hound’s tooth）

威尔士王子纹（Prince of Wales）

格伦厄克特方格纹（Glen Urquhart check）

人字纹（Herringbone）

苏格兰格子纹/彩格纹（Tartan/plaids）

(下图）韩国设计师孙正元设计的优雅的米灰色羊毛套装采用毛边波纹状褶皱短上衣，由细羊毛制成，而厚实的披肩袖采用羊毛手工编织。下身搭配米灰色羊毛运动服面料做成的宽松合体裤装。

（右图）造型独特的具有垂褶和褶裥的翠绿色洛登（缩绒羊毛）服装，出自维也纳品牌Femme Maison，趣味性地借鉴了神话故事参考素材。洛登最初是一种织造松散的梭织面料，经过长时间的缩绒、刷毛及剪绒处理后形成较厚且表面有短绒的防水面料。

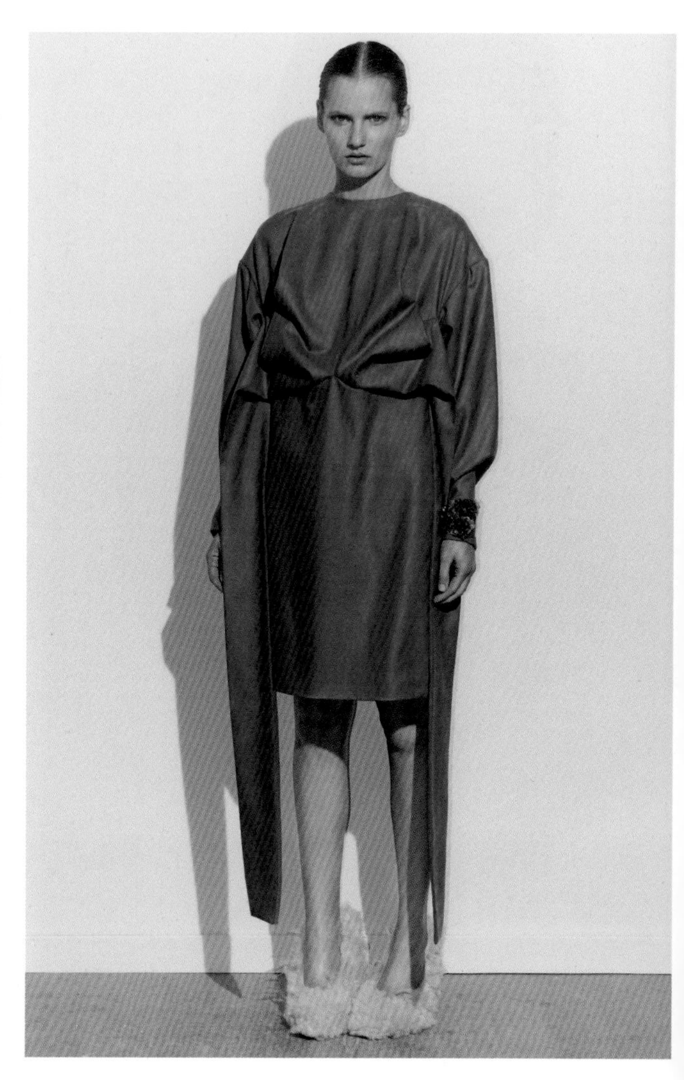

保暖性特征（Insulative）

具有保暖效果，绒面手感舒适，质感浑厚。

法兰绒（Flannel）：广泛用于大量的精纺毛面料。平纹、斜纹组织都有，在单面或双面有短绒。

洛登缩绒厚呢（Loden）：表面起绒、凸起；有较厚的羊毛脂，源自于提洛尔（Tyrol）。该名称也暗指一种特殊的绿色，可以很好地掩藏于当地的景色之中。

麦尔登（Melton）：厚重型斜纹面料，有凸起的表面。手感厚实，用于外套的面料。

毛圈特征（Loopy）

具有柔软、透气或者颗粒质地。

结子线织物（Boucle）："Boucle"是法语，意为"卷曲"，这种面料既可机织也可针织。该术语用于描述纱线或者表面卷曲的面料。

起绉织物（Crepe）：颗粒效果饱满，手感干涩。

摩洛哥织物（Moroccan）：厚重的起皱效果。

感性特征（Sensual）

具有华丽、轻柔和流动感特征，拥有极富表现力的垂坠性。

印花薄型毛织物（Challis）：非常轻薄的平纹组织，手感柔软。

乔其纱（Georgette）：轻薄的平纹组织，有非常细腻的起皱效果。

极薄花呢（Mousseline）：非常纤细、半透明面料的通用术语。

（上图）亚历山大·麦昆设计的超大号宽松束腰造型斜裁外套，强调了这块起绒的羊毛和马海毛面料天然的垂坠性和几乎无重量的特征。

（右图）哥伦比亚设计师海德·艾克曼（Haider Ackermann）熟练地将不同克重的火红色羊毛面料，包括麦尔登、法兰绒、粗花呢，设计出一种既有都市风貌又十分优雅的套装。

奢华羊毛与羔羊毛（luxury wool and lambswool）

与普通羊毛相比，奢华羊毛通常拥有更加理想的独特特征。奢华羊毛纤维通常会使用专门的标签、标志以及适当的品牌宣传，这种方式非常简便地将产品的魅力传达给消费者，同时，使消费者对该产品的独特优点产生信任和了解。

羔羊毛（Lambswool）

羔羊毛十分纤细和柔软，是在羊羔大概6个月龄时第一次剪毛时获取的。它非常适合用于特优针织衫，尤其是全成型服装和高档西装面料。在服装产品设计和生产阶段，如选用了羔羊毛，会以专用的标签标示。

美利奴羊毛（Merino）

美利奴羊毛是奢华的表现，柔软而有韧性，一年四季穿着都能带来舒适感。

产自美利奴绵羊身上的羊毛最为珍贵，通常被认为是羊毛奢侈品中的极品。美利奴纱线卷曲、轻盈、柔软而有弹性，使之成为了高档、奢华服饰的完美载体。

特级美利奴羊毛是所有羊毛纤维中最纤细、最柔软的羊毛之一，通常与高档纤维相混合，如丝绸、羊绒和羊驼毛。

美利奴羊毛的一个重要特征是其羊毛卷曲的紧密性和弹性以及羊毛纤维的长度，长度从6厘米到10厘米不等。每只绵羊每年可产出3～6千克羊毛。随着时间的推移，美利奴品种通过基因改造，产出的羊毛质量更上乘。近年来，为顺应流行需求，生产出了支数更高、更细密的羊毛。

美利奴绵羊因其细密的羊毛而备受珍视。纱支数越高，品质越高。

美利奴羊毛分类
极优：细度小于17.5微米
超优：细度最大18.5微米
优：细度小于19.5微米
中优：细度最大20.5微米
中等：细度最大22.5微米
粗：细度22.6微米以上

美利奴绵羊最初原产自小亚细亚，由罗马人经北非引入西班牙后，得以发展并成为该地区的重要经济支柱。这种绵羊对伊比利亚的经济非常重要，在15到17世纪需要有皇家许可才能出口。美利奴绵羊在英格兰、法国、萨克森（即现在的德国东南部）的部分地区也广泛繁殖。

20世纪70年代，一小批西班牙美利奴绵羊被当作珍贵的礼物赠予南非开普荷兰（Dutch Cape），其中一部分被继续出售，转而运往澳大利亚，到达博塔尼湾。这里温和的气候和茂盛的牧草非常适合该品种绵羊的繁衍生息。绵羊饲养成为重要的经济因素，因为大部分经济活动都与美利奴绵羊的饲养及羊毛的出口有关，对澳大利亚在英联邦的重要地位产生了根本性的影响。

现在，美利奴绵羊在新西兰、南非、阿根廷、乌拉圭以及美国西部得以成功养殖；然而，澳大利亚仍然是美利奴羊毛最重要的生产出口国。

“美利奴”这个术语最初只用于西班牙养殖的美利奴绵羊，但是由于澳大利亚及后来新西兰养殖的美利奴绵羊品种品质非凡，现在，不管其产自哪个国家，都以“美利奴”羊毛一词以冠之。

羊毛内衣（Woollen underwear）

19世纪末，古斯塔夫·积家博士（Gustave Jaeger，1832－1917）首先提出“卫生衣物的科学理论”，坚称羊毛是贴身穿用的理想纤维。基于羊毛的抗菌特性，他提倡为了有利健康而穿用羊毛内衣。这项活动在20世纪中期以前得到很多国家一定程度的支持。

出自芬兰艺术品牌IVANAhelsink，连体式复古紧身针织连衣裤采用手工镶边，比例均衡。其风格和生产理念基于对道德与生态的诠释。

澳大利亚美利奴绵羊（Australia’s merino）

澳大利亚有四种基本的美利奴绵羊品种。

丕平品种（Pepin）：被认为是最重要的品种，在较干燥的内陆地区繁衍兴旺，但是它的羊毛品质在美利奴羊毛中属于中等。

撒克逊品种（Saxon）：偏爱天气较凉爽的地区；它是体格最小的品种，但它的羊毛却是最纤细、最珍贵的，价格也最高。

南澳大利亚品种（South Australian）：在最温和的气候中繁衍生息，是体格最大的品种。其羊毛属于最粗糙的种类。

西班牙品种（Spanish）：数量最少，与丕平品种有相似的特质。

羊毛还以博坦尼羊毛的名字进行推广，意指羊毛源自于博坦尼湾。这个术语是指非常纤细的羊毛针织衫，而且拥有自己专用的商标。

美利奴服装是由最优质的纱线制成的，但是在针织衫中，这个术语主要是指由精纺纱线制成的服装。

手工编织的奢华花灰色大号美利奴羊毛毛衫，是由纽约设计师迈克·安吉尔（Michael Angel）设计的。这件毛衣的超大尺寸夸张地突出了美利奴羊毛纱线的舒适和奢华特质。

兰布莱绵羊或法国美利奴（Rambouillet or French merino）

据称，兰布莱绵羊是在1786年培育的，当时路易十六从西班牙国王那里获得或者购买了一群西班牙美利奴绵羊。在巴黎附近的兰布莱皇家牧场，这些绵羊与英国长毛品种进行杂交，形成了一种改良品种，该品种在一些重要特征上有别于原来的西班牙美利奴绵羊。现在，他们的体型更魁梧，羊毛产量更多，羊毛更长。

1889年，以保护该品种为目的的兰布莱协会（Rambouillet Association）在美国成立。如今，美国西部大部分地区饲养的都是这一品种。兰布莱的种羊对澳大利亚美利奴绵羊产业的发展具有非常重要的意义。

出自胡瓦达·艾哈迈德（Huwaida Ahmed）的奢华蒙古绵羊毛大衣。这种长而卷曲的螺旋形毛发，是蒙古绵羊毛的特色。

设得兰羊毛（Shetland wool）

设得兰绵羊是不列颠群岛所有品种中最小的，起源于斯堪地纳维亚地区，据称是由维京人引入的。

由于设得兰岛的天气寒冷，设得兰羊毛拥有独特的优质纤维，自然色系广泛，从灰白色到红棕色、灰色、深棕色甚至黑色，设得兰的传统图案即是基于这些色彩制作而形成；此外，设得兰羊毛的诸多自然色系迎合了当今市场对于未经化学染色的环保纱线的需求。

传统上，设得兰羊毛是在绵羊季节性自然退毛时，从绵羊上手工获取，由此得到纤细而柔软的羊毛。

设得兰羊毛让人联想到传统乡村粗花呢和针织衫的浪漫格调，其柔和的色彩完美地融入了乡村景色中。设得兰羊毛以其温暖、舒适和纤细结实的质地，流行至今。

设得兰羊毛色彩（Shetland colours）

不同品种的设得兰绵羊仍然使用古北欧语系的名字，也常用于描述色阶或色彩。

Bleget：灰白色。

Emsket：暗蓝色到灰色。

Eeist：灰色调。

Moget：淡棕色，深色。

Shaela：从深到浅不同色阶的羊毛。

Skjuret：棕色和灰色的混合。

日本设计师中川绫（Aya Nakagawa）任职于伦敦品牌Colenimo旗下，该作品出自2008秋冬的“荚膜”系列设计，借鉴了20世纪50年代穿连衫衬裤男女生的格调，运用女性化的男性廓型重新演绎了结实耐用的传统面料。在该作品中，复古的纯设得兰羊毛传递出其粗犷结实的魅力，体现了设计师如何运用纯正面料的现代手法。

（右图）来自手织工工作室（Hand Weaver Studios）未染色的设得兰羊毛纤维。这种独具特色的纤维拥有丰富的自然色调，从米黄色到红棕色、中棕甚至深棕色、灰色和黑色不等。除了用于传统的以手工织造的标志性乡村粗花呢和针织衫外，设得兰羊毛面料凭借其历史内涵而散发出的浪漫格调，深受设计师们的青睐，经久不衰。

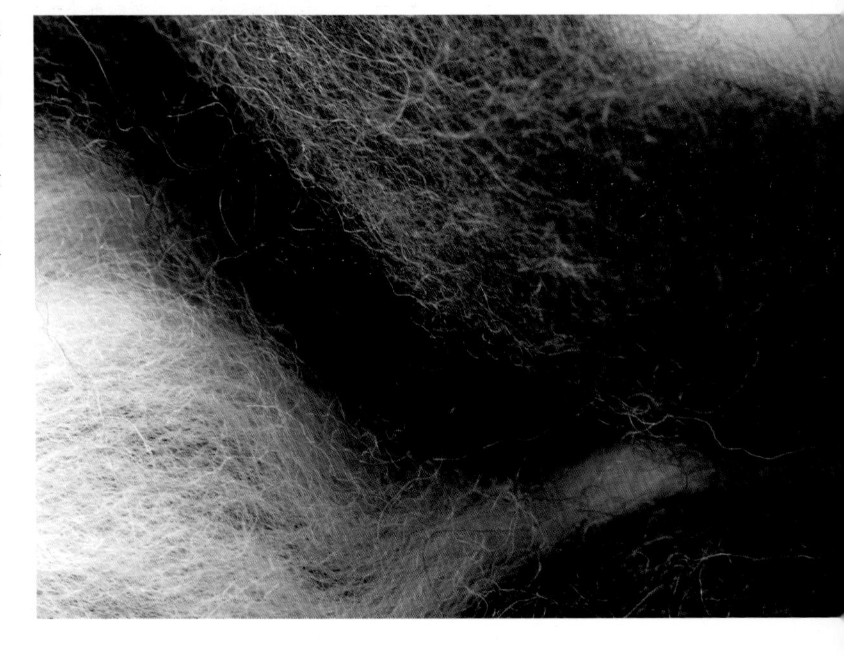

冰岛羊毛（Icelandic wool）

19世纪晚期，维京人将绵羊引入冰岛。由于1000多年的与世隔绝，生长于高山上的绵羊未曾与其他品种接触，维持了其基因库的纯净，形成了世界上最纯正和最稀有的品种之一，由于它们的数量逐年减少变得愈加珍贵。

冰岛羊毛的面料为双层，由一种纤细柔软、保温的内部纤维以及长而光亮、较粗糙的外部纤维组成。内部纤维如山羊绒般柔软，属于细羊毛之列；而外部纤维则被列为中等羊毛。外部纤维的结构可使水流过但不渗透，而且其结构的不规则性可以阻断空气进入，使其具有保暖性。

冰岛羊毛比其他大部分羊毛种类更轻，细小的卷曲使它非常适合于精纺，纺成的纱线具有更高档的外观。两种纤维可以分开纺，以此形成不同粗细的纱线，适用于不同的终端用途；或者将两种纤维混纺，形成的纱线经过针织或机织，其受力可以实现最大化。

冰岛绵羊的色系是所有品种中最丰富的，从白到灰，到大量可供选择的棕色以及黑色。有些绵羊的内层毛与外层毛之间有着不同的色阶。余下未剪的羊毛每年可以长出45厘米，因此往往需要一年修剪两次。

卡拉库尔羊毛（Karakul wool）

卡拉库尔，或者通常所熟知的“波斯羊羔”来自中亚，据称，该品种是最早饲养的品种之一。其羊毛用于针织和机织面料出现之前的毛毡。现在南非大部分的羊毛都源自卡拉库尔绵羊。这种羊毛的卷曲细密，色阶通常为灰色至黑色。作为一种粗纺毛纱，它常受到高档女帽业的青睐，但事实上，它最珍贵的部分当属其毛皮。

海德·艾克曼设计的几何褶裥服装由毛丝混纺面料制成，该面料融合了蚕丝的魅力（形成了正面缎纹的面料）和羊毛的保暖及柔软性，既具有现代感，又容易打理。

实用羊毛术语（Useful wool terminology）

100%初剪羊毛或100%纯新羊毛（100% virgin wool or 100% pure new wool）：产品由没有事先经过加工的纤维织造而成。

100%羊毛（100% wool）：全羊毛产品，但可能是循环利用或再次加工而成。

硬再生毛（Mungo）：从废弃的面料中生成的纤维状毛纺原材料。

羊毛混纺（Wool blends）：不同的羊毛混纺或羊毛与其他纤维混纺。

羊毛市场（Wool market）

澳大利亚是最大的羊毛生产国，全球羊毛总消耗量中约25%来自该国，其中大部分都是出口后制成纱线提供给纺织和针织行业。绝大多数的澳大利亚羊毛都是出自美利奴品种。

新西兰是细羊毛的第二大出口国，但它却是世界最大的杂交品种羊毛生产和出口国。且大部分的杂交品种羊毛（大于31.5微米）都销往中国，以补充中国国内的羊毛生产。

中国既生产细羊毛，又生产杂交品种羊毛。然而，作为全球重要的制造业中心，大部分都是自产自销，最终制成成衣出口。同时，中国也进口各种质量等级的羊毛，并用于制成各种终端产品出口。

乌拉圭是全世界第三大羊毛生产和出口国；但它是第二大用于服装的羊毛生产国。其生产的羊毛约10%用于国内的面料生产，并最终出口。

阿根廷和南非也是羊毛的重要出口国，其次为土耳其和伊朗。英国和苏丹在全球羊毛生产量中约各占2%。美国（主要是得克萨斯州、新墨西哥州和科罗拉多州）约占1%。

意大利、法国、德国、英国和日本是优质美利奴羊毛的重要消费国，其中意大利和日本将最优质的美利奴羊毛用于其先进的成型针织品行业。

羊毛的市场营销（Marketing wool）

羊毛的市场营销和推广是一个非常重要的问题，各国通过成立代表其羊毛生产商的各种羊毛机构和协会加以解决。从而共同保证了提供给纺纱厂并最终销往面料生产商的羊毛原材料的质量标准。对于设计公司来说，这个质量标准是一个面向消费者的销售和宣传工具。

澳大利亚：纯羊毛标志（Australia：Woolmark）

纯羊毛标志是一个注册标志，用于标示不同类型的澳大利亚羊毛，并成为保证质量标准的一种手段。纯羊毛标志及其衍生标志旨在让消费者了解羊毛产品并产生信任感，同时传递出产品的优势，使消费者充分意识并理解羊毛产品的潜力。对设计师来说，这是非常重要的信息，因为面料的品牌认知度可以提升成衣产品的附加值和竞争力，因而成为设计师面料选择的重要考量因素。

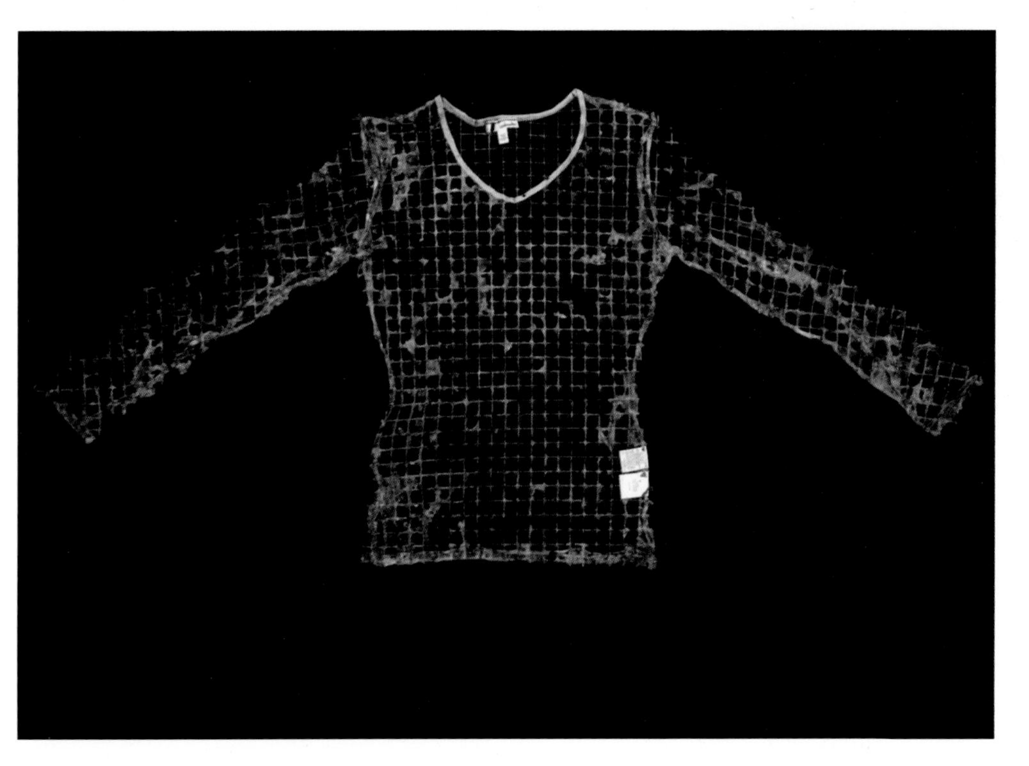

图中的羊毛衫被新西兰美利奴公司采取埋藏的处理手法，目的在于比较美利奴羊毛和合成纤维的生物降解过程。在9个月之后，羊毛衫已降解了自身重量的99%。相比之下，同一时间段内由聚酯纤维制成的服装却仍完好无损，没有一丝降解的痕迹。

纯羊毛标志图形

高比例羊毛混纺标志图形

有羊毛混纺标志的产品是高科技新羊毛混纺产品，含有30%～49%的新羊毛，既可以保持羊毛的自然特性，又舒适温暖

WOOLMARK
merino
extrafine

纯美利奴羊毛是优质羊毛。纤细并如丝般柔滑是其自然特性，它极其柔软、轻量、穿着舒适

新一代轻型面料和针织衫的标志

Wool plus Lycra® 新羊毛和莱卡混纺

WOOLMARK
Natural
Stretch

提升了天然弹性的纯新羊毛标志。对纤维进行精挑细选，该羊毛赋予面料更大的运动随意性、舒适感和弹性

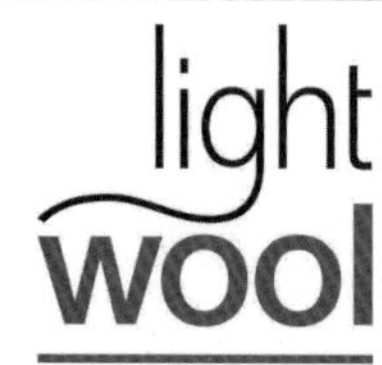

轻质羊毛是超轻型羊毛，真正具有跨季节性。其极细纱线适合于最轻薄的针织服装和定制服装

羊毛与棉混纺的标志

一种特殊的纱线混纺标志，具有所有天然纤维的性能优势

金牌羊毛标志意味着一个让人兴奋的新标准，使以最优质的特级澳大利亚羊毛制成的奢华服装独树一帜

IWTO（国际毛纺组织）是一个国际性组织，服务于所有主要的生产商，涵盖了羊毛推广的所有领域

纯羊毛标志是国际羊毛局的一个注册商标，为澳大利亚羊毛创新公司所拥有，代表了毛纺产品的高品质。纯羊毛标志是羊毛生产商的一种品种保证，表明其产品是由纯新羊毛制成的。带有该符号的最终成品会接受国际羊毛局的质量检测，以测试其性能和纤维含量是否符合规范（纯羊毛标志意指100%的羊毛含量）。纯羊毛标志是全球公认度最高的标志之一，代表着世界最大规模的纤维品质保证计划。

生态与道德考量（Ecological and ethical considerations）

羊毛是一种生态无公害产品，其本质上也理应如此。然而产量的增加以及消费者对其质量始终如一的追求，再加上对投资回报最大化的关注，意味着不管是生态上还是道德上，其某些方面无法满足当今消费者日益增长的需求。

对于设计师或成衣产品设计公司来说，在挑选面料时需要考虑到目标消费者，这并非易事，因为从绵羊饲养到面料生产这一过程中所涉及的程序繁多，而且都会对生态或伦理道德产生影响。对这些问题考虑的深度，的确取决于该品牌的文化内涵和目标消费者的预期。

如果面料生产商或纺纱商所使用的纱线来源在生态上和道德上都过硬的话，会强调突出这些优点，特别是对于高价位的面料。生态因素可能会成为独特卖点（USP），价格也相应有所区别。同样，以更加人性化及生态放养的方式饲养绵羊的农户也会在这方面进行推广。

生态标准（Ecological criteria）

国际毛纺组织（IWTO）已经将生态羊毛和有机羊毛进行分类，使之在零售和消费者层面简明易懂。生态羊毛分为三类：生态羊毛、生态羊毛产品以及含生态羊毛的产品。有机羊毛也分为三类：有机生长羊毛、有机羊毛产品以及含有机羊毛的产品。

生态无公害羊毛的指标为以下几点：

适合羊群的牧草：适当地更换牧场可以最低限度地减少水土流失，减少绵羊内生寄生虫的可能性。绵羊通常集中于地面，导致过度放牧，并因此破坏了植被。当牧场变得贫瘠时，饲养者会使用干饲料予以补充，使羊毛增添额外的“素食物质”，这些物质必须通过强酸才能洗净，而强酸会导致羊毛干燥并且过于褶皱。

洁净的水：未污染的饮水源。

友好的捕食环境：使用训练有素的牧羊犬。

健全的兽医医疗：只使用某些类型的药物和添加物。

控制土壤化学剂：在放养绵羊的牧场上不使用除草剂和杀虫剂。

控制牲畜化学剂：用化学剂泡洗绵羊，以防止有害生物和昆虫的繁殖，如果使用不当，化学剂可能会留下残余物并污染地下水。在剪下羊毛后，通常会使用强烈的有毒化学剂清洗羊毛，在酸化过程中或之后，还会使用漂泊剂使羊毛变白。

碳足迹：从最初的起点到最终目的地所途径的距离。

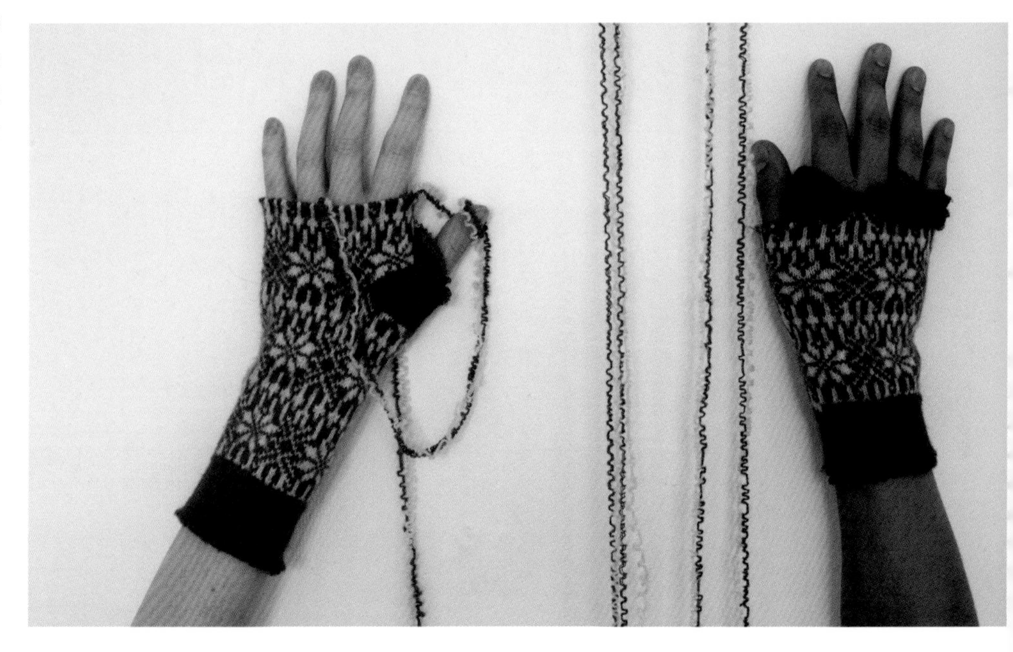

“悬挂”——一个拆解费尔岛图案针织短袜的练习。来自米卡·鲍姆的“废物的重荷”系列，灵感来源于旧金山艺术家迈克尔·斯韦因（Michael Swaine）。

回收羊毛（Recycling wool）

羊毛的回收一直是工业生产的重要环节。旧羊毛可以混以原羊毛和短纤维羊毛或混以棉等其他纤维。这样做的目的是为了增加回收利用纤维的平均长度，因为在对旧羊毛的恢复过程中，撕扯工序通常会使纤维变短，从而增加重新织造的难度。在产品组织结构中，回收后的羊毛通常用于纬纱，以棉为经纱。

纤维回收厂将收来的原料按类型和颜色分类。颜色分类意味着可以减少染色，甚至完全无需再染色，既节约了能源又减少了污染。这些面料随后被切碎为次等羊毛，质量较之原生羊毛产品低劣，由拆碎现有羊毛织物而重新纺成。根据不同的预期使用目的，通常与其他精选纤维混合在一起，随后进行梳理以清洁纤维，再纺成纱线。另外，还可以将这些纤维压缩，用于制造床垫产品，或搅碎制成汽车隔热膜、油毡纸、扬声器音盆或其他类似产品。

买手或设计师通常需要检查面料成分标签，以确定面料的全部成分。虽然必须注明面料成分中的所有纤维，但有时会以2%或3%“其他纤维”的方式标出。因为要完全了解产品在回收利用之前的成分是有难度的。

长期以来，回收已经成为工业生产周期的一部分。纤维回收厂将所回收的材料按类型和色彩分类，因此搅碎为次等羊毛之前，节省了不必要的再加工能源。

羊毛搅碎机是回收过程中的重要工具。

缝缝补补将就用（Make do and mend）

因为衣服变得廉价了，在第一和第二次世界大战期间流行的“修修补补将就用”的精神特质也逐渐变得过时了。现在，服装的制作、修补和定制的选择由情感因素决定。修补我们最珍爱的衣服这种行为本身就是一种声明，不仅仅是为了表达简朴的生活作风，或者是为了减少浪费，而且还因为它表达了人与衣服之间的关系以及此中所包含的回忆。

现代休闲装品牌长期以来践行着散发艺术魅力的“破旧”美学。为此，有许多如撕破、褪色、分解、拼接等技术的相关研究，特别是在牛仔面料市场上。这些品牌力图模仿工装的磨损视觉效果及艺术魅力。人们认为这种“破旧”的产品即便不能反映穿着者的生活阅历，也能给人以纯真感，并蕴含着真实的历史内涵。

旧金山行为艺术家迈克尔·斯韦因提出了“挨家挨户缝补”的概念，开创了移动式的“免费修补库”，为人缝补衣服、讲故事，并激发了人们对这个“用完即弃”社会的质疑。

奢华动物纤维（Luxury animal fibres）

“金羊毛”之所以富有魅力且极其珍贵，源于其历史长河中浪漫而奇异的异国情调。其卓越的品质与奢华感，任何人造替代品都无法与之媲美，正因为如此，它才显得弥足珍贵。

市场上的奢华动物纤维来自于不同的动物群体。尽管面料技术以惊人的速度发展，这些贵重纤维的吸引力仍然经久不衰，其经典的奢华地位同样毋庸置疑。

生产这种纤维的动物经过不断的进化与演变，其皮毛变得极其柔软且保暖性更佳，其独特性使之能应对极度炎热与寒冷的恶劣气候。这类皮毛上含有最优质的毛发和一种非常重要的绒毛，手感非常舒适。由这些纤维织造的面料拥有内在的高雅，传递出奢华中的精华和极致。

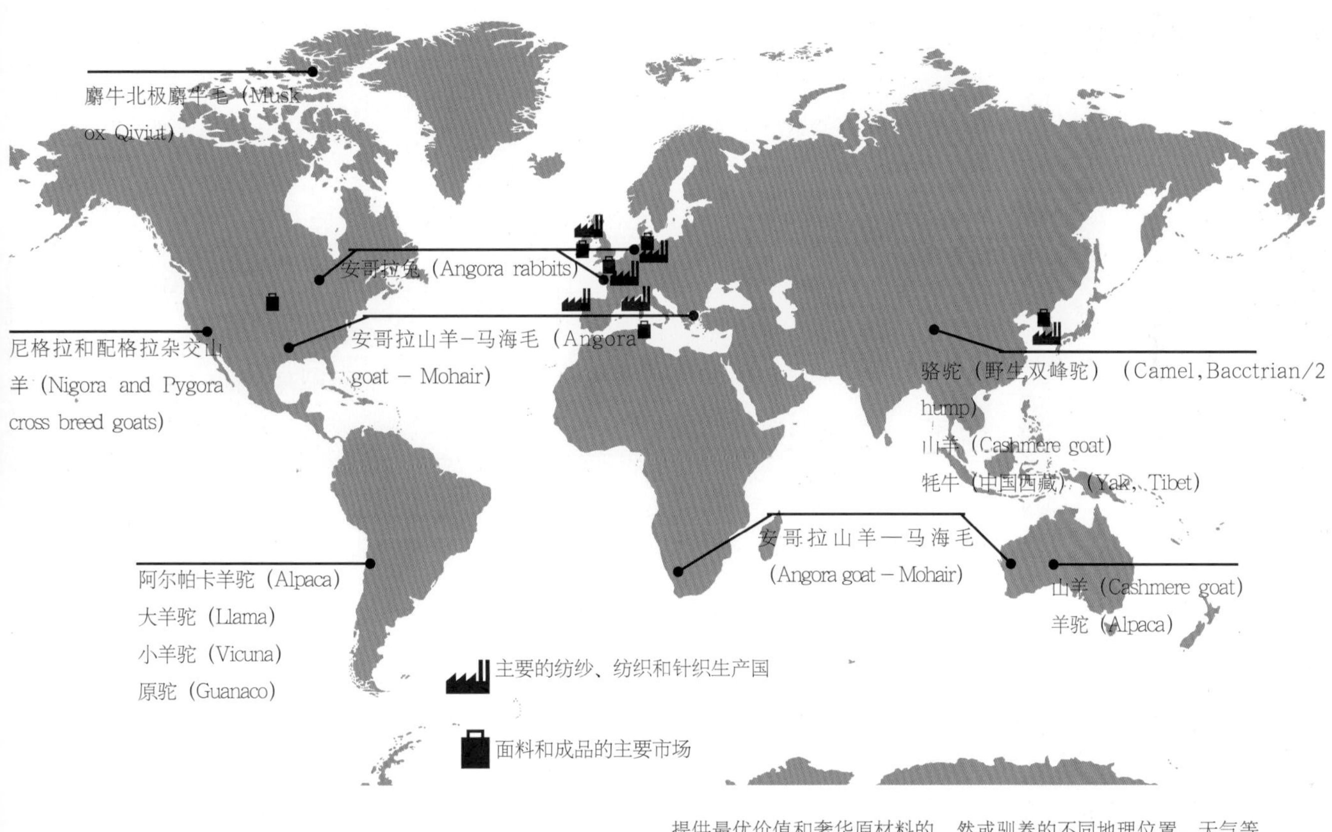

提供最优价值和奢华原材料的动物生活在不同的环境中，地图中所示的动物的毛皮具有复杂和独特的特点，能够适应自然或驯养的不同地理位置、天气等环境的挑战。

（左页图）手工针织马海毛，称为“金色绒毛”，以此表现其珍稀与贵重的特征，这种奢华的动物纤维拥有低语般轻盈的特质，又为其增添了一种转瞬即逝的柔弱感和非凡的保暖特性。

骆驼（Camelids）

现在市场上所见的许多奢华纤维都源自一群在生物学上被称为“南美洲骆驼科”的动物，主要有四种类型。

羊驼（Alpaca）

羊驼毛纱线非常适合纺成松散纱线，用以织造耐穿且轻便的服装，具有很好的保暖性。

羊驼生活在南美洲的山区，主要是在秘鲁和厄瓜多尔。然而，在北美洲的洛基山脉和中美洲的马德雷山脉也曾发现它们的踪迹。在玻利维亚和智利的北部也发现有少量羊驼的存在。

羊驼外表类似小型的美洲驼，在西班牙占领南美洲几千年之前，莫希人以及秘鲁的印加人饲养这种动物。它们是古代生活至关重要而珍贵的组成部分，用于搬运物品，羊肉和羊毛也被充分利用。现在南美洲的羊毛纤维主要来自羊驼。

羊驼的历史（The history of alpaca）

19世纪早期，西班牙“重新发现”了羊驼毛之美，并开始进口这种纤维，将其送至法国和德国用以纺纱。

19世纪早期，羊驼毛在英格兰首次纺成纱线，但却被认为不可行，其部分原因是由于其纺成的面料类型。到1836年，在英国羊毛纺织品交易中心布拉德福德，当羊驼毛加入了棉质经纱再进行纺织时，人们才意识到其真正的潜力。

在20世纪50年代以前，羊驼毛的交易只限于英国。从这时起，对纤维加工的市场推广开始活跃起来。

20世纪80年代早期，美国和加拿大首次引进羊驼，随后是80年代末的澳大利亚和新西兰。更加先进的畜牧业养殖在这些国家获得成功，羊驼繁殖速度加快，通过选择性育种，生产出的羊毛更厚重，纤维更精细。

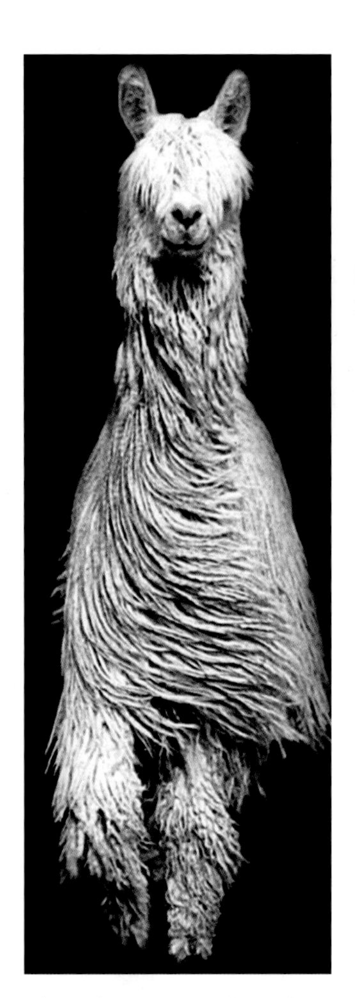

（上图）苏里羊驼“Sam”，由苏里网站的玛莎·赫伯特（MarshaHobert）提供。

（上图）秘鲁的羊驼毛纤维分拣让人产生遐想。将纤维按颜色和品质分拣需要专门的技巧，要求有敏锐的双眼和灵巧的双手。

（左图）将苏里和华加亚羊驼毛进行对比。羊毛分拣是一项需要专业技能的工作，由手工完成。

羊驼纤维（Alpaca fibre）

羊驼有两种类型，分别为华卡约（Huacaya）和苏里（Suri）。华卡约羊驼纤维浓密柔软，与绵羊类似，卷曲均衡。常见于南美洲自然生长地及进口国。苏里纤维则丝般柔滑、铅笔线般精细，像拖把一样能吸水。苏里占族群总数的20%，且因其更细密、纤维更长而被受珍视。两种类型的纤维都受到人们的高度评价，认为其品质仅次于野生骆马（见第91页）。羊驼和美洲驼的杂交品种华里柔（Huarizo）也因其细密的羊毛而备受重视。

华卡约的纤维以“羊驼毛”的名称进行推广，而苏里的纤维则采用“羊驼苏里”。

纺织品术语中的“羊驼”主要是指秘鲁羊驼，以专有的真实性标志进行推广。但是，这个术语的运用也更加广泛地用来描述面料的类型。有时冰岛的羊毛因为其相似的外观也被称为羊驼毛。羊驼毛的确与绵羊毛有相似的地方，但是它的重量似乎更轻，在质感上更柔滑，更温暖，更不会刺痒皮肤。它含极少的羊毛脂，几乎有防过敏的特质。它还可以防水，具有保暖性，且燃点较低。

羊驼毛的生产（Alpaca production）

羊驼养殖对环境产生的影响较小，因此成为绵羊养殖者比较感兴趣的品种。这类型的动物每年剪一次毛，毛重约7000克；在去除针毛后，净重约为3000克。在安第斯山脉的本土生长地，羊驼一般两年剪一次。

羊驼纤维的加工方式与绵羊毛纤维类似（见第69～70页）。

色彩范围（Colour range）

羊驼的本色包含了从墨黑色到暖棕色，从浅黄褐色和冷灰色到色谱最浅一端的乳白色其间的各种色彩。色彩丰富且色域较广是该品种的独特品质，因而色彩分类这项工作需要高度的专业技能，由眼和手共同完成，这一过程是产业中非常重要的内容。根据不同国家的分类，羊驼毛的本色可分为12～52种：秘鲁分为52种，美国分为22种，澳大利亚分为12种。

时尚的需求使白色成为商业上最受欢迎的色彩，因此也最为昂贵，这种趋势引发了选择性育种，在养殖过程中，黑色的品种几乎被完全剔除。然而现在人们对黑色的需求复苏，养殖者试图重新引入黑色品种，但其品质不如白色品种纤细。

羊驼毛的假象（Alpaca’s illusion）

羊驼毛是一种奇妙的纤维，以其细密柔软、丝绸般的特质而弥足珍贵。之所以会认为羊驼毛非常细密，是因为其表皮细胞的毛鳞片很短，手很容易滑过纤维表层。

羊驼毛假象之二在于，其纤维看似很柔软。严格来说，并非如此；事实上，其表皮细胞的耐磨性是羊毛的两倍，表层非常坚固。“柔软”则源于它的弹性和抗压性：在压力下不会形成固体的团状，给人以轻盈之感。在羊毛生产中，这种效果唯有通过酸洗才能实现。

羊驼毛的奇妙之处在于，它看似很细密，其实不然；感觉很柔软，实际上却坚固而强韧；外观上看似很轻，却拥有极佳的保暖特性；它很耐用，却有丝绸般的质地。

（右图）出自朱丽亚·尼尔（Julia Neil）的超大号粗羊驼毛和羊皮钩编外套，与暗灰色金属感高腰针织裤搭配。

（左图）出自于朱丽亚·尼尔，灵感源于传家宝，羊驼毛、羊皮和水晶的羊毛裙装，与紫色的开士米内衣和打底裤搭配。在钩编结构中，引入了维多利亚时期枝形吊灯的水晶元素。

美洲驼（Llama）

美洲驼是南美洲骆驼家族中最大的成员，据称4000万年前源于北美洲山区，在大约300万年前迁徙至南部，成为不可或缺的动物型搬运工具，同时为安第斯土著印第安人提供蛋白质。西班牙的征服者使用了成千上万的美洲驼做为运输工具，在战争中掠夺物品。

现在，美洲驼纤维的商业市场很小，通常受到手工纺纱者的青睐，用于有机和手工织造服装。

美洲驼纤维（Llama fibre）

美洲驼有四种类型，分别为：称为经典“轻羊毛”美洲驼的库拉加（Curaca）和卡拉（Cara），或以及称为“重羊毛”美洲驼的塔帕达（Tapada）和拉努达（Lanuda）。在全世界，约70%的美洲驼都生活在玻利维亚，少量生活在秘鲁。但是，因为第一批进口至欧洲的美洲驼来自秘鲁，所以今天通常使用秘鲁术语。玻利维亚近80%的美洲驼属于羊毛厚重浓密的一类，适合制成纱线。

确切地说，美洲驼纤维并不是羊毛，因为它是中空的，有着斜线形外壁结构；但是仍以“美洲驼羊毛”而冠之。这种纤维强韧、轻盈而且有很好的保暖特性。它比羊驼毛纤维更厚，更粗糙，直径从20～40微米不等。如果小于28微米，也可称之为驼羊毛。而美利奴羊毛的直径在12～20微米之间。

美洲驼毛的生产（Llama production）

美洲驼的养殖成本很低，对环境的影响较小。

它们的繁殖能力和适应力都非常强，对食物的要求简单，根据养殖者的具体情况，可以自由选择喂食安排，或者采用每日一次的模式。美洲驼的剪毛频率为每年一次或者两年一次均可。它们的毛色主要有白色、灰色、棕色和黑色四种，且不含油脂。

一只安第斯山脉的本土美洲驼，穿戴着当地的手工艺装饰品。

骆马（Vicuña）

根据印加传说，骆马是一位美丽少女的化身，又老又丑的国王试图博得她的欢心，唯有国王赠与她一件纯金的外衣，才会接收他的追求。骆马毛也被称为“金羊毛”，其昂贵的价格反映了人们对骆马毛的趋之若鹜。

骆马是骆驼家族中最早被秘鲁的安第斯山脉部落饲养的动物。印加人为获取毛料而饲养骆马，并受到法律保护，违者以死刑处置。对这些动物的敬重确保了它们的神秘性，只有印加国王和皇室成员才有资格穿骆马毛制成的服装。

濒临灭绝与复苏（Endangered and reinvigorated）

骆马纤维的巨大商业需求以及19世纪～20世纪无节制的捕猎，导致这个物种几乎灭绝。1960年，估计只剩下6000只野生骆马，20世纪70年代中期，骆马被宣布为濒危物种，骆马纤维的交易被禁止。

在秘鲁、阿根廷、智利以及玻利维亚小范围内，反偷猎的行动使情况发生巨变，据估计，秘鲁的野生骆马达13万只，阿根廷为3万只，智利和玻利维亚之间可能也有3万只。1933年，这四个国家都放宽了法律，实行了商业性捕猎。现在骆马成为一种“经济作物”，为某些极其贫穷的地区带来效益。

秘鲁成为保护骆马的领头羊，引进了商标体系，表明该服装是通过政府批准的“Chacu”行动而制造的，“Chacu”是一种印加传统，确保将动物俘虏、剪毛后放归自然；并且在接下来的两年不能再次对其进行剪毛。这种做法确保了大部分的利润流回乡村地区，资助对动物保护的深入研究。

但是，偷猎现象仍未停止，每年非法出口的纤维达25000千克。由于这种动物的剪毛过程比较复杂，因此不法分子很可能为获取毛料而将其杀害。为了阻止这类非法出口，一些国家全面禁止使用骆马纤维和面料。

帕科骆马（Paco vicuña）

骆马是野生南美洲骆驼中最小的品种，生活在平原、草原以及安第斯山区。DNA测试显示，骆马是羊驼的祖先，可能是因6000年前的选择性育种而形成。现在80%的骆马都拥有美洲驼的DNA。

近年来，骆马与羊驼杂交而培育出了称为帕科骆马的后代。在羊驼的遗传基因中引入骆马基因，制造出的纤维与羊驼毛一样纤细（14～16微米），但长于骆马纤维，使剪毛更加容易。而且剪毛的频率可以由三年一次改为每年一次。这种纤维的所有其他特性都与骆马毛一致，因此同样备受青睐。

骆马毛纤维（Vicuña fibre）

骆马纤维是所有动物纤维中最纤细的，直径在6～14微米之间。外层针毛约25微米，可以很轻易地从剪下来的毛料中用黏贴物去掉。由于毛料对化学处理非常敏感，因此通常会保留自然色，即丰富的金黄蜂蜜色。

骆马纤维的保暖性极佳，这要归因于它的结构，微小的毛鳞片环绕着空心、充满空气的纤维，缠绕起来可以隔断空气。

一只骆马的毛年产量约为500克，而相比之下，羊驼每年可产7000克驼毛。

骆马毛的生产（Vicuña production）

一只骆马的毛约重220克，相当于一个人一周的脱发量。清洗后，剩下的纤维约重100克。

骆马毛市场（Vicuña market）

秘鲁是骆马毛的主要出口国，服装和面料都标注有秘鲁政府的权威认证——唯一对此类公认的国际团体，确保了纤维的品质和纯度。

目前，骆马毛面料的价格为1800～3000美元/米。纱线价格约500美元/千克，是最贵重的天然纤维。意大利是全球主要的骆马毛面料进口国，而德国则是全球主要的骆马毛服装进口国。

原驼（Guanaco）

从秘鲁北部到智利、玻利维亚和阿根廷南部的安第斯山脉高平原，都能发现原驼，与骆马为同族嫡表。原驼动作敏捷、野性十足，有着丰富的黄棕色蜂蜜色彩。在西班牙入侵时期，其数量约为5000万头，而现在仅有几十万头。

原驼有双层皮毛，外层为粗糙的针毛，内层为柔软的绒毛，与羊驼类似。品质仅次于骆马毛。原驼属于受保护物种之列，需要得到许可才能猎捕，以确保纤维的合法性。

骆驼毛（Camel hair）

骆驼毛具有恒温的特性，冬暖夏凉，据称，还有抗风湿和抗关节炎的功效。

骆驼有两个品种，双峰驼和单峰驼，都是南美洲骆驼家族的亚非亲属。单峰驼只有一个驼峰，生活在阿拉伯沙漠，先于双峰驼被饲养。双峰驼有两个驼峰，约2500年前，在现在的伊朗北部、阿富汗、巴基斯坦北部和土耳其斯坦等地区开始饲养，那里夏天极其炎热，冬天极其寒冷。除戈壁沙漠的一些野生双峰骆驼以及澳大利亚的野生单峰驼外，现在的骆驼已经全部采取人工养殖。

用于商业目的的骆驼毛只能从双峰骆驼上获得。生活在中国内蒙古以及蒙古的极端气候中的双峰骆驼，其毛发最优质。阿富汗、伊朗、俄罗斯等地也产骆驼毛。虽然骆驼不是新西兰或澳大利亚的本土动物，但是为了补充国内的纤维品种，现在已经引进了骆驼。

骆驼毛纤维（Camel-hair fibre）

骆驼内层毛纤维长2～10厘米，不易缩绒。外层是粗糙的长毛，用于地毯和寝具的织造。饲养骆驼的本地居民运用针毛来织造防水服装面料，以抵御极端的气候条件。

骆驼的鬃毛用于高档定制服装的内衬。用于服装上的骆驼毛通常是更柔软的内层毛，其形式可采用纯骆驼毛，或者与羊羔毛混纺。如果与羊毛和人造纤维进行三重混纺，其品质则降为次等，甚至可能是通过回收利用而织造的。

最优质的骆驼毛产自蒙古小骆驼的内层毛。纤维长约25～60毫米，直径16～20微米。这种规格的骆驼毛几乎可以与羊绒（见第94页）媲美，是多年选择性育种的成果。与小骆驼相比，成年骆驼毛的直径约为21～25微米。

传统上，通常利用骆驼毛的自然色，即金棕黄加上不同色调的红色。当代染色技术的发展使骆驼毛可以像羊毛一样，对染料产生反应进而成功染色。但即便是对其进行染色，也是染成从浅金色到棕色的自然色系。

产自亚洲双峰骆驼的精细纤维，经加工、清洗，以备纺纱。做为一种拥有传统魅力的纤维，骆驼毛因其自然色——金棕黄加上各种不同明度的红色——而备受珍视。

骆驼毛的加工（Camel-hair production）

骆驼毛的加工包括5个工序：采集、分类、脱毛、纺纱，最后进行机织或针织。

骆驼毛可以通过梳理或修剪的方式进行采集，或者在换毛的季节，在其脱落时手工收集，换毛季通常为晚春时节，持续时间约4～6周。脱掉的通常是已无用的冬天用于御寒的外层和内层簇毛，秋天重新长回。

将粗毛与纤细、柔软的毛进行分拣，然后清洗去除污尘和残渣。随后进入脱毛阶段，这是个机械化的工序，清除剩余的粗毛、皮屑和任何植物成分，之后将原纤维送至纺纱厂，再进行机织或针织。

骆驼毛市场（Camel-hair market）

意大利是骆驼毛纤维的主要消费国；极其优质的小骆驼毛纤维送至米兰西北部的比耶拉（Biella），这个中心既可纺纱，也可机织优质羊毛和精毛纺面料。其余的则送往意大利另一个重要的面料中心——佛罗伦萨（Florence）附近的普拉托（Prato）。骆驼毛服装主要销往美国，在全球其他市场，这类服装还未得到类似的认同，尤其是男装领域。

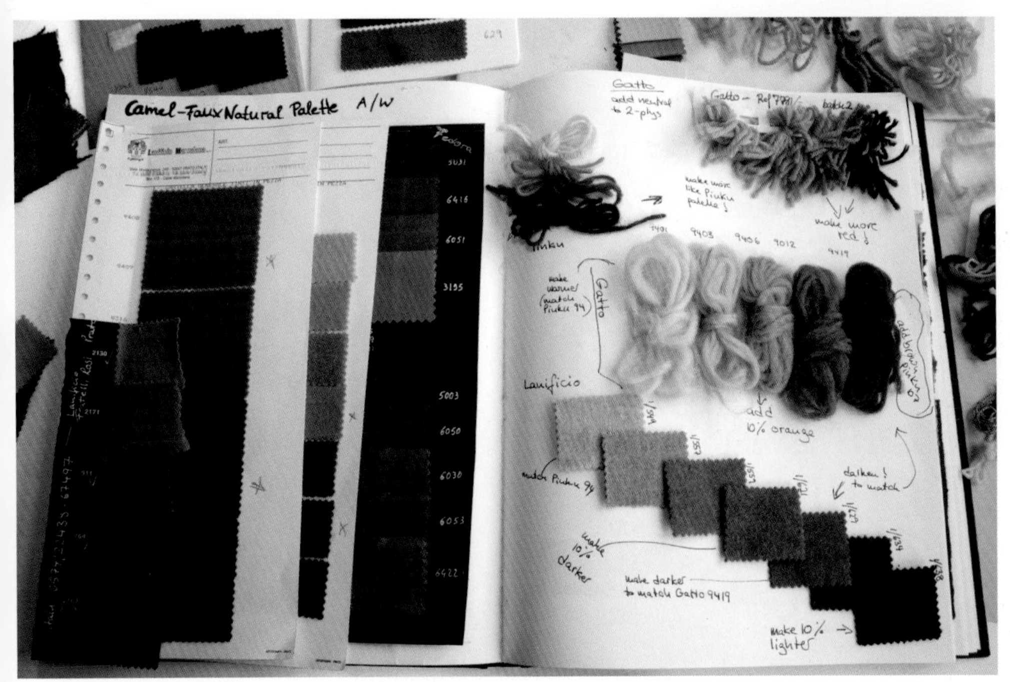

（上图）出自蒂莫西·埃弗里斯特的小骆驼毛西服。

（左图）骆驼毛独具特色的金色偏红色调，传递出与经典奢华外衣之间的永恒联系。骆驼毛的自然色系包括浅白、中黄、棕黄一直到亮丽或者深沉的姜黄色。纤维本身能很好地适用于现代染色技术，但通常染成仿自然色系，以提升或加强其备受青睐的天然暖金色调。

山羊纤维（Goat fibre）

山羊属于牛科动物中的羊亚科，与绵羊属同类。人工养殖的山羊属于西南亚和欧洲东部野山羊的亚种，是最古老的家养物种之一，可追溯到一万多年以前。

大多数山羊都可以出产纤维；但是，最主要的纤维生产群为喀什米尔和安哥拉山羊。此外，近几十年来三个杂交山羊品种得以培育出来，生产出大量商业用优质纤维。

高贵而优雅的喀什米尔山羊，展示了其优质而贵重的毛发。在蒙古和中国的内蒙古，古老的手工梳毛比剪毛更受人青睐，剪毛的速度更快，但会使毛料更粗糙，从而降低纯正绒毛的产量。

喀什米尔（Cashmere）

喀什米尔山羊起源于高海拔的喜马拉雅山脉的高原地区。当地的喀什米尔人用山羊的内层绒毛纤维纺线，织成优质面料，制成帕什米那（Pashmina）披肩。帕什米那是一个术语，源自波斯语单词Pasham，意为“山羊毛”。18世纪～19世纪期间，英国殖民者统治了喀什米尔，帕什米那披肩受到他们的高度赞赏，将披肩出口至欧洲各地，由此织造的面料称为喀什米尔，以起源地喀什米尔省而命名。

在印度和巴基斯坦，这种纤维仍被称为“Pasham”，但世界上其他地区都称其为羊绒——奢华的代名字。遗憾的是，由于出现大量次级人造仿品，极大地损害了帕什米那的声誉，现在通常指披肩的一个类型，与这种纤维原本的珍惜贵重特征形成鲜明的对比。真正的帕什米那披肩仍然是手工纺纱，由帕什米那的羊毛（即羊绒）织造而成。

喀什米尔纤维（Cashmere fibre）

喀什米尔不是山羊的一个品种，而是对山羊的一种描述：经过悉心培育，用以生产纤细的内层软毛，即羊绒。很多不同的品种在某种程度上都可以生产羊绒；但是，只有喜马拉雅山脉的山羊才是通常所称的喀什米尔山羊。

对羊毛纤维而言，直径必须低于18.5微米才可称之为天然的羊绒。软毛中直径超过30微米的不到3%。精细软毛与粗糙针毛之间的比例应当在30%以上。纤维长度至少为3.175厘米，光泽度低，有很好的卷曲性。产自外蒙古和中国内蒙古地区的羊绒品质最上乘，主要原因为该地区的副西伯利亚地带的极端气候，有利于山羊生长出更纤细、更浓密的内层毛。

经过多年的选择性育种，现在中国的羊绒纤维产量最大，每只山羊生产1000克以上的原纤维，其中绒毛（Under-fleece，即羊绒）大概为500克。喀什米尔绒毛与针毛的比例为50：50，即表明产量非常优异。在某些国家，近500克的山羊原纤维中，仅有150克是极优质的内层绒毛。针毛与内层绒毛之间30%的比例，是界定喀什米尔类型所允许的最小值。

人们认为最上乘的羊绒源自颈部和腹部，这是一种误解；事实上，这些部位是最脏的，因为它们往往会汇集残渣。最好的纤维产自山羊的背脊、从肩部到臀部的侧部和背部。这些部位的外层毛发长而且粗糙，内层毛极其纤细、柔软、光滑，长度为25～80毫米，直径12～19微米。羊绒的本色为从浅黄褐色到棕色的各种颜色；但白色最受青睐。

这种纤维适应性很强，可以纺成或纤细或厚实的纱线，同样，也可以织造成或轻薄或厚重的面料。针毛的价值几近于无，因为不能对其纺线或染色。它们通常用来制作刷子和帆布内衬。与羊毛一样，羊绒的含水量也很高，使其保暖特性随空气的相对湿度变化而变化。在重量相等的情况下，其保暖性优于普通羊毛。

（右）奇特的英国复古造型以及丰富的色调展现了Johnston’s of Elgin品牌产品的当代魅力和优异品质。在英国，唯有该品牌保留了纵向模式的工厂，它将原纤维转变为羊绒和其他高档纤维，直至最后制成成品服装。

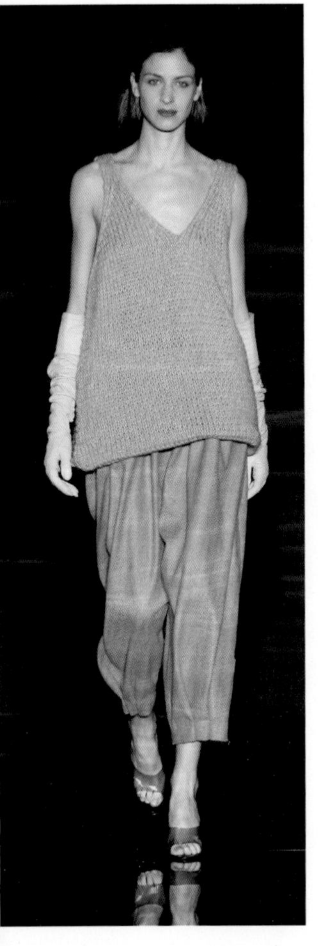

马库斯·卢普弗为阿曼·贝斯（Armand Basi）设计的作品，将现代的低调奢华与现代款式融于一身。上装是100%羊绒，裤装为100%羊毛。

实用的奢华（Practical luxury）

来自卡莎·德·卡斯米尔（Casa de Cashmere）的经典款男士内衣，以极优质的羊绒针织重新诠释。与普遍持有的观点不同，羊绒的耐用性相对较好，既可手洗也可温和机洗。

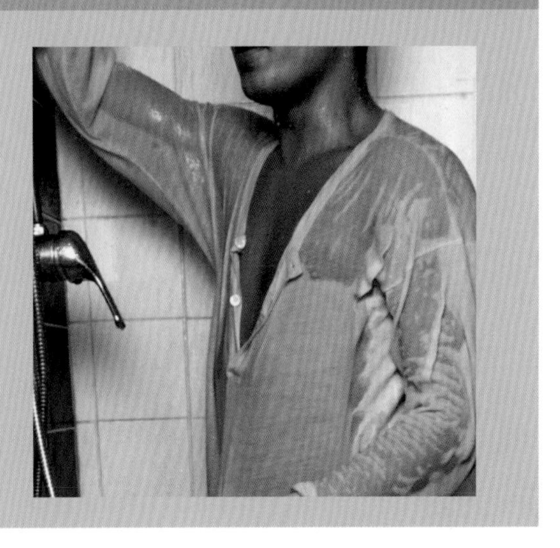

羊绒的生产（Cashmere production）

虽然羊绒是一种重要的纤维，且利润丰厚，但其全球生产量仅占整个纺织品市场的1%左右，这种奢华纤维的独特性便不言自明。

羊绒的传统获取方式是手工梳理，在蒙古及中国部分地区仍是首选工艺。在伊朗、阿富汗、澳大利亚和新西兰，以修剪的方式获取羊绒纤维，速度更快，但会使粗毛含量增加，从而降低纯绒毛的产量。梳理的工具是粗齿梳，将其梳过山羊毛，以去除稀松的碎毛。通常在春天动物脱毛季完成这一工序。手工梳理所需时间通常为一到两周，而且的确可以增加绒毛产量，也使日后获取的绒毛纤维更纤细、更柔软。

纤维由牧农采集，在羊群养殖地区的工厂内进行分类，通常需要手眼结合。对羊绒生产来说，高效分类至关重要，纤维需按品质和色彩进行分类：深色纤维不能与白色纤维混淆，这是最基本的原则。分类完成后进行清洗，以去除粗毛、尘土及植物类物质。

在脱毛阶段，将粗糙的外层针毛去除，剩下的是柔软的内层绒毛，这是随后用于纺纱的重要内容。用于羊绒脱毛工序的技术源于19世纪约克郡的布拉德福德，这里后来成为英国羊毛纺织品产业中心。其开创者约瑟夫·道森（Joseph Dawson）守护着这个复杂工序的秘密，从而确保了其生产的垄断地位。随后，该技术得以传播，打破了少数几个专业羊绒纺纱商的垄断局面。通过对中国脱毛工序的投资，再加上欧洲、日本的专业技术，使其质量标准大幅提高，足以满足苏格兰和意大利针织商的要求。

虽然这类纤维在国际范围内进行贸易。但大多数都是销往意大利、日本和苏格兰进行机织或针织，这三个国家都以尖端且富于新意的喀什米尔纺纱技术而著称。苏格兰的“埃尔金的约翰斯顿”是仍在运营的最古老的喀什米尔工厂。

羊绒市场（Cashmere market）

全球原纤维的年产量约为10000吨；经处理后纯羊绒约为6500吨。现在全球羊绒原料的60%产自中国。其次为全球第二大生产国外蒙古，产量约为20%。剩下的则来自伊朗、阿富汗、印度、巴基斯坦和少数中亚共和国。

马海毛（Mohair）

马海毛产自安哥拉山羊，因其光泽度、柔软度、韧性以及它的历史渊源——它可能是全世界仍在使用的最古老的动物纤维之一，受到全世界的追捧。

马海毛的历史（The history of mohair）

安哥拉是古老的山羊品种，其纤维用途的最早记录可追溯到公元前14世纪。部分人认为它们原产于安纳托利亚（Anatolian）高原地区，即现在的土耳其，还有部分人则认为它们真正的起源是喜马拉雅高原。据传，约1240～1245年前，苏莱曼游牧商队为了躲避军队的进攻，向西长途跋涉到了安纳托利亚（Anatolia），商队中就有山羊品种。他们最后定居在伊特纳（Ertena）或安哥拉（Angora）地区，即现在的土耳其首都安卡拉（Ankara）及周边地带。奥斯曼（Ottoman）帝国的苏丹禁止原毛出口，试图保持这种珍贵纤维的垄断地位。

16世纪50年代，罗马帝国皇帝查理五世（Charles V）在与奥斯曼的持续冲突中，发现了安哥拉山羊。他试图将山羊引入欧洲，但并未成功，因为这个品种既不耐寒也不多产，而且营养要求非常高。在1847年以前，奥斯曼的安卡拉省是安哥拉山羊和纤维的唯一生产地，随后进口至美国和南非，再后来部分安哥拉山羊在纳瓦霍族（Navajo）印第安人的居留地得以培育，通过品种间的杂交，纯种性大为降低，安哥拉山羊毛因而有了不同的颜色。据称，现在的有色安哥拉山羊源自19世纪中期的杂交品种。20世纪，山羊进口至澳大利亚，但直到20世纪80年代早期才引入英国。

安哥拉山羊毛被称为马海毛，是一种理想且珍贵的马海毛纤维，马海毛外有两层保护，其一是外层粗毛，其二为中层髓质纤维。

马海毛纤维（Mohair fibre）

马海毛纤维呈白色，柔滑而光亮，抗拉强度好。其成分为角蛋白。马海毛的横截面与羊毛相比略微呈椭圆形，羊毛的横截面更圆。马海毛纤维上的毛鳞片更大，但更平整，因而使纤维更柔滑，反光性更好，因此光泽度更佳。

安哥拉的羊毛纤维有三个级别。其一为空芯的粗毛，毛质较硬且色彩黯淡，通常加以染色，但由于会扎皮肤因此并不受欢迎。其次是髓质纤维，其粗糙程度弱于粗毛，但甚于真正的马海毛，空芯不匀称或说部分空芯。纤维长度通常与真正的马海毛纤维相当，但没有那么受欢迎。最后是真正的马海毛纤维，出自底层优质绒毛。

优质的马海毛具有天然的卷曲，能使起绒织物线圈稳定。它们有轻微的油一般的光泽和稳定的纤维长度。这类羊毛有种天然的羊毛脂，其用途为保护纤维免受日晒雨淋及尘土的破坏，有助于毛圈维持在正常位置。山羊油脂与绵羊油不同。油脂太多会很难洗净，而太少又会使羊毛显得暗沉。

小羊一般在春天出生，带有一层粗毛，脱落后取而代之的是细马海毛，以备秋天进行首次剪毛。最优质的纤维来自首次剪毛，但仅占总产量的15%。第二次剪毛是在小羊约一岁时的春天，所产出的纤维质量也非常好，直径从20～24微米不等。此后，每隔6个月剪一次，纤维会逐渐变粗，直径随动物年龄的增长而增加。年龄较长动物的纤维通常用于织造地毯和装饰面料。

一只营养充足的安哥拉山羊，其马海毛生长速度为每月25毫米。雄性的毛发长得更快，更粗，但产毛量大于雌性。一只普通雄性安哥拉山羊每年约产6000千克纤维（去污后的重量），而雌性的年产量不到2000克。被阉割的雄性也能产出优质的纤维；毛发变粗的速度慢于未经阉割的雄性，但重量更重。

马海毛的生产（Mohair production）

安哥拉山羊不如喀什米尔山羊耐寒。对生长环境的要求更高，需要干燥的气候，如果太湿或太冷，则可能患肺炎而死亡。同时营养要求较高，以补给快速生长的羊毛。它们偏爱各类灌木，喜欢“积极的”生活方式。如果安哥拉羊的群体需求和营养需求都能很好地满足，就能产出优质而结实的羊毛。

山羊应当定期刷洗和梳理，以确保到剪毛时其毛发的优质特征。剪毛应当在干净的环境中完成，确保无污染。剪毛时按年龄分类，从最小的开始剪，以防止较粗较老的毛混入到更珍贵和纤细的羊毛中。较理想的情况为，单次修剪比二次修剪的效果更好。微米数（直径）取决于动物的年龄。

在某些气候条件下，会在山羊脊上保留一段不修剪的毛发，称为“披肩”，以防止山羊在剪毛后着凉。

马海毛纤维由锁扣和小圈组成，由天然的卷曲性而定位。抗拉强度好，且具有吸湿的特性。

纽约设计师罗达特（Rodarte）设计的奢华、破碎感、蜘蛛网般的马海毛针织裙，搭配相应的长筒袜，极具趣味性地重新演绎了21世纪象征性的朋克马海毛毛衣。

剪毛后，将粗毛去除，然后按品质将其分为四类，品质考虑的因素涉及微米数（直径）、色彩、光泽、光滑度和总体纯净度。

羊毛通过加工，去除植物性物质和天然油脂。马海毛对热水的耐受度较高，在纺纱之前应将其清洗。使用洗涤剂可以帮助去除油脂，最后放于醋或者变性酒精中漂洗，纤维的自然光泽便呈现出来。

马海毛市场（Mohair market）

马海毛生产总量的50%以上都来自南非和莱索托，其次为美国（德克萨斯州），该地区的饲养者由政府补贴。土耳其和阿根廷也生产马海毛纤维，还有澳大利亚和新西兰，它们加在一起的总产量约为6%。

南非开普马海毛最受青睐，因为这里的品种都经过基因筛选，以最大化地减少粗毛。

法国、意大利、德国、葡萄牙和英国都是马海毛面料和服装的生产国。法国和意大利专门生产用于针织的马海毛纱线。日本被认为是马海毛面料的最大进口国，特别是用于服装定制，因为它是制作跨季服装的理想面料。

全球天然纤维生产总量中，马海毛的全球总产量仅占1%。

有色马海毛（Coloured mohair）

羊毛的主导色是白色，虽然有色毛很稀少，却变得越来越受欢迎。有色的安哥拉山羊是更耐寒品种的变种，油脂更少，毛发呈波浪形。有三个色系：从棕色到黑色；从棕黄到杏黄再到红色；从银白色到青灰色。其色彩的丰富性是人工染料所难以复制的。但是，有时为了强化色彩效果，会对其进行加染。天然有色马海毛受到手工纺纱者的青睐。

俾格拉（Pygora）

俾格拉是安哥拉山羊和生产羊绒的俾格米（Pygmy）山羊之间有目的地杂交后的品种，于20世纪80年代引入美国北部的俄勒冈州纳瓦霍族印第安人保护区。俾格拉的色系包括：从浅到深的各种焦糖色、灰色、棕色、黑色和奶油色。产出的羊毛属于三种截然不同的类型。

A类：类似马海毛的羊毛，纤维长16厘米或者更长，有着卷曲的垂坠效果，通常为单层，如果有针毛，也非常稀少，而且如丝般纤细，直径为28微米或更细。

B类：羊绒和马海毛品质的结合。纤维长8～16厘米，针毛很少，直径约24微米。

C类：极似羊绒。非常精细，纤维长2.5～8厘米，直径不超过18.5厘米。

虽然纤维用于织造服装，但也极受纤维艺术家和该行业其他艺术家的喜爱。收割工序和其他山羊类似。但是在收割之前即羊毛还在羊身上时进行清洗更理想。

尼格拉（Nigora）

尼格拉是安哥拉山羊和生产羊绒的尼日利亚矮种山羊之间的一种有目的的杂交。那些明显接近安哥拉品种的山羊归为“重型尼格拉”，因为个头更大，毛发更茂密。而显然接近尼日利亚矮种山羊的则归为“轻型尼格拉”，因其个头更小且毛发稀少。尼格拉产出三种截然不同的纤维类型。

A类：外观非常类似于马海毛，有光泽，触感较凉爽，有着约150毫米长而垂坠的卷曲毛束。属于没有针毛的单层毛，剪毛频率为每年一到两次。

B类：这类纤维最为盛行，称为开司哥拉（cashgora），是喀什米尔和马海毛之间的优质混纺，是A类型和C类型的结合。它是一种优质松软纤维，长70～150毫米。开司哥拉由三个部分的纤维组成：外层粗针毛、纤细的卷曲绒毛，或说是称“开司”（Cash）的组成部分、还有介于两者间，或称“哥拉”的组成部分，这部分更长、更直且有光泽。剪毛、梳理或者采摘的频率为每年一次，也可使其自然脱落。

C类：在商业上，通常认为可与羊绒相媲美。纤维很纤细，长25～75毫米，没有光泽但触感温暖。收割方式类似于开司哥拉。

澳大利亚喀什米尔山羊（Australian cashmere goat）

澳大利亚喀什米尔山羊是一个杂交品种，不同于生产世界上大部分喀什米尔的“标准”喜马拉雅山羊。

早在澳大利亚成为英国殖民地之前，山羊由荷兰人和葡萄牙人引入。19世纪掀起了一场培育喀什米尔和安哥拉山羊的运动，从印度和中国进口了经严格筛选的品种。然而这一产业没有得到发展，山羊被放归自然。

喀什米尔在20世纪70年代早期被“重新发现”，当时两位研究者对一些野生或称“野外”山羊的绒毛进行了鉴别。此后，又经历了25年的选择性育种，山羊现在已发展为完全不同于其野生祖辈的品种。

澳大利亚的喀什米尔山羊耐寒，毛发浓密、均匀，针毛与绒毛差异明显。

出自蒂莫西·埃弗里斯特的一幅概念化图像，展示了马海毛的西装面料以及衬布接口。马海毛有很多种表现形式；特别受高级定制业的青睐，因为其纤维结构有利于长久塑型。优质马海毛面料上的褶皱，只要适度蒸熨即可熨平，因此非常适合高端商务人士出行。

其他动物纤维（Alternative animal fibres）

奢华纤维还可以从牦牛、北极麝牛毛以及安哥拉兔身上获取。

牦牛毛（Yak hair ）

牦牛于公元前1世纪在现在的中国西藏得以饲养。它们生活在喜马拉雅高原周围的草原地区，夏季温暖季节生活在积雪线以上，而在较寒冷的冬季，则大批移至积雪线以下。大多数牦牛都是饲养的，不过仍有脆弱的野生牦牛存在，数量在不断减少。

在藏语中，“Yak”只指雄性，而在英语中它既指雄性也指雌性。

牦牛是喜马拉雅高山地区必不可少的组成部分，既可作为运输工具，也可提供肉、奶、纤维和皮等物质。大部分牦牛发现于中国，喜马拉雅所有地区都有牦牛族群。

牦牛有若干个品种。“横断”牦牛（Henduan）产自中国西藏的横断山脉地区，产量最高，而高原地区的“九龙” 牦牛（Jiulong）纤维质量最佳。

牦牛毛纤维（Yak-hair fibre ）

牦牛纤维在结构上与绵羊纤维不同：纤维外表面的毛鳞片与毛干之间的角度比绵羊的小，所以毛鳞片附着在发干上，手感更顺滑，抗拉伸强度优于绵羊。

牦牛毛由三个部分组成：粗糙的外层针毛——以不同的长度层叠，其次为茸茸的中间部分以及纤细的内层绒毛。各自的比例因年龄、性别、地理位置以及身体的不同部位而发生变化。优质牦牛的毛发比例为50%的绒毛和50%的粗毛。

直径超过52微米的针毛，仅用于织造毯子和绳子。中等毛直径为25～50微米，大卷曲较少。软绒毛最受青睐，在冬天来临前生长出来，晚春时节脱落，直径小于25微米，有不规则的卷曲及柔和光泽。在清洗和脱毛之后，纤维长度为3～4厘米，直径约18.5微米。

牦牛纤维的粗细通常都很均匀，有类似羊绒的感觉，显得非常高级。一岁龄的牦牛生产的细纤维直径为15～17微米，长度4～5厘米。野生的牦牛毛一般呈黑色，但是饲养的牦牛毛发颜色可以涵盖从黑色到棕色以及各种灰色。白色的腹部毛发最稀少，因此也最珍贵。

从20世纪70年代起，牦牛纤维被视为羊绒等优质纱线的替代品。但是，与其他牦牛副产品相比，目前纤维的经济价值非常小，因此没有得到充分开发。现在正考虑开发能为生产提供更优质纤维的品种。

牦牛毛的生产（Yak-hair production）

在晚春时节，冬天的毛发自然脱落后，可以对其进行梳理或拉拽。每只牦牛的纤维年平均产量约为100克。进口到北美的牦牛纤维通常与丝绸或羊羔毛混纺，以此作为这种纱线的独特卖点。在商业上，牦牛毛作为一种大众消费纤维并不可行，而是一种受手工纺纱者、针织者和机织者青睐的趣味性替代品。

牦牛生活在喜马拉雅高原的高海拔草原地区，作为一种运输工具，同时提供皮毛、奶制品和肉制品，牦牛成为当地社会不可或缺的组成部分。甚至其粪便也可做为燃料燃烧。

北极麝牛毛（Qiviut）

北极麝牛毛是一种麝香牛的底层毛，产自北极地区的加拿大、阿拉斯加、格陵兰岛。夏天，它们生活在潮湿的河床，冬季则攀登至较高的海拔地区生活。“Qiviut”（意即北极麝牛毛），是一个因纽特单词，这种毛发长期用于为当地居民织造保暖服饰。但是自20世纪60年代以来，建立了合作企业，鼓励北极地区的阿拉斯加以及加拿大饲养这种动物，以实现麝牛毛的商业化生产，所得收入用于当地的建设。

北极麝牛毛纤维（Qiviut fibre）

北极麝牛毛韧性尤佳，而且比羊毛的保暖性强8倍。其柔软度优于羊绒和骆马毛，直径18微米。这种动物的毛发从来不用修剪，而是在春天换毛季节进行采摘，只留下不能脱换的针毛。

北极麝牛毛并不是高度商业化的纤维，但它确实可以织造极具趣味性的细密针织衫。

北极麝牛毛的生产（Qiviut production）

一只成年的麝香牛毛发年产量可高达7磅。北极麝牛毛在春天换毛季从皮肤上开始脱落。在这个阶段，内层毛较短，但是与皮肤的距离一致，因此适合于整张梳理脱落。

（上图）待加工的北极麝牛毛原料，以备处理并用于纺纱。在使用较细纤维纺纱前，将起防护作用的针毛和中层纤维去除。

（右图）麝香牛的底层毛，或称北极麝牛毛，是通过手工梳理获取的，这个工序需若干小时才可以完成。该动物无需修剪毛发，因为它们需要外层毛发来抵御外部环境。

藏羚羊（Tibetan antelope）

虽然藏羚羊被归为牛科家族的羚羊亚科，但现在，人们仍认为它属于羊亚科，或者山羊的近亲属。藏羚羊属于迁徙性动物，长期以来游牧者跟随它们在西藏、印度、尼泊尔的青藏高原地区活动。当它们靠近青藏高原气候更温和的地区，就会脱掉身上的绒毛，游牧者将这些绒毛收集起来并与喀什米尔山谷的人进行交易。当地技艺高超的纺纱者和织工将最优质的纤维织成披肩，称为“沙图什”。

藏羚羊的纤维直径粗9～10微米，色彩从灰色到红棕色不等，但腹部的白色纤维也可使用，织成的面料非常柔软精细，几乎是半透明的：一条普通大小的披肩可以穿过一个结婚戒指。

在英国统治印度时期，这种绝妙的产品受到有统治权的英国人的大爱，并将它们出口至欧洲，其奢华的地位使它们广受青睐，导致该动物近乎灭绝。它们被大量追杀，因为这种获取毛发的方式比它们自然脱毛要快很多。现在它仍是一种珍稀的濒危物种。按照《濒危物种国际贸易公约》，交易或拥有“沙图什”披肩视为违法，但是有的地方非法捕猎问题仍然存在，黑市上纤维交易仍在进行。

安哥拉兔（Angora rabbit）

据称，安哥拉兔是最早被饲养的兔类品种之一，因其毛发长而纤细，如丝般光滑，因此得以人工饲养。17世纪中期，它是受法国贵族喜爱的宠物，并影响至其他欧洲宫廷。在20世纪早期才首次在美国出现。

在欧洲范围内，法国和德国是重要的生产国，然而在全球的生产中，中国以总产量80%的比例占主导地位。智利也是安哥拉兔毛的重要生产国。

安哥拉兔毛纤维（Angora fibre）

安哥拉兔毛有两种类型：法国类型：有较多针毛和尖尖的外观；德国类型：几乎没有针毛，柔软度更佳。

安哥拉兔毛纤维的平均直径为11～13微米，长36毫米，但长度变化不一。优质的安哥拉兔毛纤维长70毫米，不过中国作为世界上最大的生产国，将最低值设定为38毫米。

生产纤维的主要安哥拉兔品种有：

法国品种：最古老的品种之一，有较多的针毛和毛绒绒的内层毛。

德国品种：该品种的毛发产量与自身体重之比通常较高。同时也与其他品种进行杂交，颜色更丰富。

巨型品种：体型最大的品种，由于食物消耗较少，但产量丰富而被饲养。其毛发有三种类型：底层毛、芒绒毛和芒粗毛。芒绒毛是指中层毛，比针毛短，但比绒毛长。

色丁品种：最柔软和最细纤维的杂交品种，据称，其毛发用于纺纱，韧性最佳。

（左图）出自Habu Textile的优质手工针织马海毛纱线。

（上图）精心梳理和喂养的安哥拉兔茁壮成长，获得纤细、柔软的纤维。安哥拉兔毛针织服装给人以闪闪发光的视觉效果。

安哥拉兔毛的生产（Angora production）

安哥拉兔属于白化动物，因此通常处于半黑暗中。为了生产出优质、高产量的纤维，精心梳理和喂养非常关键。其长发通常至少每两天需梳理一次，以防止毛发相互绞缠或毡织在一起。

其毛发可以修剪也可摘拨。法国的安哥拉兔毛通常需要在注射催脱剂后进行摘拨。这种方法获取的纤维更纤细，但需使动物保持休克状态，因此通常以修剪的方式来替代。由于其毛发的生长速度较快，每年可以修剪3到4次，每只兔子的优质毛年产量高达1000克，其中需去除的针毛占2%。

在纺成纱线后，安哥拉兔毛可用于针织或机织。但更多地用于针织衫，其光晕般的效果广受赞誉。也可用于织物中创造新颖的视觉效果。因为没有弹性，需和羊毛混纺，80%的安哥拉兔毛与20%的美利奴羊毛混纺，可以保留其光晕般的效果。

（左图）让·保罗·高提耶（Jean Paul Gaultier）颠覆了传统的阿兰羊毛针织工艺，采用蓬松、奢华感的纱线对其进行诠释，在传统的绳网设计基础上创造出镂空斜格图案，为原本的实用性能增添了艺术魅力。

（下图）背光环境下，针织安哥拉兔毛帽子清晰地展现出这种极优质纤维的“光晕”，给人以可爱的毛茸效果。

（上图）爱丽丝·金（Elise Kim）重拾20世纪60年代”未来–前进”的美感，设计了这件极简的羊毛外衣，这件服装中毛绒绒的袖子采用马海毛和安哥拉山羊毛混纺，展示了超亮绒毛纤维形成的天使般“光环”。

蚕丝（Silk）

丝绸魅力非凡，极具奢华感，是一种非常理想的纤维，因此其价格有时甚至超过黄金。

丝绸华丽而有光泽，将其织成各种缎、提花织物、锦缎可以传达出奢华高贵的魅力。其面料的垂坠感给人以性感、柔滑、飘逸的印象，通常用于极具奢华感的内衣以及光彩夺目的晚礼服等高档服装精品。

丝绸被普遍视为所有自然纤维中最精致和优雅的品类，虽然在一个多世纪以前已经研发出其替代品，但丝绸的众多神奇特性以及其广泛的接受程度，是其他任何替代品所无法比拟的。

天然纤维长期以来都得到服装设计师的青睐，而丝绸也一直是设计师的梦想之物。

(左页图) 这条精致的褶皱闪光围巾出自面料设计师卡伦·K·布里托 (Karren K Brito)，使用了传统的日本绞染技术。

(上图) 灵感源于其历史的蚕丝条纹塔夫绸，裙撑式层叠带布边裙与紧身胸衣搭配。出自薇薇安·韦斯特伍德2009春夏的“DIY”系列。

(右图) 保罗·史密斯与盖恩斯伯勒丝绸 (Gainsborough) 的合作创造了一系列高档家装面料。盖恩斯伯勒丝绸成立于1903年，专营提花织物。

(左图) 出自曼尼什·阿若拉 (Manish Arora) 有图案的直筒宽松连衣裙，以红黑相间的“光泽”丝绸制成，以东方的丝网印刷为特色。

纽约设计师扎克·泊森（Zac Posen）设计的这件红色礼服从后面看具有戏剧感，其灵感来源于古代的束身衣和复古服装。设计师使用分片式的几何线条，为这个特殊场合的裙装注入了既现代、前卫又不失传统的艺术魅力。

2007年约翰·加利亚诺（John Galliano）为Dior设计的“武士1947”（Samourai 1947）系列，奢华的浅绿色刺绣丝绸裙和外套，以庆祝Dior精品店开张60周年。约翰·加利亚诺向迪奥革命性的“新风貌”轮廓（出自1947年的标志性系列）致敬，并将历史的美学与受古代和现代日本灵感启发的元素融合在一起，如插花艺术中的花卉排列、漫画艺术、武士道和艺妓礼仪。

安南德·卡布拉（Anand Kabra）对代表性的印度纱丽从当代的角度进行了诠释。这种服饰通常采用复杂的褶裥和垂坠设计，凸显裙装的优雅特性，由6米长的未剪裁面料制成。在这款裙装设计中，设计师在印度传统的女性符号中注入了当代元素，即轻薄的面料和腰带，并以三角形胸衣取代了通常专属搭配的纱丽短上衣为特色。

（上图）2009年Etro男装春夏系列。以亚洲为灵感的热情洋溢的藏红花色调，代表了典型的充满异国情调魅力的双宫绸。

（下图）吉姆·汤普森设计的代表性面料，对传统面料尺寸的比例进行重新设置，并与随意凸起的纬纱防染条纹产生对比。

现代丝绸市场（The silk market today）

至20世纪90年代中期，世界丝绸产量达到81000吨。

与丝绸贸易有历史关联的所有国家——中国、日本、印度、泰国、意大利、西班牙和法国——目前仍在生产高档丝绸。随着近年来中国经济的改革开放，使其再次成为世界上头号丝绸生产国，占全球产量50%以上，印度15%，日本略高于10%。

其他丝绸生产国家包括孟加拉、玻利维亚、保加利亚、哥伦比亚、印度尼西亚、伊朗、以色列、肯尼亚、尼泊尔、尼日利亚、巴基斯坦、秘鲁、菲律宾、斯里兰卡、土耳其、乌干达、赞比亚和津巴布韦。巴西、朝鲜、乌兹别克斯坦和越南的生丝生产总量占世界产量的4%。

更廉价的替代纤维，如人造丝和尼龙的出现起初对丝绸的统领地位带来冲击。但是，在过去30年里，世界丝绸产量翻了两倍多，世界范围内以蚕丝养殖和加工为生的总人数很快逼近3500万。

丝绸和人造纤维（Silk and synthetics）

丝绸倍受青睐，但其价格并非市场上所有阶层都能承受。因此不可避免地开发出了人工合成的复制品——人造丝（Artificial或称Art silk），以满足经济水平较低的消费者。

尼龙是在美国开发的，并在二战期间用来代替日本丝绸。在潮湿环境下，其特性和抗拉伸强度优于丝绸和黏胶长丝（另一种主要的人造替代品），因此非常适合军事用途，如降落伞。将尼龙用于长筒袜革新了袜类产业。人们并不认为它劣于丝绸，而是一种更适于穿用、更易获取的新产品。

二战后，丝绸做为一种商品在与“新一代”人造纤维的市场竞争中失利，未能夺回其市场份额。战后的消费者对“新一代”人造纤维抱有极大的热忱，因为它们不仅更便宜，而且更易打理。它们似乎代表了这样一个未来：所有社会成员都可以获得中意的时尚产品。

丝绸的未来（The future for silk）

虽然替代性纤维的发明一开始削弱了丝绸的统领地位，但其做为一种高贵奢华纤维的地位却得以维持；尽管人造纤维不断革新，但丝绸仍然是人们喜爱的奢侈商品。没有哪种新纤维能像丝绸那样得到广泛应用。

设计师朱利安·玛克唐纳德（Julian McDonald）说：“对我来说，丝绸是不可替代的。她既有温柔婉约的一面，又能呈现出高科技的风貌，既是永恒的，又是最前沿的。”

1982年，面对日渐显现的以优雅、随意、低调的“周五便装日”文化为缩影的生活方式的趋势，纽约企业家开发了原纤化工艺，或者说“起绒”丝绸工艺。其目标是获得一种已预缩、抗皱和可机洗的丝绸，与消费者已经熟悉的易打理纤维一决高下。

由于人们环保意识的增强，对丝绸服装的需求会继续增长，特别是在那些禁止使用某些染料和化学品的工业化国家，人们更喜欢天然纤维而非化学纤维。因此天然纺织品，特别是棉和丝绸，正在见证一个全球需求的新纪元。

——《全球丝绸工业》（*Global Silk Industry*），作者：拉加特瓦蒂·K·达特（Rajatvaty K. Datta）、马赫什·那那瓦蒂（Mahesh Nanavaty），环球出版社（Universal Publishers），2005年出版。

德意志长筒袜博物馆的复古长筒女袜。在尼龙出现以前，丝绸用于长筒女袜。二战期间，尼龙长筒袜礼品拉近了美国士兵与欧洲女性的关系。

砂洗丝绸的影响（The impact of sand-washed silk）

20世纪90年代，由于消费者对天然纤维重新产生兴趣，砂洗丝绸销售量激增。中国生产的丝绸，放在含有砂子、鹅卵石甚至网球的机器里洗刷，形成一种极软、桃皮绒的表面效果，既似曾相识，又有抚慰人心的沧桑感。设计师卡尔文·克莱恩（Calvin Klein）和唐纳·卡兰（Donna Karan）将这种面料轻而易举地演绎出来，使其与他们设计的随意而奢华的运动装完美结合。

“沙马什与儿子们”（Shamash and Sons），是一家总部在纽约的中转商，也是美国最大的丝绸进口商之一，1988为其销售季推出了自己的砂洗丝绸系列，采用了德国开发的工艺。韩国完善了提高产量的技术（因此价格会更低）。在该潮流鼎盛期，包括邮购和超市在内的各级市场都能买到砂洗丝绸产品。20世纪80年代末到90年代初，对砂洗丝绸的需求似乎是无止境的，为满足这种需求，全世界的丝绸供应量翻倍，超过100万吨。很多产品被仓促推向市场，其宣传的卖点为易打理，然而事实证明，其质量低下。与低质量产品之间的联系，摧毁了丝绸高贵而珍贵的历史传承，面临着名誉受损的危险。

世界范围内“纤维女皇”的贸易前景看起来很乐观。虽然在全球纤维市场中，丝绸的份额不到10%，但是其货币价值的重要性却高出好几倍，20世纪末，仅美国就进口了价值20亿美元的丝绸纺织品和服装。

（左图）出自薇薇安·韦斯特伍德2009春夏“DIY”系列的丝绸条纹上装与丝绸平绒天鹅绒裤装搭配。

（上图）砂洗丝绸使面料呈现出磨旧、有肌理感的桃红色表面。为纳西索·罗德里格斯（Narciso Rodriguez）设计的这条飘逸的双绉吊带长裙增添了一种悠然自得的优雅。

丝纤维（Silk fibre）

丝绸面料质地柔软、光滑，根据面料结构的不同，既能呈现出硬朗如雕塑般的风貌，又能表现性感、飘逸、轻盈、优雅的垂坠感。

丝绸属于天然蛋白纤维，产自家蚕蛹。分泌丝的主要是能蜕变的昆虫，但织网昆虫产生的物质也可归类为“丝”，如蜘蛛。世界各地发现了200多种野生蚕蛾，但其中大多数产出的蚕丝在形式上都基本是不规则的，或者是扁平的。较扁平的线更容易缠结，因此在解开时也更容易破损。只有中国桑蚕可以生产出非常珍贵的细丝，它们光滑、纤细，且比其他蚕蛾的丝更圆。

丝绸的特质（Properties of silk）

丝绸异常强韧，这不仅是指纤维尺寸，也是对其纤细本质的感知。其韧性优于羊毛和棉，按照相同重量的比重，其韧性甚至超过了钢。它能抵御矿物酸，但溶于硫酸。丝绸极好的吸收力使其具有染料适应性的卓越特质。与其他纤维混纺的丝绸纺织品相比，全丝绸纺织品的保存时间更长。

丝绸的导电性能较差，因此在凉爽的气候中穿着更舒适。低导电率还意味着它易受静电的影响。其恒温特性让人感觉冬暖夏凉，长期以来，人们利用它的隔热特性制作高档针织内衣，如滑雪服内层，提供的保暖特性是其他材料所无法匹敌的。丝绵和木棉是最轻型、保暖性最佳的絎缝材料。

光亮纤维（Brilliant fibre）

丝绸因其富有光泽和微光闪闪的外观而备受珍视，这源于该纤维独特的类似棱镜的三角形结构，可以使丝绸制品反射从不同角度接收到的光线。当光线投射到一块丝绸面料时，表面呈现出闪光、摇曳以及颜色的渐变。因此，丝绸可称为“闪光纤维”，即它拥有天然的光泽反射能力，因此呈现出闪烁的效果。薄丝织成面料前，会进行复杂的工序，以确保其光亮的特性得以保留下来。

野生蚕丝（Wild silk）

从最早的文明中，人们已经认识了遍及中国、印度和欧洲的各种野生蚕丝，但其规模一直以来比人工培育的小。野生蚕丝是人工养殖的幼虫所无法复制的。

根据不同的品种、气候和食物来源，野生蚕丝在色彩等级和质地上有着巨大差异，但一般的特征都是外观凹凸不平，触感粗糙，因为构成蚕茧的整条丝线被破茧而出的蛾戳破，或成了短丝线，赋予野生蚕丝一种独特的竹节，效果类似于树皮，质地干燥，有纹理（可参见第117页的和平丝）。

（上图）来自Etro品牌飘逸的桔黄纯丝绸雪纺宽松长袍。

波浪起伏的摩洛哥丝绸雪纺浸染长袍，比例夸张，出自安托万·彼得斯（Antoine Peters）。

生丝（Raw silk）

“生丝”这个术语通常错误地用于描述丝绸短纤或者短纤（丝绸纺纱时残留下的短纤维）。它们相对较短、强度更低，人们认为它远没有绢丝那么贵重。

短纤是在纤维为纺纱作准备的过程中经梳理被分离后剩下的纤维。这些较短的短纤维可用于纺纱，以相同的方式与棉或麻纺成纱线。短纤面料的特征为手感干燥、质地有竹节，光泽度较弱，通常会有一些零星的粗粒和斑点。

蜘蛛丝（Spider silk）

织网昆虫（如蜘蛛）生产的丝已用于医学范畴以及望远镜瞄准器。将来通过基因改造，也许可以利用蜘蛛丝的自身优势，将其开发为一种纤维。

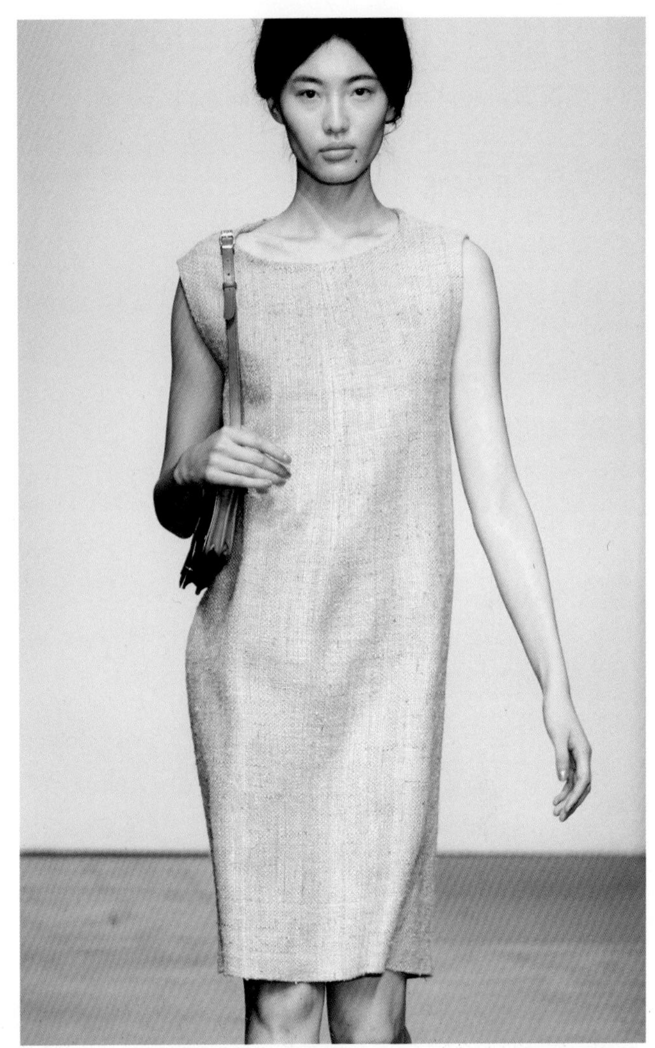

（左图）回收的尼泊尔纱丽碎条，以手工纺成的蚕丝纱线。由于原材料的繁杂，色彩丰富多变。这种天然的不一致性赋予其纹理特征，类似于柞蚕丝或生丝。手工纺纱由妇女合作社完成，合作社提供合理的工资，其创收用于教育项目。

（上图）参考20世纪60年代广受欢迎的杰奎琳·肯尼迪式简单的廓型，阿德达舍（A Détacher）品牌的优雅的生丝宽松直筒连衣裙。粗纺纱线和明显的织物组织纹理使生丝织物具有印度次大陆的典型特点。

（下图）手工纺丝绸纱线，同样是由尼泊尔纱丽碎条回收利用而织成，然后将其染成了统一的颜色。

丝绸生产（Silk production）

在所有天然纤维中，以使用蚕蛾的幼虫分泌物制成的纤维最为著名。幼虫在破茧成蝶的过程中，将分泌物作为保护自己的屏障。其他一些昆虫也产丝，但只有蚕蛾幼虫分泌的丝才广泛用于纺织品。现代的丝绸生产是现代技术和古代技术（多个世纪以前首先由中国人开发并完善）的融合。

培育（Cultivation）

蚕虫养殖依赖高度完善的农业体系，可以确保大规模种植桑树。每公顷桑树的桑叶产量为11吨，能形成200千克的茧，可以生产出40千克的生丝。尤其是饲养的中国桑蚕，由于近亲繁殖很严重，因此无法在野外生存，而且已经失明，失去了飞行能力。因为在露天的环境下无法存活，必须在通风良好的密闭温控房间精心养护。蚕蛾将它们的卵产在置于竹盘上经特殊处理的纸上。当卵孵化后，毛虫以白桑树的叶子为食。

在约35天、4次蜕皮后，蚕的体重比刚孵化时重1000倍，略长于7.5厘米。将蚕从竹盘上移开，以稻草盖住，这样可以将茧固定在稻草上。蚕虫通过分泌连续不断的由丝素蛋白（即液态丝）构成的细丝作茧，当蚕虫还在蚕茧里时，这种蛋白起到保护作用。这种液态丝被涂上了一种溶于水的保护胶——丝胶，由蚕虫的两个腺体分泌。液态丝被挤出吐丝头（蚕虫头部的孔），与空气接触当即凝固。在两到三天内，蚕虫吐出大约1600米的细丝，并完全包裹在起保护作用的茧中。

在这整个过程后，蚕变成蛾。但在养蚕业中，在变成蛾之前，需要通过蒸汽，或者在阳光或热空气里灼烤，或在盐水里浸泡，将蛹杀死。为了获得细丝，按照纤维尺寸和纤维质量将茧进行分类。将有缺陷的茧进行梳理并立即纺成纱线，而某些完整的茧则被挑出，以培育下一代蚕。5.5千克茧的生丝产量约为0.5千克。

（上图）出自约翰·加利亚诺2000年秋季为Dior创作的作品，美妙地传达了细密结构的丝绸干脆利落的雕塑般特质，让人过目难忘。

（左图）中国桑蚕蛾的幼虫在白桑叶上大快朵颐。经过一个多月的集中饲养后，蚕的体积增长了1000多倍，并准备吐丝，以形成珍贵的茧。

（上图）所有蛾类中，这种高标准培育的中国桑蚕蛾非常独特，因为其生产的茧在色彩和质地上都如出一辙地纯白。数个世纪的同类繁殖和培育掌控，形成了一致的色彩和可靠的优质细丝。

（左图）中国桑蚕纤细灵动的外观，凸显了它们的脆弱性以及培育它们所需的专业技术。数个世纪的择种培育，使它们成为一种失明且失去飞行能力的动物，只能依靠高度有序的环境才能生存。

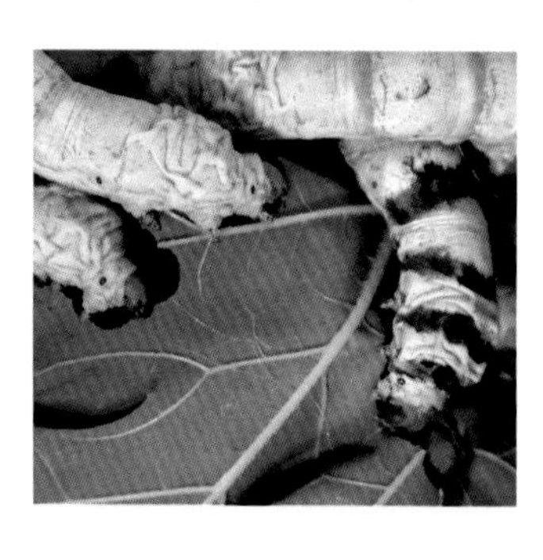

煮茧（Cooking）

将蚕茧首次放入沸水中蒸煮，这个过程叫做煮茧或浸渍，使连接细丝的丝胶软化。传统的平锅煮茧是在露天的大盆里进行的，将蚕茧浸泡几分钟。对于随后的缫丝工序来说，煮茧是至关重要的阶段，稍有不慎，就会导致大量浪费。煮过头的茧在缫丝时会增加破损的次数，煮得不够的茧则不容易解开，因此会降低缫丝工序的效率。

梳理工序（该工序将蚕丝的可抽丝末端定位）也会造成大量的缫丝垃圾。

缫丝（Reeling）

缫丝，又称卷丝，从蚕茧中抽取蚕丝，是一种专门的技能。蚕丝的可抽丝末端确定后，将准备好的蚕茧转移到缫丝盆中，许多蚕茧会自动松开。将若干根细丝汇集，利用丝线器（一种引入机器的设备）拉到缫丝机，将其卷在线轴上，生产出一根长且光滑的丝线。

最优质的面料是由仅仅四只茧的蚕丝摇成的线纺织而成的。

姆米（Momme）

传统上，丝绸是以重量来衡量的。姆米（Momme，读作“mommy”）是丝绸产业中使用的量度单位，对应于用于棉质面料的“织物经纬密度”，它将丝绸的密度量化，源于日本珍珠养殖业。

1姆米相当于丝绸面料每码重3.6克。

17姆米的面料每码应重61.2克。

不同组织的丝绸姆米重量不同，常见的有：

电力纺（Habotai）：5～16姆米。

雪纺（Chiffon）：6～8姆米。

双绉纱（Crepe de chine）：12～16姆米。

纱罗（Gauze）：3～5姆米。

生丝（Raw silk）：35～40姆米

欧根纱（Organza）：4～6姆米。

加捻丝线（Thrown thread）

对蚕丝进行搓捻，使其合为一体称为加捻，可进行加捻的丝线种类非常多。

列奥纳多·达·芬奇（Leonardo da Vinci）对丝线的加捻工序器械有着狂热的兴趣，1500年他发明了一种极具创新性的有翼机器，或称翼锭，它可以在三段连贯的线上进行拉伸、搓捻、卷缠操作。他的设备成为后来连续纺纱机的发展基础，且没有做进一步的重大修改，现在仍应用于当代捻线和丝线织造的体系中。

加捻纱线有5种常规分类，主要依据是它们预期的最终用途：刺绣、针织、缝纫、纬纱以及经纱。在每一个分类中，通过改变丝线、扭转的数量以及捻搓方向，可以获得各种各样不同的纱线。常见的有：

单股加捻（Thrown singles）：朝一个方向搓捻的单根生丝线。

加捻纬丝（Tram）：将两根或多根生丝线朝同一方向搓捻在一起产生的纬线，通常这种搓捻程度较轻，仅能将其连接在一起。

加捻生丝（Organzine）：生丝先朝同一个方向搓捻，然后两根或多根丝线朝相反的方向搓捻到一起。一般来说，经丝需要最优质的生丝，并用于经线，它们可以承受织布机的张力。

绉纱（Crepe）：与加捻生丝的方式相同，但捻搓的力度更大，产生起皱效果。

伊莎贝拉·惠特沃思自制的用苏打和灰将蚕茧脱胶的方法。

将丝线脱胶并漂白后，绕成束状并用带子拴紧，以备染色。

初级后整理工序（Primary finishing processes）

初级后整理工序包含一些为丝绸染色做准备的工序。首先，丝绸必须经过脱胶处理，以去除其丝胶，这一工序通常在染坊中进行，需在肥皂、洗涤剂或酶类中将丝绸煮沸。此道工序对之后的染色质量产生重要作用。染色中遇到的瑕疵，可能是由于脱胶不彻底造成的，也可能是因为处理过程中用力过猛导致纤维损坏。如想获得纯白色，则需进行漂白。

面料增重（Fabric weighting）

丝绸按重量进行出售，因此脱胶过程中重量的流失（20%～25%）成为首要考虑的问题。丝绸产业中常见的做法是添加一种后整理物质增加丝绸重量，以弥补脱胶过程中的重量损失。添加程序增加了线捆的圈数，并赋予丝绸特有的重感与柔软性，使面料更滑爽、更有光泽、更结实。塔夫绸是最常见的增重面料。增重也可以增强服装的阻燃性与抗皱性。与未增重丝绸相比，增重丝绸编织的紧凑性较弱，因而可以降低蚕丝的用量。

增重通常在染色过程中进行。为了给有色丝绸增重，会采用经磷酸盐处理过的氯化锡。黑色丝绸可以通过金属净水剂来增重，如铁盐。由于这种工序的复杂性以及化学污染问题，现在已不再采用加矿物质的做法。如今增重几乎无一例外地通过采用丙烯酸单体（Acrylic monomers）——通常为甲基丙烯酸（Methacrylic amide）——来实现，以硫酸铵（Ammonium persulphate）为引发剂。

增重可以大幅提升纤维的着色能力，因为所采用的各种盐在传统上被用作媒染剂。术语“纯染色丝绸”（Pure dye silk）即表明染色环节中未进行增重处理。

织造（Weaving）

丝绸的织造工序与其他纤维或纱线的织造过程类似。

整经（Warping）：将所有经纱以同样的张力卷为一束，为经线做准备，并严格控制经纱之间的相互平行度。

卷纬（Pirning）：纬线，或说横向纱，铺在织机的梭子之内的卷纬管上，以使纬纱穿过经纱。

恒动高速织机之所以能实现，得益于自动换纡织机和无梭织机的出现，这类织机使用压缩空气使纬线穿梭于经线之间。

尽管技术上取得进步，但某些丝绸类型仍然不能通过高速织机制造生产，特别是复杂新颖的面料以及复制由最初的穿孔机创造出的传统效果的面料。

染色（Dyeing）

为丝绸面料染色主要采用两种方式。其一，在纱线纺织成面料前进行染色，称为纱染或定染（比如塔夫绸、丝硬缎以及各种定制面料）。同一块面料可以织入多种颜色。19世纪初期以前，这是丝绸染色的唯一方法，现在的工序中也同样使用这一基本技术，即将生丝束浸泡在盛满染料的水箱中。

第二种方法是织造之后进行染色，以这种方式染色的面料称为匹染织物（如绉纱、斜纹布等）。产业化规模的匹染出现在法国里昂。通过两根圆筒将面料装进染色槽中，或将其固定在圆钩上，随后将圆钩浸入染缸中。再将面料定色、清洗并烘干。

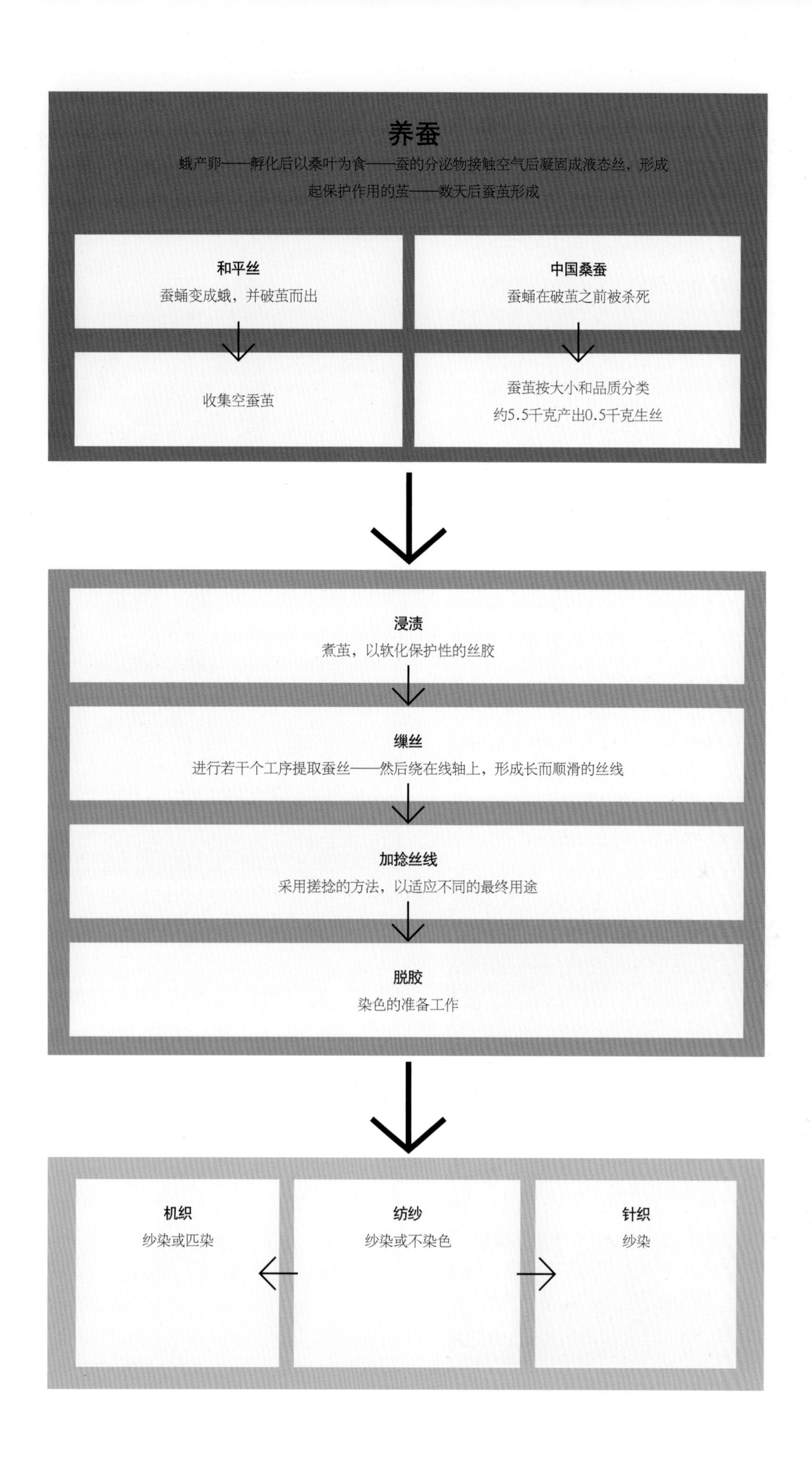
养蚕
蛾产卵——孵化后以桑叶为食——蚕的分泌物接触空气后凝固成液态丝，形成起保护作用的茧——数天后蚕茧形成
和平丝
蚕蛹变成蛾，并破茧而出
中国桑蚕
蚕蛹在破茧之前被杀死
收集空蚕茧
蚕茧按大小和品质分类
约5.5千克产出0.5千克生丝
浸渍
煮茧，以软化保护性的丝胶
缫丝
进行若干个工序提取蚕丝——然后绕在线轴上，形成长而顺滑的丝线
加捻丝线
采用搓捻的方法，以适应不同的最终用途
脱胶
染色的准备工作
机织
纱染或匹染
纺纱
纱染或不染色
针织
纱染

其他后整理工序（Additional finishing processed）

其他后整理工序的目的是恢复面料的天然光泽度、柔软性和独特手感，弥补此前的处理工序导致的干涩感。

轧光工艺（Calendering）：挤压从钢辊筒之间穿过的面料。通过改变转速和温度或压力，可以产生不同程度的光泽度和柔软性。

擦除工艺（Tamponing）：通过机器在面料上施加一层非常薄且均匀的油，以消除不平整度，修正此前加工工序中的擦损。

揉碎工艺（Breaking）：揉碎机器，或称轧碎机，用于给面料表面增添独特的柔软触感。可以使用两种机器，一种称为“钮扣”，将面料快速反复地穿过带有黄铜钮扣的小辊筒而得名。另一种为有倾斜刀片的机器，面料快速反复地穿过其间。

汽蒸加工（Steaming）：应用于起绒织物，增强蓬松感，看起来卷数更多。

熨烫和上光（Pressing and lustering）：面料通过加热过的辊筒，然后浸入稀释的酸料中，以此产生光泽度。这个工序可以去消除成品面料上的褶皱。

（上图）来自安托万·彼得斯不对称的手绘裙，采用了飘逸、灵动的丝绸。

（上图）这张蝴蝶翅膀的特写显示了视觉上的色彩“变化”，形成了这组闪光色彩。这种效果是光线在翅膀的结构上折射而产生的。丝绸纤维独特的三角结构也能产生同样的效果。

特殊护理（Special care）

丝绸暴露在尘埃和污渍（长时间暴露会导致纤维破裂）以及光线和油脂中会加速破坏，所以应该经常清洁丝绸并储存在较暗的环境中。如果丝绸不干净，会很容易生虫。丝绸的弹性中等偏弱，在浸湿的情况下，会损失高达20%的强度。

要保持丝绸手感的最佳湿度为50%～55%，干燥的环境会增加纤维的脆性，进而被破坏。

道德考量（Ethical consideration）

从蚕茧的形成到收获蚕丝，幼虫在这一过程中死亡，因此养蚕业因传统的丝绸生产会导致蚕虫死亡，阻碍其生命周期的自然终结而备受指摘。

早在数个世纪以前，世界范围内的宗教人士对于蚕丝的来源也并非没有争议。但如果蚕蛾已经破茧而出，中国和印度僧人袍服中使用蚕丝则是可以接受的。同样，圣人甘地对丝绸生产的批判，是基于不伤害任何生物的“不杀生”哲学。

除了有关动物权益问题的争议，一些生产环节，特别是在手工缫丝工厂，还会对人的健康和安全产生影响。

野蚕丝与和平丝（Wild silk and peace silk）

和平丝（Peace silk），也称为素丝（Vegetarian silk），专指从蚕蛾已经自然破茧而出的蚕茧中获取的丝。将丝进行脱胶，像其他纤维一样纺成纱线。和平丝的蚕蛾有野生的，半野生的，甚至是养殖的。对于那些既考虑道德问题，又不想放弃体验丝绸的美妙之处的消费者来说，和平丝是一个完美的营销手段。

泰国蚕蛾（Thai silk moth）

泰国蚕蛾适应了热带的环境，属于多化性品种（即一季或一年产卵数次，译注），每年至少产卵10次。蚕丝从绿色的茧手工缫丝而获得，按照传统做法，缫丝前不会将蛹杀死。蚕丝线的天然色彩包括从浅金色到浅绿色的一系列色彩范围。泰国生丝以其不规则和凹凸不平的外观为特征。虽然柔软性很好，但由于多节瘤的丝线，质地相对粗糙。

“不杀生”和平丝（Ahimsa peace silk）

“不杀生”和平丝是由野生和半野生蚕蛾的茧制成的，为满足那些偏爱穿着符合道德标准丝绸的消费者，在南印度部分地区得到推广。除了常规的桑叶喂养的蚕蛾，还有若干个蚕蛾品种用于“不杀生”和平丝。

蓖麻蚕丝（Eri silk）

蓖麻蚕蛾，是一种以蓖麻为食的野生蚕蛾。蚕茧大致与养殖蚕蛾的蚕茧大小相同，以非常淡的颜色为特征，有几乎与中国培育型桑蚕一样的白度。将其从各地收集而来并剪开，使蚕蛾飞出。

蚕茧由若干层蚕丝组成。外层相对柔软和蓬松，内层像纸一样黏合在一起。大多数蚕茧的一端都有一个洞，蚕蛾从这里破壳而出。

蓖麻蚕茧在自然条件下成长，人为干预最小，被视为等同于有机养殖。

穆加蚕丝（Muga silk）

穆加蚕丝（也称Antheraea assamensis），是一种野生和半野生的品种，仅生活在印度阿萨姆有限的区域，形成一种特殊类型的野蚕丝。这个多森林地区的村民在野外收集蚕茧，然后对破茧的野生蚕蛾卵进行部分人工养殖。

柞蚕丝（Tussah silk）

柞蚕丝是野生和半野生的蚕蛾，属于印度柞蚕丝，是所有野生品种中最常见的，以其名字命名了一种特殊丝绸。

出自丹麦环保品牌Noir的灰色丝绸女衬衫。使用的面料严格遵守“国际环保纺织标准100”（Oeko-Tex Standard100）条例，该条例证明其产品不含有100多种已知的对人体健康有害的物质。这个法案反映了全世界纺织品化学和政府条例的最新信息。虽然合格证明上并没有明确规定，但纺织品必须是有机的。

丝绸面料（Silk fabrics）

以下列出的面料为目前最受欢迎的常用丝绸面料，可以为任何设计师和商家的产品设计或打造品牌产品提供广泛选择。但列举的这些面料并不全面。

这些面料基本都是以蚕丝纱线制成，但有些名称既指天然纱线，也指人造纱线。

奢华感（Sumptuous）

以下各种丝绸面料细密、有立体感、极富表现力，以复杂的质地为特色。

锦缎（Brocade）：一种精心制作、图案丰富的提花织物，通常带有金属线。

提花（Jacquard）：既指织布机，又指其织造的有图案织物。

花缎（Damask）：一种在提花织机上织成的正反两用的“素色图案”面料。通过光泽对比和哑光质地，使设计图案跃然于背景之上。

天鹅绒（Velvet）：一种割经绒的面料。100%的蚕丝天鹅绒非常珍贵，且价格极高。通常将丝绸与人造丝黏胶纤维混纺，以获得良好的悬垂性。

泡泡纱（Cloque）：一种机织双层织物，由两组收缩性能不同的经纱和纬纱产生出三维立体的“气泡”效果。

（上图）祖母绿提花织物外套，由马库斯·卢普弗为Armand Basi品牌所设计。简单的廓型以及裙子和上装扩大的比例，因这块面料凸起的丰富图案而锦上添花。

（右图）海德尔·艾克曼设计的华丽套装由丝绸经向缎纹面料叠加卢勒克斯织物提花织锦外套和背心，搭配紫色丝绸裤装，金属色和洋红的搭配极具奢华感。

（上图）出自科斯塔斯·姆库迪斯（Kostas Murkudis），垂坠顺滑、极富光泽的黏胶丝天鹅绒，通过廓型如“浴袍”般的束腰大衣随意自在地将魅力凸显出来。

（上图）出自洛克山达·埃琳西克（Roksanda Ilincic）的黑色绸缎圆筒形晚礼服，搭配有凹槽的半裙，凸显了纺织细密的真丝硬缎奢华、如雕塑般的特质。

挺括性（Crisply sculptural）

以下各种面料具有可塑性以及雕塑的美感，手感丰满轻盈。

山东绸（Shantung）：一种起皱、有光泽的丝绸织物，源于中国山东省的野生蚕丝。

柞蚕丝 （Tussah）：其名字与柞蚕属幼虫相联系，这种幼虫生产出一种有明显纹理、呈天然棕色的蚕丝。

双宫绸（Dupion）：一种起皱、有光泽、手感粗糙的丝绸，由两个蚕茧的双股细丝缠绕而成的不规则蚕丝织造而成。

塔夫绸（Taffeta）：一种细密平纹织物，通常由不同颜色的经线与纬线织造而成。

波纹绸（Moire）：一种具有明显凸纹的结实织物，在后处理工序中由辊筒压印而成，形成一种“水印”效果。

经面缎纹（Satin）：一种机织面料，大量的经线呈现于织物表面。由于使用一种连贯的长丝纱使织物更富有光泽。

女公爵缎或双面横棱缎（Duchesse or Peau de Soie）：一种奢华、如绸缎般的面料，重量中等，有精美的十字凸纹与较硬的垂摆。

（左图）19世纪晚期的束胸晚礼服，展现了波纹绸丰满、亮丽的特质，出自梅·普利姆洛斯（Mae Primrose）之手，现藏于维多利亚与艾伯特博物馆。这种赋予面料特性的独特“水印”效果，通过用加热的滚轮滚压波纹绸的凸纹结构而形成。晚礼服裙摆上的蝴蝶结凸显了这一面料极其干净利落的硬朗特质。

（上图）海德尔·艾克曼设计的孔雀蓝和祖母绿经面缎纹面料套装，表现了高定丝绸面料无与伦比的光泽感和结构特征。

透明轻薄感（Sheer）

这些面料结构或超凡脱俗，低语般轻盈，或硬朗方刚，透明轻薄。

雪纺（Chiffon）：一种非常轻薄的半透明织物，以搓捻结实的单根纱线以松散的平纹组织织造而成。

乔其纱（Georgette）：织造方式类似于雪纺，但纱线股数为两股或三股。

绢网（Tulle）：一种纤细、透明的网状或网格形结构织物。

电力纺（Habotai）：一种光滑、轻薄的半透明平纹组织丝绸织物，有很好的垂坠感。

纱罗（Gauze）：一种镂空薄型织物，手感松软。

透明硬纱（Organza）：一种极其清晰明快的平纹组织织物。

透明闪光丝织物（Gazar）：一种结实的平纹织物，以双股纱线强力搓捻，手感干净利落，质地平整、顺滑。

（上图）以塔夫绸为底，采用垂坠与缠绕的形式，亚历山大·麦昆很好地控制了淡紫色渐变透明轻薄丝绸绢网的柔软特质，创造出超凡脱俗的服装款式。

（上图）法籍中国设计师殷亦晴（Yiqing Yin）参考古希腊高级时装的造型，采用超轻的雪纺面料，巧妙地处理面料上的微小褶皱，设计出的空气般轻薄的服装。

（左图）这种轻型电力纺是赋予运动服装奢华感的理想面料，纽约设计师尼古拉·K（Nicolas K）使用这种面料，综合现代和经典，设计出图中所示的外衣。

流畅的垂坠感（Liquid drape）

让人感觉愉悦的重量和触感，就像人的第二层皮肤。

细密针织物（Jersey）：一种很轻的丝线针织物，拥有独特的垂坠感和手感。

绉纱（Crepe）：一种由强力搓捻的纱线织造而成的砾砂质地丝绸织物。

双绉（Crepe de chine）：一种轻质平纹绉纱丝绸，由交替的S形和Z形强捻纱制成。

绉缎（Charmeuse）：表面为缎，背面为绉纱的轻型织物，有着厚实的垂坠感。

（上图）这件带褶饰边的粉红色双绉丝质裙具有流水般的悬垂感和柔滑性，非常具有视觉冲击力。

（上图）设计师马库斯·卢普弗以厚重型丝缎剪裁出超大号T恤廓型，并通过厚实的喀什米尔凸条罗纹镶边加以美化。

（左图）设计师殷亦晴设计的深蓝色石磨丝绸高定礼服，极具艺术魅力。充分利用了强捻双股透明丝织物的结构特征，经过石磨处理后，透明丝织物的表面部分破坏，赋予织物“仿旧”效果。

第二部分 植物纤维

Section 2 Plant fibres

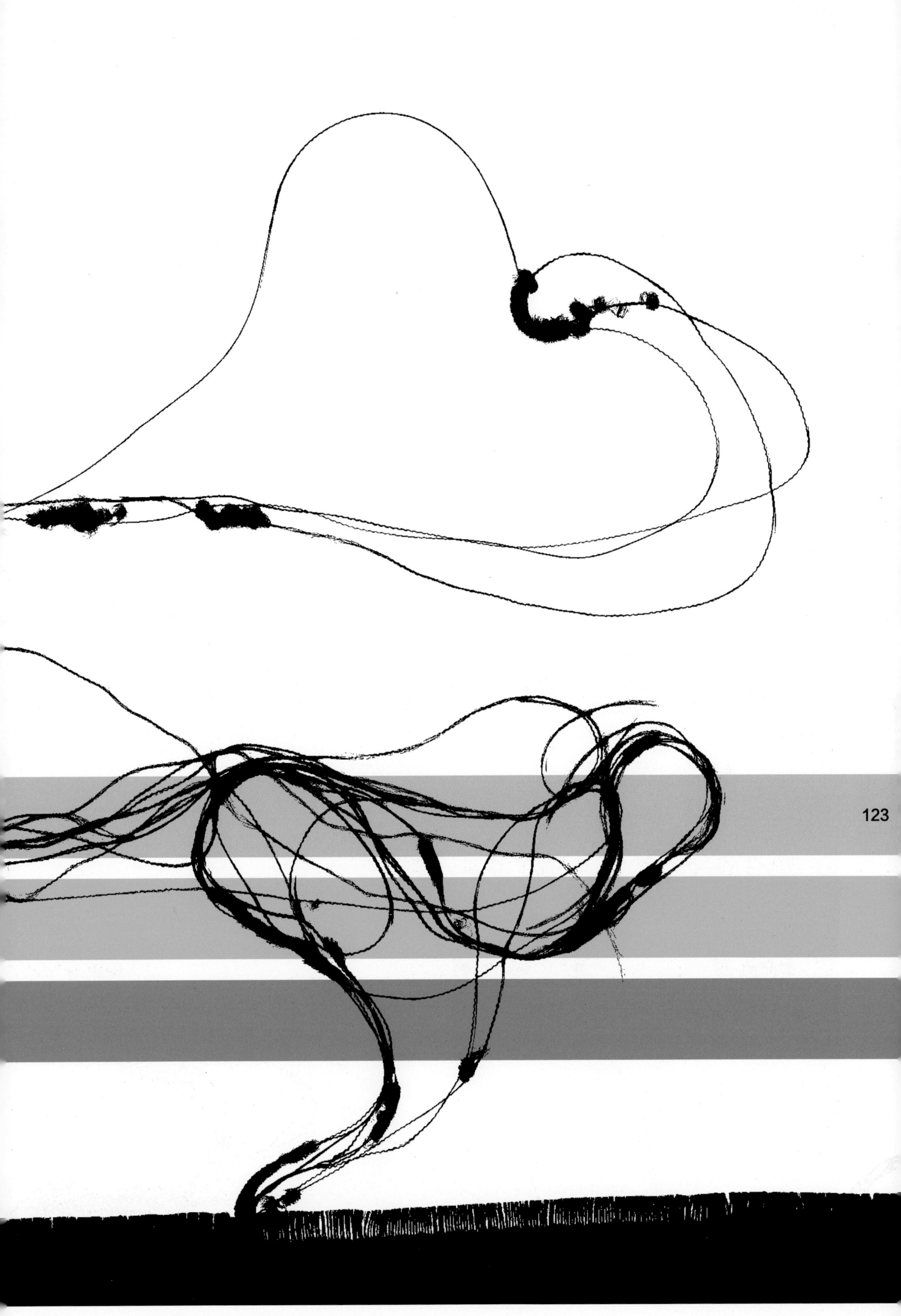

亚麻（Linen）

亚麻反映了一种传承，一种对生活品质的高尚追求。

很多国家都非常崇尚亚麻，因为其手感超群，魅力独特。她所体现出的低调奢华让人心生向往，质朴而纯正，不断超越着快时尚的奇特怪异风格。

亚麻拥有独特的实用性，加之其微妙、细腻的手感，使其在时尚领域经久不衰，成为经典、随意、优雅的代名词，是炎热气候保持舒适性的绝佳选择。其凉爽，易吸湿的特质得到普遍认同，是其他任何自然纤维所无可比拟的。

亚麻拥有独特的触觉魅力；凡眼见于亚麻、凡手以感知，都给人以平滑的光泽感，质地近乎丝绸，却多了一分轻快与清新。重型织物坚固耐用，可获得理想的垂坠感。反之，轻型织物则具有如羽毛般的特性，唤起人们对古埃及幔帐和希腊文化的联想。

纯麻总是能在当代的时尚中占有一隅。其天然的褶皱使麻质服装的特色一目了然，同时，亚麻天然的抗静电性使其在运动状态下远离身体，自然摆动。

与亚麻混纺的新方法以及后整理工序的进步，确保了这个古老纤维在当代消费者需求中的重要地位。与人造纤维混纺可以提升褶皱的回弹性，创造出新颖奇特的肌理，既能满足高端品牌的需求，也能满足那些想尽力实现奢侈产品特性，但具有价格竞争力的产品的需求。

亚麻的历史（The history of linen）

亚麻是世界上最古老的织物，它的使用早于棉，还可能先于羊毛，据称，在石器时期就开始使用亚麻。从此之后，作为一种服装面料，其受青睐度随着时间的推移起伏不定，幸运的是，凭借其独有的特质，她再次得到当代消费者的盛赞。

（左页图）折叠的散口未漂白亚麻织物展示了超细亚麻自然的肌理和天然的悬垂性。

（上图）“Master of Linen”公司的系列服装设计，既现代，又参考了历史元素，体现了亚麻的品质和原汁原味特征。

早期历史（Early history）

据称，在公元前5000～6000年间中东以“文明摇篮”而著称的美索不达米亚地区，首次对亚麻进行系统性种植。古埃及人和巴蒂洛尼亚人种植了一种类似亚麻的植物，菲尼基人与该地区其他部落进行贸易，而将此引入。古埃及人将其发展为成熟的亚麻“产业”。由于该商品非常昂贵，有时甚至可以充当一种货币使用。亚麻曾被视为光明和纯洁的象征，也是来世财富的象征。埃及位高权重的法老的寿衣所使用的上等亚麻长达1000米（超过半英里）。有些寿衣的纺织技术非常高超，甚至以现代织造方法都无法复制。古埃及法老棺木中发现的亚麻布帘，历经3000多年后，仍完好无损，而部分梅西斯二世（Ramese II）的寿衣在几近3500年后的今天，经大英博物馆仔细检验后发现其结构非常完整。

古希腊的皮洛斯（Pylos）墓碑是亚麻生产的最早记录之一，同时，古罗马的原型图显示，他们的织造方法与现代制造工序非常相似。

使用范畴（Range of uses）

亚麻面料表面坚固。为了更好地抵御弓箭的射击，古希腊步兵穿用亚麻制成的防护服，中世纪骑士在锁子甲下穿上以亚麻填充的夹克。犹太人和基督徒的祭服都曾以亚麻制作，现在仍然如此，象征着纯洁。

机织亚麻的组织结构是各类刺绣和抽纱工艺的完美载体，其纱线也可用于细针绣花边和梭结花边。16世纪的轮状皱领是以充分上浆的亚麻制作而成的，品质最为上乘的当属佛兰德斯（Flanders）的上浆亚麻（见第130页）。

亚麻也同样用于造纸和书籍装订。*Liberlinteus of Zagreb* 这本完整的伊特鲁里教科书即是以亚麻制作而成。时至今日，亚麻仍属于馆藏品质图书装订材料之选，很多艺术家也选择在亚麻油画布上进行创作。

亚麻的含义（The meaning of linen）

亚麻（Linen）这个字源自拉丁文中表示亚麻植物的单词：Linum usitatissimum，直译为“有用的亚麻”，并且被认为具有内在价值。现在，英语中有很多单词的词根都说明了亚麻的重要性。如线（Line）这一单词源于亚麻线（Linen thread），因为亚麻线曾被用来确定直线。同样，“衬里”（Lining）也源于同样的字根，因为亚麻曾用于羊毛和皮革服装的里子。女内衣（Lingerie）最初是个法语单词，也是源自“亚麻”，因为它曾作为贴身内衣面料而使用。

（上图）选择不同克重的天然亚麻织物来说明其织物结构特征。

兼具优雅与实用性（Sophistication and practicalities）

整个文艺复兴和巴洛克时代的欧洲，亚麻与财富相关联，各欧洲法庭定期出台禁止奢侈消费的法律，以遏制服装上的无节制消费，其中就提到亚麻花边的使用。这也是通过服装实行严苛的社会等级制度的有效方法，属于服装规范的早期形式。

在18世纪、19世纪，亚麻的使用受到更多的限制，或许呼应了“启蒙运动”的新时代，但它仍被视为优雅、高贵的不二象征。拥有亚麻的数量和质量决定了一个绅士的衣橱好坏和地位高低。著名的摄政王统治时期的花花公子、品位的独裁者博布鲁梅尔（Beau Brummell，1778–1840）的格言是：“洗涤一新、完美上浆、充足的上等亚麻。”他认为这些是“满足最低限度的夸耀所应具备的最重要奢侈品”。在1805年对时尚的追求达到顶峰时期，他订购了75码上等爱尔兰亚麻，用于制作衬衫和床单，同时还订购了大量爱尔兰亚麻锦缎，用于制作睡衣。

19世纪，欧洲绅士的地位取决于其拥有的亚麻数量和质量，然而，亚麻也是日常农村生活中面料的一种。工业革命和大规模城市化之前，亚麻（见第132页“亚麻纤维”）的种植、纺织都是农民为自给自足而进行的，制成的面料更粗糙，不如具有商业化价值并进行贸易的亚麻精致。

（上图）这件由法国设计师马克·勒·比汉（Marc Le Bihan）设计的多层粉笔白水洗纯麻外套具有优雅的古典感，反应了他设计方法的重要部分：对仿旧服装的欣赏和重构。他特别喜欢面料，尤其是手工织造的纺织品，他曾经在巴黎纺织企业各贝林（Manufacture des Gobelins）当过织工。

（左图）鲁伊·李奥纳多（Rui Leonardes）设计的男装，其特色为：采用解构手法制作出现代哥特式毛边亚麻轮状皱领。

19世纪末以前，亚麻面料一直用于各种睡衣和内衣、男士衬衫、女士无袖宽松内衣、裙装等。此外，还用于常规的家用纺织品。由于亚麻曾经广泛应用于家用纺织品，在英语国家，即使现在大多数床品、浴室用纺织品、桌布和厨房用纺织品已非亚麻制作，这个词也通常用来表述这些织物。亚麻衣橱（放置床品、床单等的橱柜）这个术语仍在使用，零售店也仍然有“亚麻”部门。

亚麻曾是着装得体的绅士的重要特征，从西服胸前口袋里折叠整齐、洗涤干净的亚麻手帕中我们可以看到这种残存的遗风，这个风格细节在20世纪60年代中期的新一轮社会变革中成为一种过时的时尚。

第一次世界大战（The First World War）

20世纪以前，亚麻种植在很大程度上还属于家庭手工业，然而，随着机械化程度的日益提高，工厂规模化已是大势所趋。第一次世界大战期间，对作战双方来说，亚麻是不可或缺的必需品，用于飞机所需的帐篷、麻绳、帆布。这种生产规模无法满足战事所需的庞大需求，因此以更易获得的棉取而代之，因为棉的生产方法较快捷。在两次世界大战期间，这种较廉价、可能也更好掌控的面料最终取代了亚麻在面料中的主导地位。

战后需求（Postwar demands）

亚麻和其他天然纤维一样，在第二次世界大战后的工业化世界退出流行舞台。人造合成纤维成为新宠，因为它更符合当代人对现代的理解以及“易打理”生活方式的期望，也更符合女性在工作场所的新角色。需精心护理的面料及很多家务都被能简化生活的各种事物所取代。

20世纪60年代，在大不列颠和北美，亚麻成为小众商品，仅为一部分消费者所喜爱。然而，在地中海和南美地区，亚麻却继续为大众所青睐，因为在高温下，亚麻所带来的凉爽和舒适感是人造合成纤维所无法比拟的。

20世纪70年代中期，亚麻作为服装面料进入有史以来的最低谷，仅有不到10%的亚麻用于服装面料。从20世纪80年代直至90年代，对该行业的投资带来了技术进步，对普通商业零售消费者来说，这些进步使他们不喜欢的一些亚麻传统特色消失，经过机械预处理，酶和氨的使用，使亚麻成为一种全新的现代面料，它能抗皱，防缩，某些情况下甚至可以免烫。

到20世纪90年代中期，亚麻的独特魅力再次受到珍视，约70%生产出来的亚麻再次用于服装面料。现在，开发了特别的亚麻和棉混纺纱线，用于织造牛仔面料，旨在提高炎热和潮湿气候环境下牛仔面料这一时尚标杆的手感。

（左图）纽约设计师尼古拉·K设计的具有都市休闲风的几何剪裁大翻领亚麻/黏胶混纺毛衫，轻微的竹节和磨光光泽是许多亚麻纱线的典型特征。搭配着黏胶乔其束腰外衣和棉府绸裤子。

欧洲亚麻的发展（The development of European linen）

曾经因地制宜地开发了亚麻种植的各国，加上其先进的纺纱、织造和生产技术，现在仍然保持着亚麻产品生产的领先地位。20世纪50年代以前，比利时、法国，荷兰和爱尔兰被认为是亚麻产品最富盛名的生产与制造国。意大利和地中海国家则以生产优质、手工的亚麻产品而受到倚重。

爱尔兰亚麻（Irish linen）

虽然在12世纪以前，出现有序的亚麻产业的迹象还不明显，但人们认为，早在基督教出现以前，腓尼基人首次和爱尔兰人进行埃及亚麻面料和亚麻种子的贸易。15世纪英国的旅行家评论道：“野蛮的爱尔兰人穿着30至40尺染成橙黄色的亚麻宽松服饰。”

胡格诺教徒（Huguenots）

1685年，路易十四废除南特敕令，使胡格诺教徒受到宗教迫害。大部分胡格诺教徒生活在法国东北部和佛兰德斯（法国北部和比利时周围），他们中大多是有技能的丝绸和亚麻织工。很多丝绸织工逃至伦敦，在伦敦的斯皮特费尔茨（Spitalfields）安顿下来，并架起了织布机。而亚麻织工则迁移到阿尔斯特（北爱尔兰）。大不列颠政府认识到他们的亚麻织造技术能为当时的工业带来利益，因此鼓励胡格诺教徒前往享受特权、有经济激励措施的省份。威廉国王邀请路易斯·克劳蒙林（Louis Crommenlin，1652—1727）加入胡格诺教徒，进一步发展这个产业。他引入了新的专业技术，如批量漂白等，并开展商品出口贸易，建立了现代亚麻产业。

亚麻对这个地区至关重要，因此通常被称为“爱尔兰面料”。

由约翰·罗莎（John Rocha）设计，通过有肌理感的爱尔兰亚麻，采用解构的多面料装饰手段，重新演绎了经典水兵短外套。

（左图）由约翰·罗莎设计的亚麻提花连衣裙，以迂回曲线接缝进行装饰，传达出这种奢华面料的天然舒适性和随意自在的服用性能。

爱尔兰亚麻行会标识，也是品质的保证。在爱尔兰，纱线和面料必须通过纺或织，才能打上这个代表真品的标识。

亚麻工业（Linen industry）

1711年，爱尔兰亚麻制造商理事会（也称为亚麻理事会）成立。并采用关税保护措施，进一步鼓励亚麻工业的发展。到18世纪中期，约500个胡格诺教徒家庭控制着爱尔兰亚麻行业，到目前为止，已在巴恩河（Bann）与拉甘河（Lagan）河之间的北部省份（合称为“亚麻之乡”）确立了牢固地位。亚麻种植需要精心准备的土壤，因而通常在播种土豆之后再种植。这种轮流播种方法使该地区免于重创爱尔兰其他地区的土豆枯萎病和饥荒。

美国南北战争使这个地区进一步获益，由于战争导致棉花短缺，因此对亚麻的需求大增，同时推高了亚麻的价格。在亚麻销售高峰，几乎2/3的亚麻产出都用于出口，其中接近90%出口至英格兰。在这个时期，贝尔法斯特（Belfast）被誉为“亚麻城邦”（Linenopolis）。

爱尔兰的工业革命出现得较晚，这里的劳动力比英格兰大陆要便宜，因此亚麻工业的发展速度不如棉花工业，使棉花具有了竞争优势。然而，当工业革命最终抵达这个“亚麻城邦”时，该地区的工程制造业迅速围绕其最重要产业的需求而发展。

第一次世界大战以前及战争期间，阿尔斯特（Ulster）是世界上最大的亚麻生产地，对战争有着重大的战略意义。到20世纪20年代初，几乎所有城镇和村庄都设有作坊或工厂，有7万人直接从事这一行业，约占北爱尔兰劳动力的40%。如今，该地区仅有10家代表性公司，直接受雇于亚麻生产的人数不足4000。爱尔兰已很少生产亚麻，大部分是从东欧进口。曾经一度为亚麻工业支柱的专业技能，现在成为纺纱、染色、织造领域设计和技术的推动力。

奢华的亚麻（Luxury linen）

爱尔兰亚麻是一种贵重且备受青睐的产品，如果是在爱尔兰进行纺纱和织造，则可以打上“爱尔兰亚麻协会”的标识，以示其真实性，也是高档产品的保障，在全球范围内得到认可。

由于亚麻被视为爱尔兰文化特征不可分割的一部分，20世纪中期，推出了“实时亚麻项目”，记录20世纪有关亚麻工业的第一手资料。

注：此内容来自1971年丹尼尔·马克凯瑞（Daniel McCrea）先生为爱尔兰亚麻协会所做的讲座）

佛兰德斯亚麻（Flanders linen）

历史上，佛兰德斯的地理划分即现在与法国北部、比利时部分地区相交叠并与荷兰相毗邻的区域。现在，佛兰德斯指的是该地区的佛兰德斯共同体，比利时的根特市和布鲁日市以及法国的里尔市都曾是佛兰德斯的部分地区。

这里的气候和地理位置非常适合种植亚麻。亚麻曾是一种辅助性的作物，目的是在农民等待下一个播种周期到来之前，供他们织造之用以度过漫长的冬日。

14和15世纪期间（佛兰德斯面料的黄金时代）亚麻商贸兴旺发展。亚麻面料和蕾丝纱线尤其受到珍视，促进了该地区的繁荣发展，使其成为欧洲城市化程度最强的地区之一。西佛兰德斯的缇耶尔特（Tielt）是亚麻工业的中心，18世纪90年代，近20%的家庭涉足亚麻生产，到19世纪40年代，这一数字增长到70%。

该地区的亚麻种植集中在伊普尔（Ypres），种子采用的是荷兰和里加（拉脱维亚共和国首都）的良种，使作物更优化。

西班牙和其南美殖民地形成了一个初级出口市场，然而随后贸易壁垒使亚麻行业受到重创（棉花生产的机械化也同样受较大的影响），导致亚麻行业衰落。

现在，通过设计、技术以及几大公司的合并，比利时亚麻产品竞争力得到提升，再次受到人们的追捧，可与爱尔兰亚麻产品一决高下。

来源可追溯保证

“Club Masters of Linen”是一个欧洲亚麻和大麻联合会（CELC）的注册商标。这个商标确保欧洲亚麻加工成亚麻织物的过程可完全追踪。纺纱厂和织布厂如果要得到商标授权，需要遵循高标准的规则。

认证标识可以用于以下三类织物：

- 纯亚麻
- 交织亚麻布（经向为棉，纬向为亚麻）
- 亚麻为主纤维（亚麻含量51%以上，其他纤维49%以下）

意大利亚麻（Italian linen）

虽然意大利在亚麻种植上地位并不那么显著，但对于整个亚麻加工业来说却非常关键。它是将亚麻纤维和纱线加工成国内使用及出口面料的最大加工商。在意大利纺织工业生产中，虽然亚麻仅约占5%，但却非常重要，因为它代表着高价值、出口导向型的商品。

和其他地中海国家一样，意大利在生产优质亚麻用于服装和家用纺织品方面有着悠久的传统。曾经作为家庭手工业，其设计和工艺通过母女代代相传。现在，意大利专注于设计推动技术的发展，其结果是开发出了先进的机器，生产出极具价格竞争力的优质亚麻产品。虽然许多蕾丝工艺、刺绣和抽纱工艺现在都由机器织造，但生产出来的亚麻产品继续传承着前几代人的手工织造效果。

亚麻市场（Linen market）

约70%的亚麻用于服装产业，约30%用于家用纺织品。

将亚麻加工为优质纱线和面料的主要国家有：意大利、法国、比利时、北爱尔兰、德国和日本。东欧和波罗的海沿岸国家以及中国现在都是亚麻的的重要生产国。然而，不管是纱线、面料还是成品，比利时、法国、爱尔兰和意大利这几个国家生产的亚麻仍然最受青睐。欧共体农业政策部制定欧洲亚麻价格，防止其价格过度下跌。

亚麻服装和家纺的主要消费者为美国、意大利、德国、日本、法国和英国。意大利是最大的亚麻消费国并生产纱线和面料，拥有先进的亚麻针织产业，生产全成型针织服装。

（右图）意大利品牌Corneliani使用丝绸和亚麻混纺奢华面料制成的奶白色双排扣夏季套装，其裁剪充分利用了该面料的垂坠特性。

欧洲亚麻联合会（CELC）是欧洲一个非盈利性亚麻、大麻纤维商标认证的行业组织。Masters of linen是一家设在巴黎的CELC子公司，提供欧洲优质亚麻信息并进行推广。

亚麻纤维（Linen fibre）

亚麻的等级不一而同，西欧种植的亚麻通常品质更佳。

亚麻纱线和面料是由亚麻植物的茎部纤维制造而成的，这种植物是西欧本土唯一的纤维质植物。亚麻也称胡麻，它是一种经济作物，其生产的纤维用于织造面料、加工绳索和纸张。亚麻可以生长在世界上很多地方，但更偏好温和的沿海气候，同时肥沃的土地也能使其茁壮成长。

亚麻茎的高度从60～120厘米不等，单根的韧皮纤维通过胶质“捆绑”在一起。从播种到成熟，再到收割需要100天的时间。亚麻植物的开花期仅为一天，5个花瓣的小花，颜色或蓝或白：开蓝色小花的亚麻植物通常产量更好，亚麻籽被包裹在果囊中，可以榨成亚麻籽油。

亚麻的特性（Properties of linen）

亚麻纤维是所有植物纤维中强度最高的，是棉的2～3倍，长度不一，从20～130厘米不等，直径在12～16厘米之间。纤维的横截面由不规则的多边形组成，使纤维呈现出粗糙蓬松的外观。

亚麻的自然色系从象牙、棕褐色到灰白色各种颜色不等。要获得白色或纯白的效果，只能通过各种漂白处理。

亚麻纤维去除杂质后具有吸湿性，在潮湿或排汗环境中，吸湿度达到20%，并能迅速将其释放到空气中，因此手感干爽。亚麻纤维不会锁住或保留空气，也没有任何保暖特性，因此给人以凉爽之感。它可以控温，使身体适应炎热的环境。凭这一点，人们认为在炎热气候中，亚麻床单比棉床单能给人带来更舒适的睡眠。据称，亚麻还有促进睡眠的疗效。

亚麻面料有一定的硬度，可以阻止其黏附于身体，易拱起，因此能快速干燥并排汗。亚麻与其他保暖性更强的面料混纺后（如羊绒或羊毛），其季节适应性更强。

与棉相比，亚麻的纤维更长，不起毛、不起球、防污。由于纤维表面更平整，可以以低于棉洗涤的温度洗净污渍。尽管高品质亚麻的价位较高，但由这种珍贵纤维制成的产品仍被视为一种投资，因为它可以代代相传，重复使用。亚麻纤维既耐用又实用，穿着和洗涤的次数越多，面料就变得愈加柔软、光滑，更具美感。亚麻面料表面对于蒸压有着良好的适应性，能获得几乎完美的光滑处理效果。据称，亚麻还可防菌、防潮。

亚麻不具有天然的弹性和拉伸性，但能抗磨损，但是如果对同一个点进行不断折叠，会导致其“破裂”。

亚麻内部结构的天然吸湿特性意味着在染色过程中，能够大量吸收各种颜色，并在长时间内保持不褪色。

纱线上的粗纱粒有时被视作亚麻的一大特色，但从技术上讲却是一个缺陷，因为这会降低纱线的质量。

亚麻植物的开花期仅为一天，颜色或蓝或白；开蓝色小花的亚麻植物通常产量更好。

生态考量（Ecological consideration）

亚麻纤维比棉要昂贵得多，更多的属于小众市场，使其非常适合有机种植和生态生产方法。

从生态的角度讲，亚麻是一种（也可以成为）生态而且可持续生长的作物。采用每年更换作物品种的合理方法，亚麻的生长状态最佳，因为这种方法不会将土壤中的养分全部消耗掉。亚麻是一种很环保的植物，所需的灌溉和能量较少，而且可以完全生物降解。采用作物品种轮流更换的方法，无需使用化肥和杀虫剂，即便需要，其所需的杀虫剂和人工化肥数量也仅为商业化棉花种植的1/5。此外，与棉的同类产品相比，亚麻的强度要高出11倍，极大地提高了产品寿命，减少了更换产品的频度。

亚麻的染料吸收性较好，尤其是天然染料，无需化学处理。亚麻可以通过阳光漂白，避免了人工助剂的使用。

由艾克那·维拉（Icona Vera）设计的浅珊瑚红“闪亮”亚麻上装，采用了纸袋式领口线，展现出亚麻纤维鲜明的织造结构、怡人自然的不规则性以及天然的光泽度。

亚麻生产（Linen production）

自罗马时期早期以来，从亚麻植物生产出亚麻纱线的基本原理几乎没什么改变。然而，现代技术彻底改变了纱线生产的效率、速度以及纱线的柔韧性。

亚麻的加工处理属于劳动密集型的过程，需要有技能的工人，但是可以生产出各种副产品，如用于地毯、肥皂、燃料的亚麻籽油、牲畜饲料，意味将浪费减少到最低限度。

现代技术（Today' s technology）

近年来，由于技术的进步，亚麻得以广泛生产，然而，在此之前，亚麻生产属于专业制造商的领域。技术的进步同时提升了作物在生长和成熟过程中的品质，避免了田野中真菌的侵害。无梭织机的出现意味着可以使用较小的织布车间，而机械化预处理使亚麻成为一种现代化面料，同时不至于丧失其亘古流传的优势。酶的使用使亚麻纤维更平整、柔软，非常适合于织造不易缩水的单面平针针织织物。液氨的使用使亚麻织物防皱、免烫，而预洗处理可以防止面料缩水。

种植（Cultivation）

亚麻成为欧洲少数几种仍在种植的作物。俄罗斯及俄罗斯联邦周边的其他国家，现在正将其大量土地用于种植亚麻。种植的产品主要是短麻，一种低等级的短纤维。法国的亚麻种植率不及俄罗斯的60%，但生产的长纤麻数量却多得多。按全球生产标准，法国北部、比利时和荷兰的亚麻生产量相对较小，但其质量被认为是最优质的。法国是这三个国家中最大的生产国。

加拿大和中国是两个主要的亚麻生产国，全球产量的50%以上来自于这两个国家。印度和美国也是重要的生产国。在非洲，埃及和埃塞俄比亚都生产亚麻，而在东欧、俄罗斯、乌克兰以及波罗的海国家拉脱维亚和立陶宛正在扩大亚麻生产。

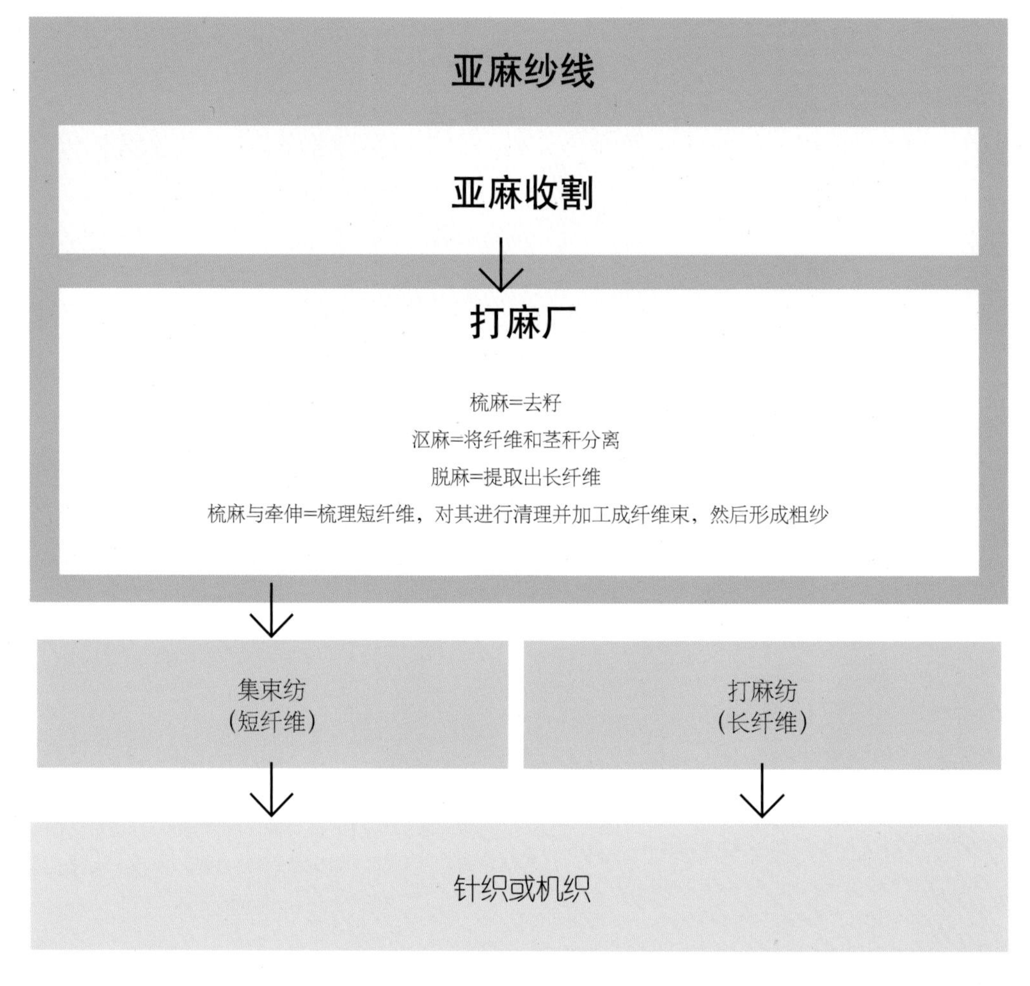

收割（Harvesting）

亚麻纱线和面料的最终质量取决于亚麻的生长条件和收割方法。种植亚麻需要对土壤精心准备，它还容易受杂草的影响。亚麻是一种可再生资源，无需化学肥料和杀虫剂，在单个生长季之后便可收割。

播种发芽约100天后就可以准备收割了。收割前四周亚麻便开花，前两周种皮形成。幼芽约80～120厘米高（31～47英寸），幼芽底部开始是黄色的。如果逐渐长成棕色，其纤维等级将下降。

可以采用联合收割机进行机械收割，也可采用手工收割，后者可以最大化地保持其纤维长度，因此最终纱线的质量也最佳。

机械化收割需要割断植物，将其耙成行，充分干燥后，用联合收割机收获亚麻种子。

手工收割需要将整个植物连根拔起，这样可以获得最长、也最令人满意的纤维，因为纤维一直长到根部。第二种最佳方法是在离地面最近的地方割断亚麻杆。

打麻（Scutching）

打麻是指将包含在杆中的纤维抽取并清理出来的工序，目的是获得长纤。整个工序包括10个连续的操作过程，可分为两个主要类别。首先是区分植物构成的不同成分，使提取纤维成为可能；其次是清理工序，将其他物质清除掉。打麻厂是生产过程中非常重要的部分。短纤用于织造较粗糙的面料和家用纺织品，长纤维则用于高档服装和床上用品。

梳麻（Rippling）

梳麻是打麻过程中的部分工序，是指将种子剔除的过程，使用的工具为带铁齿的梳理机器。这个过程同时还将茎秆平行排列以便于分拣。种子随后被保存起来用于下季播种。梳麻工序后，将亚麻穿过一系列超速齿辊，使其变细。接下来的工序称为碎茎，将木质纤维碾碎，形成小颗粒，称为亚麻杆碎片。

打麻后通过涡轮机处理的长纤维（亚麻纤维）。

棉化加工（Cottonizing）

有时会采用传统的棉花机器来加工亚麻纤维，方式与棉相同，这是一种较快的替代性生产方式，所需的设备较少。但是，生产出的纤维容易丧失其本质特色。

沤麻（Retting）

沤麻工序是将纤维与茎秆分离的工序，用于所有韧皮植物纤维。这一过程可以采用化学手段来实现，但是对纤维和环境会造成破坏作用。出于生态考虑，还有一种更审慎的方法，可以将亚麻杆浸入温水缸中，通过充分浸泡，并添加酶，形成细菌，细菌将黏结纤维的果胶分解。

以往的做法是，在秋季将亚麻茎杆留在地里，待其自然分解。这一过程称为“雨露沤麻”。在某些地区，将亚麻茎杆放置在河域浅水区浸泡，但是会污染河水。

随后，将亚麻收集起来，并捆成大捆储存好，以备提取纤维。

脱麻（Threshing）

这道工序指将原料放入漩涡机敲打或脱粒，从表皮和碎片中提取出长纤维，短纤维也称为粗麻纤维。所提取的长纤维也称为亚麻长纤。随后按颜色和洁净度进行手工分拣和分级。

梳麻与牵伸（Hackling and drafting）

梳麻工序将亚麻束解开，挑选出断裂的短纤维，随后利用辊筒进行加工并将亚麻束分离，形成连续的梳条，通过合并与分配，使其重量趋于均匀，形成粗纱，为最终的纺线工序做准备。

（上图）在梳理后、纺纱前挑选和准备过程中获得的亚麻条。

（右上图）织造亚麻纱线。

（右图）由亚麻植物变为亚麻纱线过程中的三个阶段：（从左至右）打碎亚麻的茎杆；经过最终梳理的亚麻线；手纺并漂白过的亚麻线。20世纪早期由梅瑟史密斯（Alvena Messersmith-Learn）女士在其宾夕法尼亚的家族农场里采用传统工序生产出来。

纺纱（Spining）

亚麻纺纱有两种方法，一种是纺长纤维，俗称打麻纺；另一种为集束纺，用于纺短纤维。纺纱是将粗纱变为纱线的最后工序。长纤纺和短纤纺都可以采用湿纺、干纺或半湿纺工艺。通过长纤湿纺可以获得优质的纱线，用于高档服装和高品质亚麻床上用品。干纺所产生的纱线较粗糙，有短绒毛，不规则，主要用于家用纺织品。最后的工序是清除瑕疵和杂质，然后通过编结和拼接的方式将纱线拼接起来。

亚麻成品面料手感各异，有粗糙、僵硬之感，也有精致、滑爽之分。

（上图）灵感来源于巴黎高级定制设计师格蕾丝夫人（Madame Grès）的精致格蕾丝礼服。设计师殷亦晴巧妙地创造出雕塑般的有机形态，精致的亚麻面料褶裥自然地蜿蜒于身体，底下是苏菲·哈雷特品牌几乎隐形的薄纱。

计量单位（Units of measurement）

纱线支数是一种根据纤维的细度给亚麻划分等级的方式。

在美国，亚麻纱线的计量单位为缕（LEA），纱线越精细，LEA的数值就越高。

1LEA=1磅重亚麻纺出300码（纱线）
40LEA=1磅重亚麻纺出40×300码（即12000码）

欧洲采用公制支数，由字母Nm来表示，即Nm=纤维或纱线长度米数/重量克数。

中国采用英制支数，即一磅（454克）重的棉纱（或其他成分纱），长度为840码（0.9144米），纱的细度为一英支。

棉（Cotton）

棉是所有天然纤维中使用范围最广、最实用的纤维。

棉广受青睐，这一魅力使其在各级市场都广受欢迎，不管是对价格敏感的大众市场，还是前沿的高端品牌市场。棉既可用于机织也可用于针织，特级棉如同巴厘纱一般飘逸柔滑，尽显奢华特性。而经久耐穿的帆布类或卡其布面料结构则体现了棉经久不衰的魅力，牛仔布成为最受欢迎的经典时尚面料。

棉手感舒适且拥有天然的吸湿性，根据不同的加工工艺，具有不同的冷暖感意象，使其真正地可以跨季节穿用。自然状态下的棉纤维，其实用性特征非常明显，像小云朵似的棉铃显示出终端产品的舒适性。

棉的历史（The history of cotton）

据称，棉花的种植在印度和南美几乎同时开始。6000年前，生活在印度河流域（现在的巴基斯坦）的哈拉帕人最先引入棉织物，并在公元前3000年期间出口至美索不达米亚（现在的伊拉克），随后从这一地区传给尼罗河流域的埃及人。在墨西哥洞穴里发现的面料残片可以追溯至7000多年前，表明早期南美和中美人也种植棉。棉对于西班牙之前的秘鲁莫希文化和纳斯卡文化来说非常重要，他们在上河流域种植棉花，并编成渔网，售给沿岸的渔村。

在中世纪晚期的欧洲，棉的使用开始普及并被公认为一种重要的纤维。在棉花加工成纱线之前，其最初以相对原始的状态使用，作为起保护作用的填料和填絮。

（左页图）棉是最常用的天然纤维。生产并出口棉的国家达100多个，估计有3.5亿人从事棉的种植、生产、加工与运输工作。

（上图）刚采摘下来的棉花原料。

（右图）荷兰品牌Kuyichi的有机牛仔裤。棉质牛仔布是最受欢迎的时装面料，魅力经久不衰，受到各级消费者的青睐。

墨西哥的西班牙征服者注意到其所穿用的服装是由本地人以棉制成的。15世纪，棉开始享誉世界，到16世纪末，整个亚洲和美洲的较温暖地区已经广泛种植棉花。

具有讽刺意味又可悲的是，18世纪和19世纪，在英国殖民统治下，印度一度非常重要的棉加工产业受到严重破坏。大不列颠东印度公司为了强行关闭印度的所有棉花加工和生产工厂，制定了限制工业化的政策。此举的目的是确保印度市场只能供应廉价的原材料，因此不得不从英国进口更加昂贵的纺织品。

（上图）在传统手工织机上织造棉布。早在16世纪初西班牙统治者到来之前，南美和中美本土人就开始积极种植棉花，并用于服装面料。

树羊毛（Tree wool）

希腊历史学家希罗多德（Herodotus）谈及印度棉花，写道："有一种树在那里广泛生长，它的果实是一种羊毛，其美观和质地都要胜过真正的羊毛。"早期的诗意化描述流传下来，因为棉花被普遍认为是某种"树羊毛"。这种概念一直延续至今，德语的"棉花"叫"Baumwolle"，直译为"树羊毛"（Tree wool）。

工业（Industry）

工业革命促进了英国棉纺织工业的发展，使纺织制造业成为英国的主要出口产业。圆筒纺纱机和飞梭系统等很多新机器被发明出来，可以将棉的粗细拉伸得更均匀。1764年发明了珍妮纺纱机，随后在1769年发明了精纺机。这两种机器都可实现同时、多股纱线纺织，给兰开夏郡（Lancashire，英格兰西北部）棉纺工业带来了革命性的变化。在北美，伊芙·惠特尼（Eli Whitney，1765—1825）于1794年发明了轧棉机，为棉花纤维大批量加工奠定了基础。小型轧棉机是手动的；而较大型轧棉机则以马力和水力为动力。轧棉机促进了更大规模的种植且对劳动力技能没有要求，在美国南部，这些劳动力大部分是奴隶。轧棉机的使用大幅提升了美国金融资产。一种称为"手纺车"的印度手纺机器早于美国轧棉机，但它不适用于茎秆较短的棉作物。

英国织工此时已能以更高、更稳定的标准生产出棉纱线和面料，随着生产力的提高，生产速度也更快。一个当时的广告语如是说："兰开夏郡的棉线悬挂着大不列颠的面包。"曼彻斯特的财富建立在棉花制造业和出口上，并在此基础上进一步繁荣；作为无可争议的全球棉花贸易之都，曼彻斯特获得"棉都"的称号。

（上图）英国德比郡马特洛克约翰·史沫特莱（John Smedley）工厂，尽管该地区对于棉针织业非常重要，但享有"棉都"别称的却是曼彻斯特（兰开夏郡），它是19世纪无可争辩的全球棉花贸易之都。

美国棉花（American cotton）

技术的进步和对全球市场的日渐控制使英国商人得以开发出一条商业链，从殖民地种植园廉价购买棉花原纤维，然后在兰开夏郡的工厂进行加工和出口，获取暴利。由于对棉花原纤维的需求如此庞大，到19世纪80年代，当时的主要供应地印度已经无法满足兰开夏郡工厂无止境的需求。运输体积庞大的廉价棉花原料既昂贵又费时，因此英国商人转向美洲南部的新兴棉花种植园。美国棉的优势有三个方面：其一，美洲本土种植的两个棉花品种产出的纤维更长，更优质；其二，由于使用的劳动力是奴隶，因此成本更低；最后，由于海运不需要经历漫长而曲折的好望角之旅，进而缩短了运输时间。到19世纪中期，这种称为“棉王”的商品已经成为美利坚联盟国的支柱。

埃及棉（Egyptian cotton）

美国南北战争（1861—1863）期间，美国南部港口被北方盟军封锁，英法两个主要的美利坚棉花购买国不得不寻找替代性购买地。虽然在埃及寻找到了，但在美国南北战争即将结束时，他们又重新回来购买更廉价的美国棉花。在英国的帮助下，埃及人在棉花工业上投入巨资，两个首要的购买商突然离去使他们的经济陷入不断加剧的赤字中并最终破产。为保护他们的投资，英国从政府手中夺回控制权，进而使埃及成为受英国保护的国家。棉花仍然是一种非常重要的商品，也是英国继续控制埃及的原因之一，直到1956年埃及获得完全独立。

印度棉（Indian cotton）

1869年苏伊士运河开通运营，将红海和地中海连接起来，将印度到英国的时间缩短了一半。人们对印度棉重新产生兴趣，进而促进了棉花的种植。但是，英国政府施加重税，不鼓励生产棉纱和棉织物，而支持低价值的原料纤维。

圣雄甘地（Mahatma Gandhi，1869—1948）是印度摆脱殖民统治争取独立斗争时期的政治和精神领袖，他采取民众抗议、不合作和抵制英国货，尤其是纺织品的方式开创了非暴力不合作运动。他身着棉腰布和披肩，手摇纺车纺纱，形象地告诫全印度人民每天花一点时间织土布（朴实的手织布）以支持独立运动。手纺车是印度文化遗产的基础，也是漫长独立斗争的象征，这一象征也被纳入印度国旗，从原则上讲，印度国旗必须是以棉质土布制作而成。

圣雄甘地身着腰布，在手纺车上织土布。土布一词适用于手工纺织的各种纤维。

南北战争后的美国棉花（American cotton after the Civil War）

美国独立战争结束时奴隶的解放并没有削弱棉花作为南方主要作物的重要性，黑人农民继续在白人拥有的种植园劳作，以换取一点利润份额，俗称佃农。棉花采摘需要大量的劳动力，全部以手工完成。20世纪20年代引入了一些基本器械，但直到20世纪50年代，这些器械才达到不损伤纤维的先进程度（见第144页）。

美国现在仍然是棉花的主要出口国，主要是长纤维品种。

在20世纪五六十年代期间，北美以及北欧的小部分地区倾心于人造材料，认为它们更优质、更精致、更时尚。棉花生产急速下降，20世纪60年代中期，美国棉花生产商发起了自救行动，研究和推广棉花的使用，这个积极主动的政策意在扭转棉花消费的急速回落。1966年，棉花研究和推广法案通过，旨在应对合成纤维的普及并重振棉花市场。同时，当时社会政治的暗流在“权利归花运动”的名义下，重新激起了人们对天然产品的兴趣，棉织物因此受益获得新生，成为一种重要织物。

现代材料（Modern material）

现代技术能便捷地处理棉花的自然特性，使产品超出我们的预期。最初，利用加油和上蜡的低技术含量工艺使棉花具有防水特性，如今，通过黏合、层压以及化学处理可以将基础面料转变成功能性面料。

无论是夏季还是冬季，如今棉在各级市场都经久不衰，不管是设计师品牌还是高街市场。过去半个世纪里，棉的全球魅力使其需求以平均每年2%的速度增长，过去10年中平均每年增长了约4%。在美国，棉纤维是最畅销的纤维，也是全球范围内最畅销纤维之一。

棉花市场（Cotton market）

棉花的生产和出口扩大到100多个国家，约有3.5亿人在从事棉花的生产、种植、运输和加工工作。

最大的棉花原料生产国和消费国是中国。中国消耗全球棉花原料总产量的40%，用于国内消费和制造成品出口。虽然是最大的生产国，但是为了满足国内服装业以及世界对中国制造的服装产品无止境的需求，中国还需进口棉花原料，以补充国内的生产。印度、巴基斯坦和土耳其通过进口棉花原料以补充国内不足，同样也是为了满足出口订单。

被称为“棉带”的美国南部是棉花原料第二大产地。加利福尼亚位列全球亩产量第一，而德克萨斯则在生产总量上居首。除中国和美国外，其他主要的全球棉花生产国有：印度、巴基斯坦、巴西南部、布基纳、乌兹别克斯坦、澳大利亚、希腊和叙利亚。

以色列和美国是全世界成本最高的两个棉生产国。澳大利亚、中国、巴西和巴基斯坦是全世界成本最低的棉生产国。

全球1/3的原棉用于国际贸易，大部分都流向其国内纺纱、针织、机织产业的需求供不应求的国家。这些制造业中心包括：孟加拉国、印度尼西亚、泰国、俄罗斯。

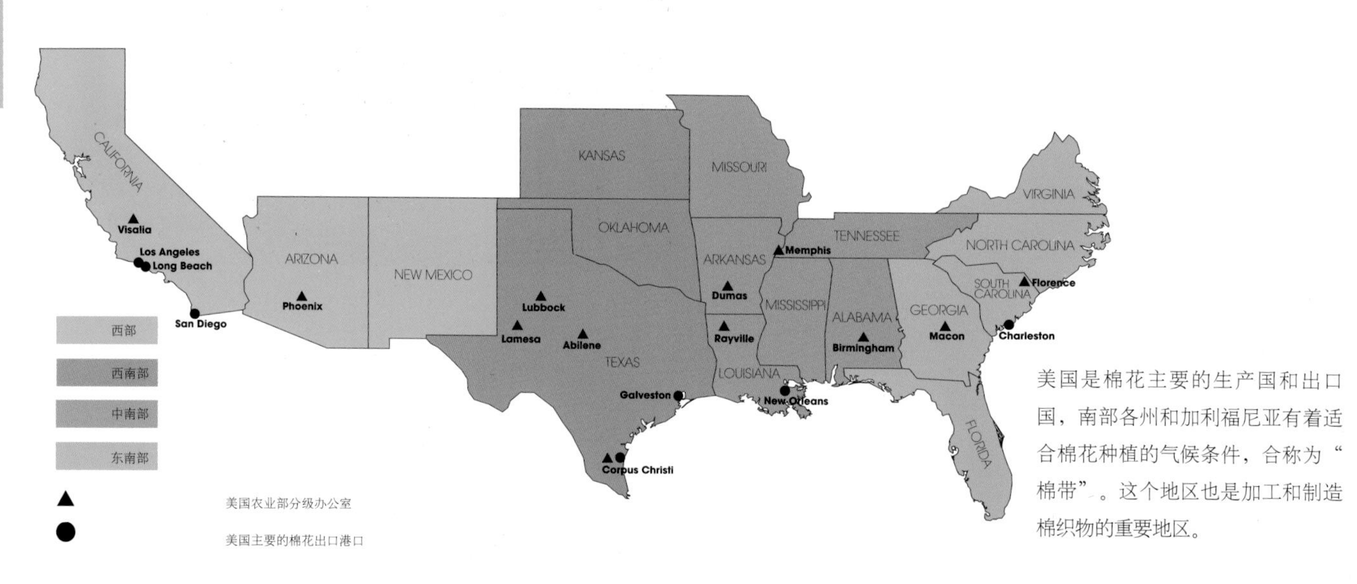

美国是棉花主要的生产国和出口国，南部各州和加利福尼亚有着适合棉花种植的气候条件，合称为“棉带”。这个地区也是加工和制造棉织物的重要地区。

棉纤维（Cotton fibre）

棉花是最常用的天然纤维。

棉花是一种围绕棉籽生长的柔软纤维，生长区间为北纬45°～南纬35°。在热带地区，棉花四季生长。

棉花植物属于小型三叶灌木，叶子颜色为灰绿色。花呈杯状，花瓣颜色由奶白色向黄色过渡，靠近底部有略带紫色至红色的斑点。果囊（棉铃）中的棉花纤维呈白色毛发状，里面包裹着棉籽。

作为热带和亚热带地区的本土作物，棉花全年开花结果，播种后大约两个月的时间开始出现花苞，三周后开花。花期为三天，凋谢后留下棉荚，或称棉铃。

棉花的美感根据所采用的处理方法和纤维等级而各不相同。通常未经处理的棉花无光泽，悬垂性较小，手感光滑，使得面料穿起来十分舒适。棉质服装有很好的吸湿性，通常可以机洗、烘干。在以温水和冷水洗涤的情况下，染色棉织物具有较好的色牢度。

棉对酸性很敏感，如柠檬汁，沾上后应立即清洗。棉在阳光的照射下会氧化发黄。棉织物如果未经防缩预处理则容易缩水。

棉植物（Cotton plant）

棉植物有43个品种，其中主要种植品种有四种。

虽然在很多地区都有本地棉品种，但是现在种植的品种主要来自美国的两个主要品种——陆地棉（Gossypium hirsutum）和海岛棉（Gossypium barbadense）其中的一种。

种植（Cultivation）

棉花的种植需要一段长时间的无霜季，有充足的阳光和适当的降雨量。要求土壤非常肥沃，不需要很高的营养成分。南半球和北半球季节性干旱的热带地区和亚热带地区具有最佳的棉花种植条件。然而，现在在降雨量极少的地区也可种植棉花，通过灌溉获得水分。

秋季收割完前一季的作物后便开始种植棉花。北半球的种植时间从二月初到六月初不等。

棉花（左）全面绽放后约三天便凋谢了，留下棉荚或棉铃（右）。包裹着棉籽的白色纤维就是棉花纤维。

四大主要棉花品种

陆地棉（Gossypium hirsutum）
玛雅文明，中美洲

海岛棉（Gossypium barbadensa）
印加文明，南美洲

草本棉（Gossypium herbaceum）
哈拉帕文明，南亚

亚洲棉（Gossypium arboreum）
埃及文明，北非，印度巴基斯坦次大陆

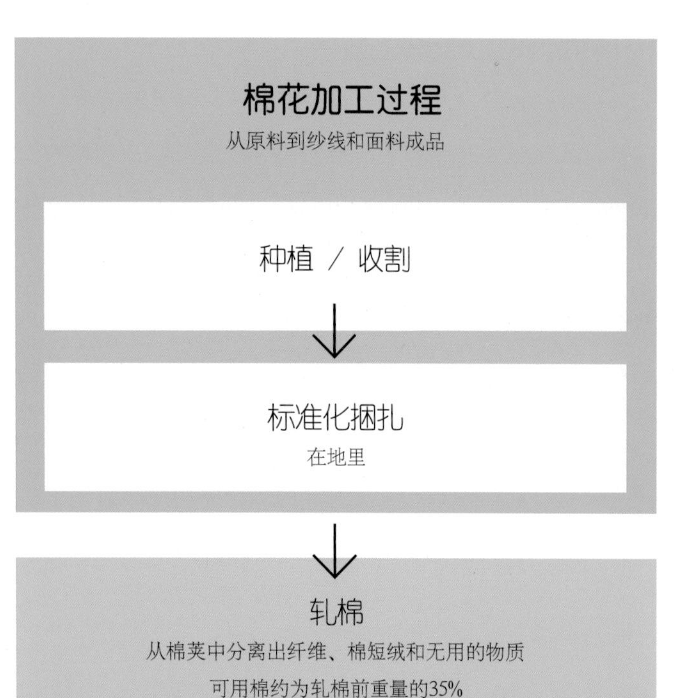

轧棉

从棉荚中分离出纤维、棉短绒和无用的物质

可用棉约为轧棉前重量的35%

干净的棉花称为皮棉

给纤维分级以备定价

纺纱厂

进一步清洁形成棉絮

梳棉后形成梳条，合股使其粗细均匀，尺寸统一

形成粗纱然后纺成纱线

其他精梳工艺

面料厂

（机织 / 针织）

棉花生产（Cotton production）

棉花的生产通常损耗较少，棉花采摘后，棉铃原料转变为纯纤维的过程中所损失的重量不到10%。

收割（Harvesting）

全世界有1亿的农村家庭从事棉花种植，主要是在发展中国家，这些地方仍采用手工采摘。而欧洲、澳大利亚和美国则以机械化采摘，有两种收割机器，根据品种不同选择其一。采棉人从棉荚上摘下棉花，同时不破坏植物，而采棉机则从植物上剥下整个棉荚。采棉机用于风力太大无法种植手工采摘品种的地区。

某些情况下会先用化学脱叶剂脱叶；另一种方法是在低温冷冻后，叶子会自然脱落。

收割后进行耕地。传统的方法是砍下茎秆，翻土以备下一轮播种。还有一种方法称为“环保法”，将茎秆和作物残留物留在土地表面，将新种子穿过所遗留下来的残余物而播下。

收割后，利用机器（称为标准打包机）将棉花压缩打包，盖好并暂时储存在地里。经过特殊设计的卡车将其收集起来运送至轧棉厂。

轧棉（Ginning）

轧棉是一个统称，是指将棉荚加工成纤维的整个过程。这些过程中所使用的机器称为轧棉机。这一名称最初作为“engine”（引擎）的缩写而使用，而现在是棉花词汇的内容之一。在这个阶段以及在轧棉工序完成以前，棉花都称为籽棉。

在棉花打包至轧棉厂后，将其解开并喂入轧棉机，快速地将棉纤维与籽壳分离，去除叶子、刺屑、尘土、茎秆和称为短棉绒的绒毛。轧棉后，可用棉纤维是轧棉前重量的35%。其余65%中有55%是被去掉的籽，10%为废弃物。棉籽被提炼成棉籽油供人使用。短棉绒用于造纸业和塑料制品业。

轧棉机同时还可以清洁棉花（这一阶段称为棉絮，而不是籽棉）。

分级（Classification）

下一个步骤是对棉纤维进行分级以备定价。将棉絮装袋打包，从中抽样以确定纤维质量。轧棉的品质主要从四个方面来判断：纤维长度、色彩、清洁度和马克隆值。马克隆值代表着纤维的细度和成熟度，其受种植期间气候的影响。马克隆值较低会影响加工工艺，进而影响棉纤维的品质。价格确定后，成捆的棉絮出售给棉花商，随后由他们销售给纺织厂或纺纱厂。

加工与纺纱（Processing and spinning）

通过加工去除蜡质、蛋白性杂质和棉籽后，得到几乎是纯纤维素构成的棉纤维，属于天然高分子纤维。纤维素的排列结构赋予棉纤维较高的强度、吸水性和耐用性。每根纤维由卷在整齐排列的天然弹簧上的20～30层的纤维素构成。裸露在外的棉铃上的纤维干燥后，呈薄薄的像弯弯的带状，并相互缠绕连结，正是这种相互连结的构成形式为纺成优质纱线提供了理想的状态。

纺纱是一个通用术语，指从纤维到纺成纱线，以备最终机织或针织的所有加工程序。

成捆的棉絮送至纺纱厂后，解开，进行进一步清洗，以去除植物残留物和棉短绒。利用清棉机对其进行敲打、松解并混合，随后送入大小不一的齿轮辊筒，去除植物残留物。最后从机器上出来的大捆多股纤维束便可以进行梳棉了。短棉绒继续出售给其他加工行业做其他用途。

梳棉机将纤维平行排列，以便纺纱。这一过程即：使棉絮通过不同号型的齿轮辊筒，形成棉条，也就是没有加捻的纤维束。将若干个棉条合股，使其粗细均匀，尺寸统一。它们现在很粗，需要分开并加捻相互握持在一起形成粗纱。

除了梳棉工序外，纤维也可通过其他梳理工序增强其光滑度（见第13页）。最终将粗纱纺成纱线。

（左页图）美国机械化收割棉花。

（上图）为轧棉工序准备的籽棉。

Ecoyarns品牌的注册商标Peruvian Pakucho™ 的天然色系棉纱线。

奢华棉（Luxury cotton）

奢华棉是指其各种指标远胜于标准品种和成品的棉品类。

长纤维更受人青睐，因为它能适应更多的复合加工工序，手感更柔软、品质更佳。世界上很多国家和地区都种植长绒棉。

埃及棉、海岛棉和皮马棉，它们的名字即表明该产品拥有传统的奢华特质和卓越品质。从这些源头传承下来的产品对消费者是一种保障，即他们所购买的产品拥有极高的附加值。同时，对于品牌来说，如果他们针对的是有鉴赏力的消费者，这也是一个独特的卖点。

埃及棉（Egyptian cotton）

埃及棉用于服装，也用于床上用品等。但是，最易让人联想到奢华与高档产品的可能是床上用品和浴用纺织品。埃及棉意指所有埃及种植的棉花，但是其中拥有受人青睐的超长纤维棉不足一半。

具有讽刺意味的是，能产出超长纤维的最优品种是美国的本土棉花品种——海岛棉。美国南北战争时期，北方联盟的船封锁了南方港口，阻止出口同盟棉花，正是在这个时期，法国人和英国人将美国的本土棉花引入埃及。利用埃及棉成为南北战争期间比较现实的选择，其优势在于运输时间比从印度进口棉花缩短了。现在，埃及棉这一词也适用于另一个美国本土品种——陆地棉。

总之，埃及棉一词可适用于以上两个长纤品种。更重要的是，该词是作为一个前缀，暗示了奢华与精华的特质，且被认为是棉中极品。

里奥·托马斯（Ria Thomas）设计的灰色棉质运动裙，以立体的波浪装饰细节为特色。轻松舒适的垂坠感传达了棉多样特质之一。

海岛棉（Sea Island cotton）

该词仅适用于超长纤维的棉花品种。但是与埃及棉不同，它不适用于陆地棉，仅适用于海岛棉（Gossypium barbadense），也称为皮马棉和克里奥尔棉。这些品种株型更小，要求充足的光照、湿度和雨水，同时，易受霜冻的影响。该植物含化学棉子酚，具有天然的抗菌、驱虫特性，因而是理想的有机棉品种。其棉纤维格外长且如丝般光滑。

虽然该品种的源头最早可追溯至西班牙之前的秘鲁及随后的西印度，但是现在在很多国家都广泛种植。巴巴多斯（Barbdos）是首个出口棉花的英国殖民地，可能也是该品种名称的发祥地。

虽然埃及棉能让人想起高档机织面料，海岛棉则与奢华的细针针织衫相联系。

奢华棉品类

埃及棉（Egyptian Cotton）

陆地棉和海岛棉（Gossypium hirsutum & Gossypium barbadense）

生长在埃及的两个长纤棉品种

海岛棉（Sea Island Cotton）

海岛棉（Gossypium barbadense）

一些地区广泛种植的长纤棉品种（加勒比海地区）

皮马棉（Pima Cotton）

海岛棉（Gossypium barbadense）

美国西南部印第安人种植的长纤棉品种

皮马棉（Pima cotton）

皮马棉如丝般光滑，也是海岛棉（Gossypium barbadense）的俗称，以海岛棉（Sea Island）的名义进行推广，同时也是超长纤埃及棉两个品种中的一种。美国皮马棉来源于与早期南美品种杂交的埃及本土植物，并于20世纪初以尤马棉（Yuma Cotton）而闻名，最终以帮助其引入种植的皮马印第安人而命名。美国的皮马棉生长在气候干燥炎热的西南部各州，如得克萨斯、新墨西哥、亚利桑那以及南加利福尼亚部分地区。很多种植园都是由美国印第安原住民经营或拥有。Supima®（卓越皮马）是美国皮马棉协会的注册商标，专指100%的美国本土皮马棉，通常认为其优于埃及棉，因为它保证了2.5~3.7厘米的纤维长度。全世界所使用的棉中仅有少量的属于卓越皮马棉。卡尔文·克莱产品采用了皮马棉，是它的忠实拥护者。

秘鲁也种植皮马棉，与另一个类似的品种统称为坦贵士棉（Tanguis cotton），都属于有机品种。有些坦贵士棉品种有着天然的色彩，与白色混合时，能产生天然的混色效果。

如今，印度本地有机棉的重新种植，使数以万计的农民获益。

丝光棉（Mercerized cotton）

丝光棉并非棉的一个品种或类别，而是棉的一种处理方法，使其外观更富光泽，更柔软。取名于19世纪中期发明此项工艺的约翰·默斯（John Merce），这项工艺直到19世纪90年代得到完善后才普及开来。

丝光处理可用于纱线，也可用于面料，或者为了最终成品的品质，可能进行双丝光处理，即纱线和面料都采用该工艺。

丝光处理是指将张力状态下的纱线或面料用氢氧化钠处理的一系列过程。氢氧化钠“烧掉”表面多余的纤维或短棉绒，使纱线更加丰满、光滑，反射其上的光便提高了面料的光泽度。长纤棉更适合丝光处理，以此制作的面料质量更佳，更透气，穿着更舒适，有时能获得几近丝绸般的外观。

（左图）罗德岛设计学院毕业生艾比·格拉斯（Abbey Glass）设计的礼服。灵感来源于爱达荷州的沙漠颜色。表达了皮马棉奢华的一面，彪马棉是一个美国棉花的杂交良种品牌，以光泽和强度出名。这件礼服是为每年的彪马设计比赛设计的，比赛的主要目的是展示新生设计力量。

（上图）海德尔·艾克曼设计的硬朗套装，通过有结构设计感的蝉翼纱夹克，重点强调棉的奢华，搭配丝绸连身衣裤。

莱尔棉（Cotton lisle）

莱尔棉与丝光棉类似，都是通过去除表面的绒毛产生光滑的手感，用于高档内衣和袜类产品。

费罗迪斯考兹（Filo di Scozia）

费罗迪斯考兹是一个注册商标，它代表着棉织物和棉纱线的最高等级。它是双股、长纤双面精梳丝光棉，品质卓越超群，触感如丝般光滑、柔软，最重要的是，能够长时间保持这种品质。费罗迪考兹用于最高等级的棉质针织衫和袜类产品。

铜氨棉（Cotton cupro）

铜氨棉是一种完全有机的纤维素纤维，由加工过程中废弃的短棉绒制成。虽然只是棉的副产品，但通过加工后，这种绒毛或者说短棉绒非常饱满，截面光滑，经后整理后有着天然的丝滑感，拥有很多棉的特质，如吸湿性。铜氨棉可以制成完美的衬里，其透气性远胜于丝绸与人造纤维衬里，既有天然纤维的柔软特质，又有人造纤维的功能，而且可以生物降解。铜氨丝（Bemberg）生产出优质铜氨棉衬里，受到意大利享有盛誉的高级定制公司的青睐。

铜氨纤维历史 （The history of cupro）

铜氨纤维发明于19世纪90年代晚期的德国，最初以铜氨长丝的形式用于灯泡。到20世纪早期，生产商J.P. 本伯格（J.P. Bemberg）将人造丝产品投入利润丰富的服装和纺织工业。本伯格铜铵丝比最细的蚕丝还细，比黏胶丝强度高，用于服装、填料、里子和长袜等，并由玛琳·黛德丽（Marlene Dietrich）代言。

随后，生产工艺带到日本，从20世纪30年代早期开始，旭化成（Asahi Kasei）开始生产铜氨纤维，直到今天这家公司也是少数生产铜氨纤维的公司，并以商品名Bemberg™进行销售。

铜氨纤维的性能（Cupro fibre properties）

铜氨纤维非常适合制作服装轻质衬里，比丝绸和人造纤维衬里凉爽，既具有天然纤维柔软的手感，又兼具人造纤维的功能性，同时还可以生物降解。

本伯格生产非常好的铜氨里子布，受到许多意大利定制商的欢迎。

铜氨生产（Cupro production）

棉绒是超细的像丝一样的纤维，轧棉后仍然黏附在棉籽上，组成棉绒的纤维素被溶解在铜氨氧化溶液中，并在通过喷丝孔前以氢氧化钠处理。再生的溶液固化后，去除铜氨并中和氢氧化钠。铜氨通常加工成纤细长丝，具有低敏感性和抗静电性。铜氨这个名称出自纤维加工过程中使用的铜氨溶液。

生态可持续性（Ecological sustainabliity）

铜氨以棉花加工中的副产品为原料，回收利用废弃的并可再生的材料，然而，加工过程中使用的化学品对生态产生影响。

生态与道德考量（Ecological and ethical consideration）

对有价格竞争力的棉产品不断增加的需求，导致了对棉农的大肆剥削以及对种棉土地的过度开发。然而，有一些替代性的方式，可以使消费者买到既符合生态标准又符合伦理道德的产品。

用于织造T恤产品的约30%的棉被运往另一个国家进行加工制造，增加了棉的碳足迹。

据称，有些棉花在种植过程中使用了大量农药和杀虫剂。发展中国家尤为普遍，有消息称，农药和杀虫剂的使用导致棉花工业出现死亡病例。美国棉花公司（Cotton Incorporated）在世界各地都有办事处，提供有关棉的广泛而详尽的信息，从棉花种植、环保问题到设计和生产。还可提供面料资源的大量信息。

美国和澳大利亚棉花行业已投资生物技术，试图应对标准棉花商业生产中过度使用杀虫剂的问题。其结果是我们现在大量种植的转基因棉。

目前使用的转基因棉有两种。第一种是保铃棉（Bollgard®），产生于天然形成的土壤细菌——苏云金芽胞杆菌（Bacillus thuringiensis），称为转基因抗虫棉（Bt cotton）。这种天然形成的土壤微生物充当一种喷雾剂，与常规种植的棉花相比，可以减少多达85%的杀虫剂，使植物对主要的虫害（棉铃虫以及北美的棉铃象鼻虫）有了天然的抵抗力。另一种为抗草甘膦棉（Roundup Ready®），产生于土壤细菌——根癌农杆菌（Agrobacterium tumefaciens）。这种棉对除草剂有抵抗力，减少了肥料和除草剂的使用，同时，由于对土壤的破坏程度降低并减少了除草剂的残留物，能更好地保全土壤特质。

（左页图）科斯塔斯·姆库迪斯（Kostas Murkudis）设计的休闲男套装和外套，采用丝绸与铜氨棉混纺。

有机棉（Organic cotton）

转基因棉和有机棉在生长周期中面临着同样的化学剂使用问题，但他们的相似点仅限于此，因为有机棉有着完全不同的机理。

现在越来越多的农民开始逐步改变其种棉方法，采取更加有机、更符合生态体系、从社会的角度来讲可持续性更强的种植方法。有机耕种的方法依赖于作物的轮流更换以及虫害的天然克星，如利用瓢虫消灭害虫，而不是喷洒农药、人工化肥和其他会残留毒素的化学药剂。有机棉不使用转基因微生物，但试图建立一个生物多样性的农业体系，补充并维持土地的肥沃性。

有机棉的种植成本很高，但不会造成污染，也不会出现过度生产。遗憾的是目前它只占全球棉花生产的一小部分。

全球大约有20个国家种植有机棉，土耳其是首要的生产国。美国、印度、秘鲁、乌干达、埃及、塞内加尔、坦桑尼亚、中国和以色列也生产有机棉。

G-Star RAW品牌的服装将回收利用的牛仔面料和有机棉结合，赋予这种随处可见的面料独特的特征。棉的回收利用节省了大量的原材料、水、化学品和能源，赋予原有产品以新的生命。
©G-Star RAW C.V.

生产一吨纤维的耗水量

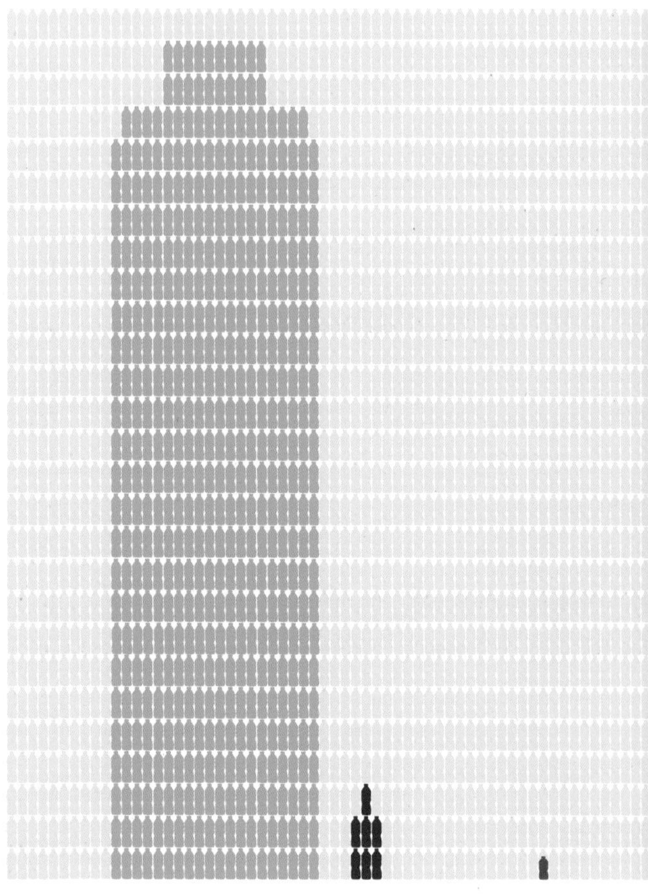

瑞典高街品牌H&M是世界上有机棉最大的用户，并承诺到2020年，所有的产品都使用来源于可持续性种植的棉花。这件出自“意识”系列的褶皱毛边有机棉连衣裙是在时装行业推广生态可持续性的一系列设计之一。

水（Water）

棉花是一种需要大量水的农作物，这对很多依赖棉花种植而驱动经济增长、而其地理位置又导致水资源缺乏的国家造成了非常紧迫的问题。乌兹别克斯坦和哈萨克斯坦（此前都是前苏联的一部分）的部分地区由于过度种植棉花而变成了沙漠，进而又导致咸海水量骤降。

棉花新品种培育方面取得了进展，包括抗旱、防火和免烫的转基因棉花。

天然彩棉（Naturally coloured cotton）

秘鲁皮马棉和坦贵士棉属于有机种植的天然彩棉。

欧洲定居者出现的5000年前，秘鲁沿海的美洲本土居民种植天然彩棉，主要颜色包括（与现在一样）：淡黄色、米黄色、棕色、巧克力色和浅紫色。随后的两个世纪里，确定了很多新世界的棉花品种，并为之命名，且描述了它们的特征，如各种纤维长和自然色彩。

欧洲工业革命使得商业化棉花生产激增，当时商业化生产关注的是印花和染色，这些工序更加青睐白色棉花品种。而且彩棉品种的纤维更短，更难工业化纺线。经济上缺乏动力意味着彩棉的商业化生产仍然停滞，这个状况一直持续到20世纪80年代初。

天然彩棉被农民称为阿尔戈登佩斯（Algodonpais），这种棉花现在仍然在种植，其应用领域包括：家纺、纺织工艺品、传统草药以及宗教仪式。在一些较传统的地区，婴儿穿戴以天然棕色棉制成的帽子，据说能保护他们脆弱的头骨。最近有发现称，棉籽中含有适量的天然抗菌物。

（上图）斯特拉·詹姆斯设计的针织童装。该服装中呈现的颜色都是天然形成的。天然彩棉还有一个优点，即天然的阻燃性。

（左图）天然彩色秘鲁棉铃，还有棉荚和种子，含有少量的天然抗菌物质，天然彩棉种植耗水量少，比传统的棉花抗虫性和抗菌性好，不需要使用肥料和农药。

天然彩棉纱束。

天然彩棉在播种后所需的养护较少，与其他品种相比，它更能抗虫害和疾病，无需使用化肥和杀虫剂，生长周期中只需很少量的水，因而能在荒漠中成功种植。棕色棉无需化学处理，因为它有天然的阻燃性，是理想的儿童服装材料。

秘鲁的天然纺织合作公司（Naturtex Partners）为当地棉农提供了一个非常有经济效益的作物作为古柯（合成可卡因的天然成分）的替代品——经公平贸易认证的帕库（Pakucho）有机天然彩棉。该公司是拉丁美洲首个以产业化规模开发有机彩棉的公司。

美国福克斯纤维（Fox Fibre）公司生产各种色系的天然彩棉，包括棕色、绿色和赭色。大部分都是通过有机种植的，且经过加工增加纤维的长度，使其适合工业纺纱。得克萨斯州、新墨西哥州和亚里桑那州种植这类棉花。

（资料来源：James M. Vreeland Jr，www.perunaturtex.com）

（右页图）出自纽约品牌阿德达舍（A Detacher）的天然彩棉制成的轻薄褶皱棉质休闲连身衣裤。

公平贸易棉（Fairly traded cotton）

棉花是若干个经济作物中的一种。从农业术语的角度讲，经济作物是指为利润而不是作为家庭必需品而种植。在美国，棉花是主要的经济作物，也是头号增值农作物——即因为作物的特别属性而在签订书面合同的情况下种植，以获得补贴。棉花是一种非常重要的全球商品，然而许多发展中国家的棉农所获得的补贴却极少。因此他们很难与发达国家竞争，尤其是在政府以补贴人为压低全球棉花价格的情况下；据估计，如果不对市场进行管控，全球棉花价格至少上涨15%。2004年，西非棉农所获得的补贴约为棉花实际市场价的30%。相比之下，美国的棉花生产者则获得了高于市场价70%的补贴（他们目前所获得的补贴相当于棉作物的总额）。2003至2004年，全球市场上60%的棉花来自于美国，随后两年这一数字上升到76%。

公平贸易棉花是指，籽棉（籽和纤维连在一起收割）生产符合国际公平贸易标准的棉花，因而有资格标注“公平贸易”的标志。这是一个独立的产品认证商标，意味着棉农以公平而稳定的市场价售出，同时从更长久、更直接的贸易关系中获益。棉农处于供应链的最底端，因此容易受到贸易系统中的价格剥削。公平贸易认证确保公平贸易的价格建立在棉花可持续性生产的真正成本之上，从而有助于纠正这种局面。如果市场价格高于最低价，那么市场定价机制便起作用。

1994年在国际上首次启动了公平贸易食品。2005年11月英国推出了标注有公平贸易标志的棉花产品，目前向英国市场出售棉花产品的国家包括：印度、马里、埃及、喀麦隆、布基纳法索和塞内加尔。计划将这一认证推广至秘鲁和东非。

全球53%的棉花受到政府补贴。未获补贴的国家很难以公平的价格进行贸易。

应对补贴（Tackling subsidies）

2002年，根据世贸组织有关政府补贴和伦理内涵的世界贸易争端机制，巴西率先对美国提起正式诉讼。澳大利亚作为第三方调解人。其提出的建议是取消出口信贷保证、取消对国内用户和出口商的补贴，消除强制性价格补贴的不良影响。虽然对于纠正这种现状无济于事，但使棉质服装得以公平贸易。公平贸易的鞋类产品也跻身于迅速发展的有机服饰产品市场。

阿纳姆市阿尔特兹艺术大学的毕业生埃尔斯·格林休斯（Elsien Gringhuis）基于还原审美的方法，采用道德贸易有机棉制成的套装。采用零浪费的打板剪裁技术、复杂创新的结构，反映了极简主义的简洁，实现可持续性原则。

道德贸易（Ethical trading）

公平贸易服装不能与道德贸易相混淆。道德贸易或采购是一种商业模式，其目的是确保整个公司及系列产品的供应链达到可接受的最低劳动力标准。

公平贸易（Fairtrade）

英国曾举办为期两周的国际公平贸易周，并鼓励学校加入公平贸易学校计划。

对于棉花产品来说，要标注公平贸易的标识，必须全部采购经公平贸易认证的原料，而混纺产品（棉花加上其他纤维）中必须含有至少50%的经公平贸易认证的棉花。

公平贸易认证的棉农以稳定而公平的价格出售其种植的棉花，且进入棉花市场的渠道更加便利。

公平贸易标准鼓励更好地保护环境。

公平贸易鼓励购买者和生产者双方建立更加密切的联系。

丹麦品牌Noir推出的有机棉白色外套。该品牌由皮特·英格维森（Peter Ingwersen）联合纺织品公司Illuminati II以道德和生态准则而成立，旨在证明：符合生态道德标准的面料也能用于高档、性感的设计中。

澳大利亚棉花工业是可持续生产的领头羊，棉花种植者没有政府补贴。作为一个行业，他们自筹资金对环境进行审核。

有机公平贸易棉（Organic Fairtrad cotton）

以公平贸易棉制成的服装不能与道德贸易服装相混淆，他们是完全不同的。公平贸易特别针对的是发展中国家被边缘化的生产者，使他们有能力参与投资具有广泛社会效益的可持续性发展项目，以此改善他们的处境。

并非所有经公平贸易认证的棉都是有机棉，目前仅有20%的公平贸易棉生产者采取有机耕种的方法，不过非有机耕种者必须采取统一的作物管理系统，在环境保护和商业效益之间确立一种平衡。有机化肥和生物病虫害控制方法用来取代工业化的种植方法。公平贸易标准禁止使用转基因种子，而且鼓励恰当的用水管理（资料来自国际棉花咨询委员会，ICAC 2004）。

秘鲁的天然纺织公司是美洲首个以公平贸易原则交易有机棉的公司。

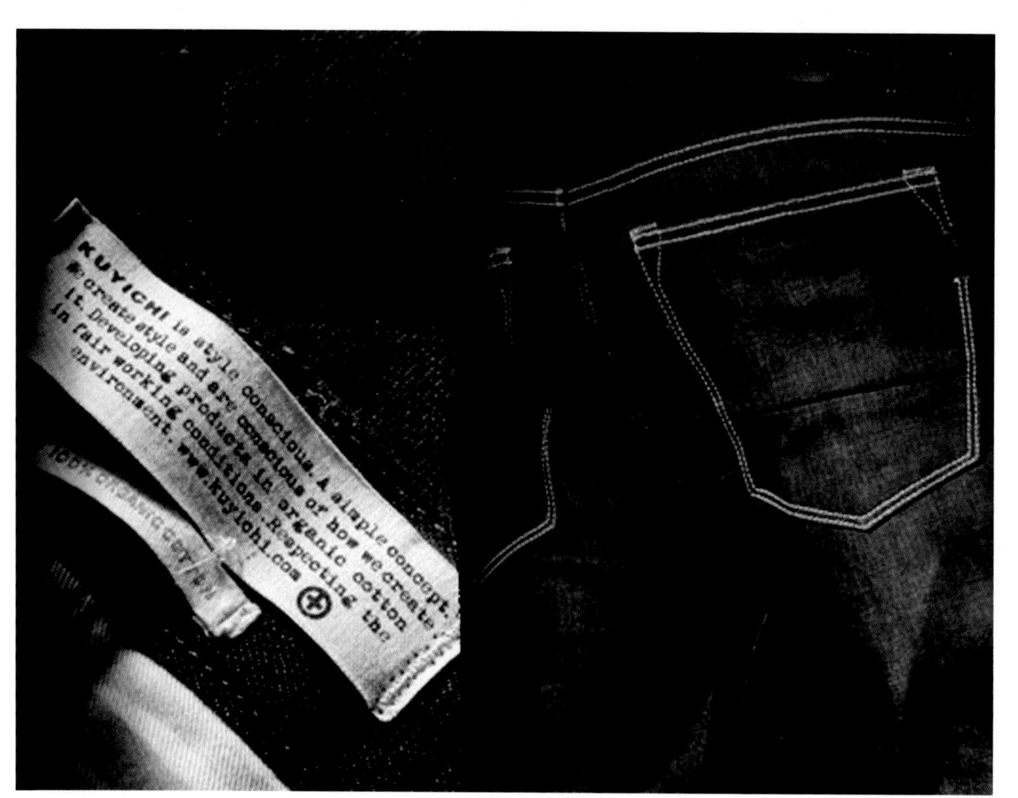

（左图）荷兰Kuyichi品牌推出的有机棉牛仔裤，棉质牛仔服装面料极受欢迎，对各个消费者阶层都有着经久不衰的吸引力。

（下图）ComoNo推出的手工印染棉靴。该产品来自阿根廷，以过渡期棉花手工制作而成，过渡期棉花产自阿根廷北部的小生产者，于2009年被正式认证为有机棉。从棉花播种到成品的所有过程都是基于公平贸易原则。这种独特的印花非常环保，且不含重金属。

BLANQ的杰弗里·王（Jeffrey
ang）设计的层叠牛仔裤裙装，
自“假面”项目。该项目的主
目的是展现牛仔面料的重复利
。这件服装的结构仅通过别针
实现，牛仔裤的“原始”特性
以保留，整个作品就如同雕塑
般。

棉质面料（Cotton fabrics）

这里列出的是最常用的棉质面料，为设计师和生产商的系列产品提供广泛的选择，但并不详尽。

这些面料主要由棉纱制成，但很多面料名称也用于其他天然纱线与合成纱线。

仿毛感（Furry）

这些棉质面料有立体感，质地粗糙、有触感。

绳绒织物（Chenille）：法语为“毛虫”的意思，因为两者非常相似，有着毛一般的质地。

灯芯绒（Corduroy）：剪绒面料，通常是棉质。最初的法语名称为“corde du roi”，意思是“面料之王”。灯芯绒以凸条纹的大小进行区分。

绒布（Flannelette）：棉布表面经刷毛形成柔软绒毛。

斜纹棉布（Moleskin）：单面有轻微拉毛的中等厚度结实棉布。

毛巾布（Towelling）：单面或双面有毛圈的机织面料，针织毛巾布通常称为毛圈毛巾织物。

天鹅绒（Velvet）：有割绒的直纹或斜纹机织面料，与其他面料相比，这种面料的视觉效果受纱线的影响更明显。

平绒（Velveteen）：比天鹅绒更轻薄、更细腻。

丝绒（Velour）：机织或针织面料，具有短天鹅绒的效果。

肌理感（Textured）

这种面料有凸起的表面效果。

网眼织物（Aertex）：蜂巢网眼织物，由小“气孔”组成的蜂巢网眼织物。

凸条布（Bedford cord）：有经向凸纹效果，没有一般灯芯绒的凸起表面。

泡泡纱（Cloque）：一种双层织物，因不同的收缩因素实现起泡效果，常称为“起泡面料”。

重绉纱（Crepon）：纱线在织造前热压起皱，形成一种不规则的起皱效果。

绉缩织物（Crinkle）：全部热压起皱或起泡的面料。

皱条纹薄织物（Seersucker）：以具有不同缩水性的纱线制造而成，洗涤后形成起皱效果。可能是素色、格纹或条纹。

凹凸织物（Pique或者piquette）：有似鸟眼的突起效果，可机织也可针织。

（右图）全棉水洗牛仔面料（意大利），纬线为深蓝色，经线略带白色，经化学水洗后获得光洁度。在最初的牛仔布上进行二次手工染色，形成不同的色度，因此同一个颜色会呈现出三种色彩倾向。穿在里面的这件长衬衫是以100%的精纺羊毛（意大利）制成的，这种面料通常用于男装，形成光泽感。

（左图）大号外衣，由伦敦时装学院毕业生玛丽·邦定（Mary Binding）设计，使用柠檬黄和奶油色棉/黏混纺松散斜纹梭织面料制成。该面料产自英国林顿粗花呢公司。

透明感（Sheer）

这些面料比较轻薄。

细棉布（Batiste）：几乎是透明的细密机织物。

薄纱（Gauze）：半透明轻薄直纹织物。

平纹细布（Muslin）：几乎是透明的轻薄平纹织物。

巴厘纱（Voile）：使用加捻纱线的半透明薄型细密平纹织物。

（上图）设计师纳比尔·艾尔·纳雅（Nabil El Nayal）作品，灵感来源于伊丽莎白一世的服装。设计师以16米细棉布剪裁出了这件有6个袖筒的超大连衣裙。

（上图）克里斯·万艾思（Kris Van Assche）设计的棉府绸衬衫和裙子，色调明快、清新。

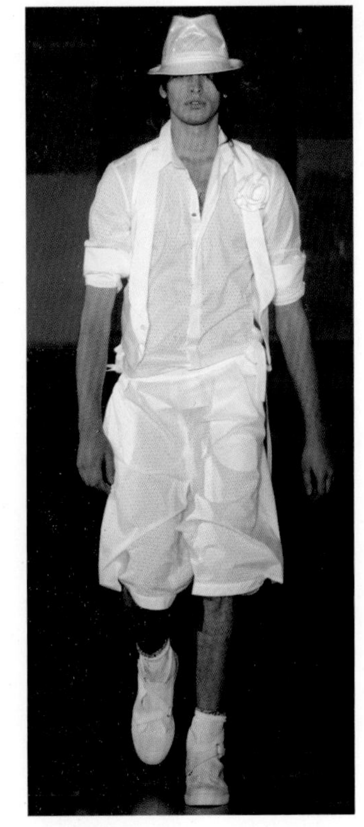

（左图）克里斯·万艾思（Kris Van Assche）设计的男装。该套装利用了白色纯棉面料明快、优雅的特质，赋予服装耳目一新的现代感。

光滑感（Smooth）

这些面料有着光滑的表面效果。

印度印花布（Chintz）：印地语对有光滑表面印花布的称呼。17世纪源于印度，在印度教统治时期得到普及。现在作为印花面料的统称。

蜡光棉（Cire）：源于法语。通过用蜡浸渍并热压而实现非常强的光泽感。

细棉（Lawn）：非常纤细、轻薄的平纹面料，具有褶皱效果（源于法国拉昂）。

棉缎（Sateen）：正面有光泽感的缎纹织物。

（上图）出自日本设计师三本耀司（Nayuko Yamamoto）的加长白色露肩衬衫式连衣裙，采用了褪色效果的蓝印法，裙摆镶边，极具诗意化。

（右图）伦敦时装学院毕业生丽贝卡·索普（Rebecca Thorpe）使用丝光单股细棉纱、弹性纱线、蚕丝和黏胶制成的针织头巾。莱卡和叠层技术的使用，使平针织物形成扭结和不对称效果，创造出引人注目的立体效果，颜色渐变完全是通过纱线的变化实现的。

功能性（Functional）

这些面料不是以克重，而是按照织造方式和结构进行分类。例如，斜纹布、粗斜纹布和牛仔布，其克重和光泽度各不相同，所呈现的效果也不尽相同，如有的给人以质朴、洗旧感，有的光滑平整，有的呈现拉绒效果。

青年布（Chambray）：交替使用靛蓝和白色纱线形成的轻至中厚型平纹织物。

牛仔布（Denim）：通常是斜纹织物，使用白色和靛蓝染色纱线。

粗斜纹布（Drill）：厚重型斜纹织物，有工装效果。

华达呢（Gabardine）：斜纹织物，表面有明显的斜凸纹效果。

条格布（Gingham）：轻型平纹织物，加入均量的条纹或格纹染色纱线。

马德拉斯布（Madras）：最初是指印度的马德拉斯的植物染色手织面料，现在指各种大格纹、粗条纹面料。

府绸（Poplin）：一种有着轻度经纬交叉效果的结实的平纹织物。这种面料起初是为教皇而制作，称为“Papalino”。

斜纹布（Twill）：斜纹织物。

实用性（Authentic）

实用性棉布。

坯布（Calico）：轻型平纹织物、粗纱织物的统称，通常用于坯布打样。

帆布（Canvas）：平纹粗织物的总称，通常不染色，有不同的克重。

纱布（Cheesecloth）：组织结构松散的薄型平纹印度织物，最初用于食品贸易中，但在20世纪60年代成为嬉皮士标志性面料。

粗帆布（Duck）：有帆布效果的平纹织物。

席纹呢（Hopsack）：粗纱线直纹组织结构织物，通常为粗纺。

条花布（Repp）：有明显的纬线罗纹效果。

褥套布（Ticking）：厚型斜纹织物，有彩色条纹纱线。

薄棉布（Toile）：直纹织物的统称，也指工作室的服装原型或打样。

（上图）设计师沃尔特·凡·贝兰多克（Walter Van Beirendonck）参考第二次世界大战战斗夹克制成的功能性服装。这件棉质斜纹夹克采用设计师专门选择的颜色经成衣染色而成。

（上图）出自纽约品牌阿德达舍（A Detacher）的双层下摆短袖束腰连衫裙，以不同色调的棉质青年布做成，青年布的休闲牛仔外观由白色纬纱和靛蓝经纱织成。

其他植物纤维（Alternative plant fibres）

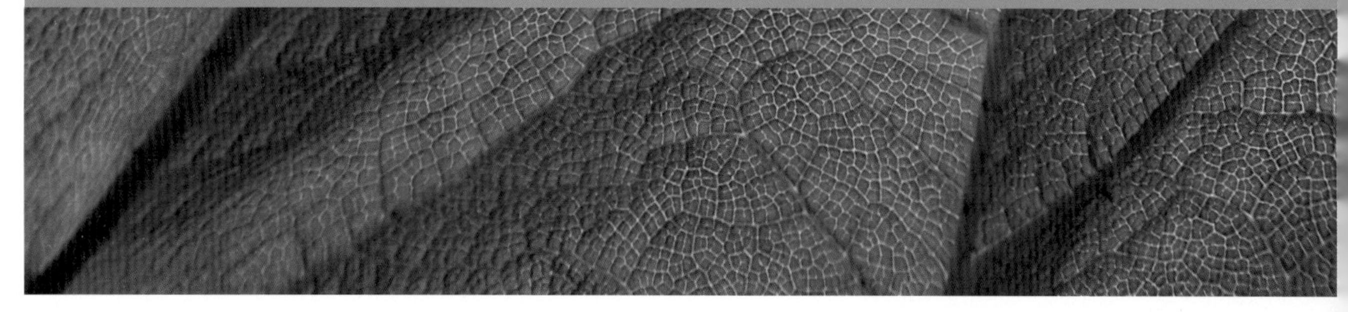

还可以很方便地从其他多种植物中获取纤维。其中有的像棉一样，既古老又常见，而有的则相对较新颖，作为可持续性的替代选择而被开发出来，以解决采购过程中的道德问题和生态问题。

为满足设计师和消费者的需求，现在有大量的可持续植物进行商业化种植。

许多很早以前就是亚洲文化的一部分，但直到现代科技发展到一定程度，它们的加工才实现商业化。其他的植物品种需要现代的加工处理技术才能符合服装使用的纤维。本章主要讲诉可替代性韧皮纤维、叶纤维和竹茎秆纤维。

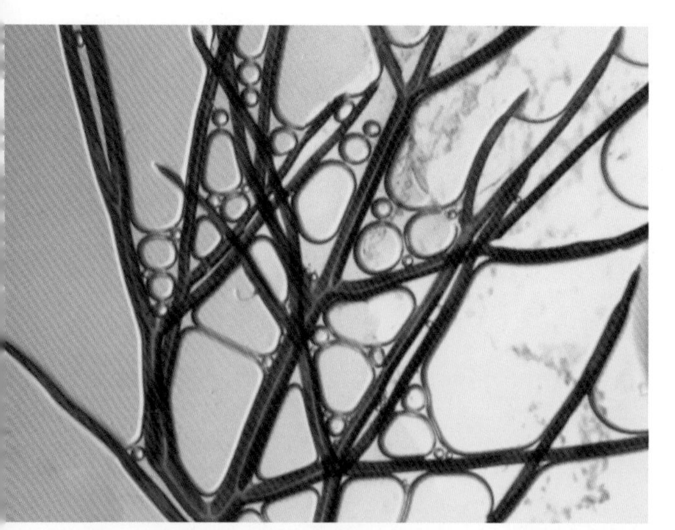

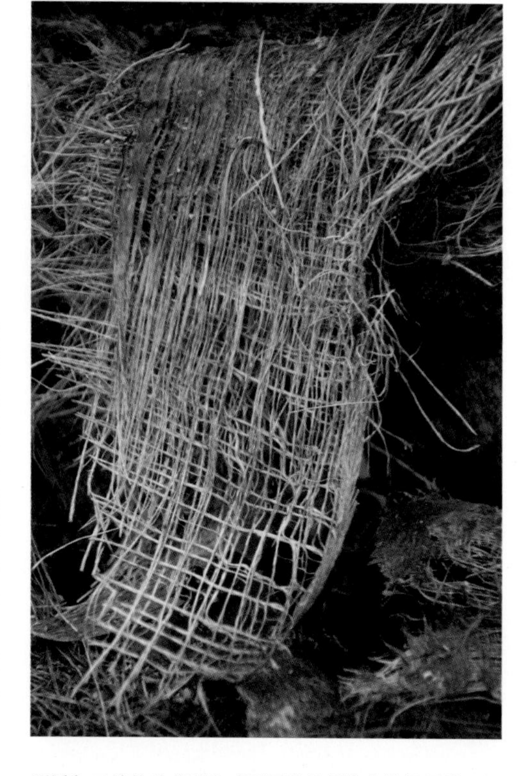

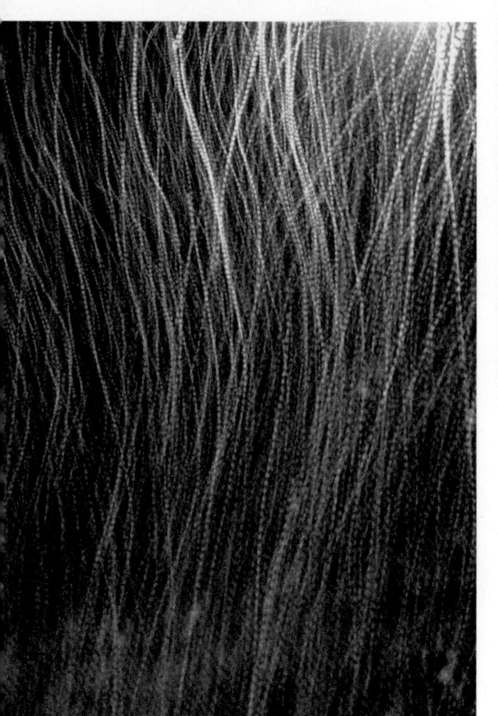

通过加工植物的茎秆和叶子而获得纤维在纺织领域已经使用了数千年，有的是从植物的茎秆中直接加工获得的，包括亚麻、大麻及荨麻；而有的纤维素纤维的来源，如木头或海藻，则使用类似黏胶加工工艺的方法而形成。

韧皮纤维（Bast fibre）

韧皮纤维通常称为软纤维，从植物的韧皮部位或内层皮中获取。需要将纤维从木质核心中分离出来，有时还需从表皮中分离出来，表皮即细胞的最外层，给树叶运送养分。韧皮纤维通常拥有良好的拉伸强度。

黄麻（Jute）

黄麻俗称为粗麻，是生产成本最低的天然纤维之一，就使用范围、全球消耗量、生产规模和易获取性而言，是仅次于棉的第二种重要的植物纤维。

黄麻原产自世界各地的季风区，在季风时节种植。对黄麻来说，最重要的区域一直是位于恒河三角洲的孟加拉，它是当地文化不可或缺的一部分。

黄麻的历史（The history of jute）

19世纪至20世纪初英国统治印度期间，黄麻通过船运送往苏格兰的敦提（Dundee）进行加工和纺织，直到20世纪70年代被合成材料取代之前，黄麻在这些地区的经济中都占有非常重要的地位。在孟加拉共和国，黄麻曾经被誉为“黄金纤维”，因为它为该国带来了最多的外汇。需求下降时，当地农民宁愿烧掉他们的作物，也不愿以扰乱市场的价格出售；然而，近年来需求上涨，价格也稳步攀升。孟加拉共和国及印度的西孟加拉仍然是黄麻最主要的生产地，中国和泰国也大量生产黄麻。

现在，黄麻是汽车产业的重要组成部分，因为其拉伸强度和可塑性都非常高：它的强度和轻便性使车辆更省油，因此更符合生态要求。黄麻纤维还用于纸张、胶卷、复合材料以及环境工程中的土工织物。

北美地区称黄麻织物为粗麻布。

黄麻纤维（Jute fibre）

黄麻纤维长而柔软、有光泽，粗糙而强韧。主要由纤维素构成，但还有木质素——一种木质的纤维。因此可以说黄麻纤维一半是纺织纤维，一半是木质纤维。

黄麻属植物是热带和亚热带地区的本土植物。有两个变种：白色黄麻或称印度黄麻（圆果种黄麻）、红麻（长果种黄麻）——一种非洲阿拉伯黄麻。现在印度也种植红麻。红麻比白麻更柔软、柔滑；纤维光泽度越高，品质越高。

黄麻有很强的拉伸度，能很好地与其他天然纤维和人造纤维混纺。染色后，色牢度很好，不易褪色且耐光。黄麻可防静电，导热性较低，防紫外线程度高。主要用于纺织装潢业；但由于其具有多种有利特性，也用于开发高性能的产业用纺织品。

黄麻生产（Jute production）

黄麻纤维取自植物的外皮和茎杆。第一道工序是沤麻，将其浸没于流水中。随后是剥离，通常由妇女和儿童完成，需要去除非纤维物质，以获得茎杆上的纤维。

生态可持续性（Ecological sustainability）

黄麻的生态环保性非常高，因为它不需过多的灌溉、肥料或杀虫剂。黄麻是一种快速生长的植物，单位产出率非常高。生命周期内可多次循环利用，重要的是黄麻还可以生物降解。

印度设计师罗希特·科斯拉设计的柞蚕丝鞋，以麻绳为鞋带。鞋的造型受法国洛可可风格的影响，通过手工机织、原始质朴的材料进行重新演绎。大麻纤维的天然色彩和质地与生丝相得益彰。

苎麻（Ramie）

苎麻是一种非常古老的纺织用植物纤维，据称可以追溯至7000多年前。有的古埃及木乃伊内层以亚麻布包裹，外层则采用苎麻。而在中国，在过去，苎麻主要用于农民的劳动服。在英语国家，苎麻的读音为“RAY-mee”，或“rah-mee”。

中国是最大的苎麻生产国，菲律宾、印度尼西亚、泰国、韩国和印度也生产苎麻。在西半球，巴西是唯一重要的生产国，主要是应本国之需，也有少量用于国际贸易。苎麻的主要消费国有日本、法国、德国和英国。在北美市场，苎麻是一种非常重要的机织和针织面料，被视为类似亚麻的廉价替代品。

苎麻纤维（Ramie fibre）

苎麻的拉伸强度很好，尽管其较脆，在同一个地方反复折叠容易断裂，但它的拉伸强度是棉的4~6倍，是亚麻的两倍。苎麻的可塑性很好，但容易起皱，通常与棉或羊毛混纺。

苎麻织物外观不平整，使其具有很多亚麻的视觉特征，由于它的生产价格非常低，通常用作亚麻的替代品。

苎麻生产（Ramie production）

苎麻属荨麻科开花植物，原产自东亚。在温和、潮湿的气候中生长最为繁盛，而且抗旱性好。有两种类型的苎麻，即中国苎麻和绿苎麻，前者也称真正的苎麻（或白苎麻），后者据称源于马来西亚。苎麻纤维取自植物的外皮或杆，每年收割2~3次，但在某些种植条件下，年收割次数可达6次以上。

苎麻植物开花后不久便可收割，这时的纤维产量最高。可从根部割断，也可使其倒伏在地里，并就地剥离，该过程称为表皮剥离，去除硬质外层皮。进一步刮剥便露出纤维部分，同时去掉胶质与果胶。第三步包括洗涤、晾干和脱胶，提取纤维以备纺纱。脱胶工序需要使用化学工艺，这一过程使原有的干重减少25%。苎麻纤维的吸湿性很好，且能快速干燥，但由于该纤维的易碎性，使得纺纱和机织非常困难。如何能最佳利用苎麻纤维取决于加工技术的提高。

生态可持续性（Ecological sustainability）

苎麻是一种可持续性植物，其纤维产出的生命周期很长，可达20年，每年收割次数可达6次之多。

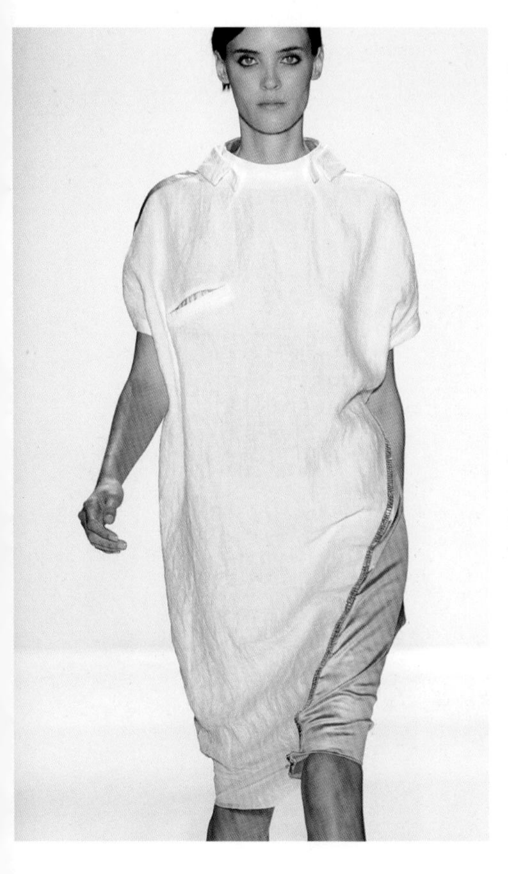

（左图）宋戎婉（Son Jung Wan）设计的服装系列作品以简洁、现代高雅著称，以这件定制圆领服装为例，服装前片是具有亚麻感的苎麻，后片使用砂洗丝绸。

（上图）芬兰设计师萨拉·莱波科皮（Saara Lepokorpi）设计的造型挺括套装，主要关注可持续性。黄麻纤维纱线形成的浮线效果是通过经线外露技术而实现的。

大麻（Hemp）

“Hemp”是整个大麻家族植物的属名。有若干个人工种植的变种和亚种，同时也有天然和野生大麻。“sativa”通常称为工业大麻，该品种的种植目的是为获取纤维以及其他非医药用途。与之相反，“indica”却是为娱乐和医药用途而种植。与其“工业用”亲缘植物相比，这个品种的纤维产量很低。两个品种的主要区别为各自分泌的THC（四氢大麻醇）浓度不同。

西方国家的大麻生产量稳步攀升，以迎合当代社会不断增强的环保需求。2007～2009年间，加拿大的大麻种子出口量增加了300%。

大麻的历史（The history of hemp）

中国种植大麻的传统最为久远，运用于绳索、服装、鞋和宣纸。中国的古代陶器中发现有大麻的残留物，这些陶器可追溯至1万年前。日本很多传统和服利用大麻图案作装饰，认为它是一种美丽的植物。在中世纪欧洲，大麻首先采取家庭种植的小规模形式，大多数地区都可以获得大麻种植地，以供家庭织布和绳索生产之用：大麻比亚麻更易种植。伊丽莎白一世统治英格兰期间（1558–1603），所有地主都必须种植大麻，用于加工船帆和海军使用的绳索。随着殖民地与航海的扩张，18世纪欧洲商业化大麻生产激增，人们普遍认为大英帝国是以大麻为根基。大麻对造船业非常关键，用于船帆、绳索以及填絮（一种涂了柏油的纤维，用于填塞木质船的缝隙）。拿破仑战争期间，因为大麻的坚固耐用且廉价，许多军服都用大麻制作。其被认为是一种具有商业可行性的植物，因为相对大麻其使用土地的面积而言，纤维产量非常高。

短语“money for old rope”（容易赚的钱）源于旧时大麻绳索回收后，当做早期银行券使用。

在北美，主要是肯塔基与中西部地区种植大麻。美国的《独立宣言》就是在大麻纸上起草的，而贝蒂·罗斯（BettyRoss）利用大麻帆布制作了美国第一面国旗。美国第一任总统乔治·华盛顿（George Washington）就是一位种植大麻的农场主，他建议“把大麻种到每一个角落”。这个早期的共和国成为西方重要的大麻生产国，他发明并改进设备，提高纤维产量。在19世纪的美国，大麻纤维的重要性仅次于金字棉。

19世纪，全球80%的面料都是由大麻制成的。

19世纪，全球80%的面料都是由大麻制成的。钢缆蒸汽船的出现，使大麻在航海上的用途几乎为零。且20世纪人造纤维的发展进一步削弱了大麻的统领地位。杜邦（DuPont）与威廉·兰道夫·赫斯特（WilliamRandolph Hearst）两位实业家分别在石油化工及木材业享有经济利益，是大麻种植的主要反对者，将其视为经济

埃尔斯·格林休斯（Elsien Gringhuis）设计的黑色生态大麻宽松直筒连衣裙，质朴的简约风格挑战了大麻纤维作为简单手工艺材料的传统。黏胶尼龙混纺面料形成对比效果。

威胁，并游说政府，直到1937年通过了大麻税法（The-Marijuana Tax Act），导致大麻价格暴跌，并遭到弃用，部分原因是由于它与毒品大麻及非法药物的关系而遭致诟病。事实上，产纤维的大麻品种与产毒品的品种截然不同。

二战期间美国海军用于制造绳索及军装帆布的蕉麻（Manila hemp）或吕宋麻（Abaca）的供应中断，美国国内的大麻再次变得至关重要。当时的广告为："为了胜利的大麻"。

大麻纤维（Hemp fibre）

工业大麻是一种用途广泛的高效作物。该植物最有价值的部分是用于面料工业生产的纤维，同时也广泛用于可生物降解的塑料制品与生物燃料。大麻纤维也用于建筑业、汽车业等。大麻的发热性能很好，且抗腐、防虫。

大麻纤维的色彩从乳白、深浅不一的棕色、灰色，到绿色和黑色不等。这种纤维强韧而耐用，防霉抗菌，有良好的吸水性，且防紫外线。

大麻生产（Hemp production）

经过多年的选择性育种，形成了很多不同外观的大麻植物品种。自20世纪30年代起，主要种植无法用于毒品原料的大麻品种。这种植物长而细，从梢到根都含纤维，纤维长1～5米（3～16英尺）。如果在开花之前收割，大麻纤维的品质更佳，且降低了制成潜在毒品的性能，虽然工业大麻中THC的含量已经很少。雄株与雌株应种植在一起，因为雌株的种子要留作下一季种植。要成功种植大麻，选择良种非常关键。

世界上有的地区的大麻仍然采取手工收割的方式，但是现在绝大多数地区都已采用机器收割。从高于地面2～3厘米处砍断，晒干。传统的纤维分离方法包括水沤麻和雨露沤麻。水沤麻需要将收割成捆的大麻漂于水中，雨露沤麻则利用天然的露水与细菌作用。现代沤麻采用机械热电分离纤维的方法。通过类似用于亚麻中的工序，可以使大麻成棉状。

大麻纤维不易纺纱，但与棉花以各占一半的比例使用时，混纺变得非常容易。

大麻可以制成从最优质的花边到厚重型工业帆布的各种面料。

伦敦时装学院毕业的尼泊尔设计师三羽卡塔·什雷斯塔（Sanyukta Shrestha）设计的具有现代风格的婚纱礼服，该礼服采用通常制作休闲服装的大麻纤维制成。设计师将手工艺的奢华与可持续性结合在一起。她设计的婚礼服系列使用的自然纤维都是尼泊尔农村妇女通过手工纺纱和织造的。她遵循生态和社会可持续发展的理念，选购的面料都来源于符合道德和公平贸易认证的生产商。

大麻市场（Hemp market）

全世界都在种植大麻，虽然在美国种植大麻仍属非法；但有些州已经批准许可工业大麻的种植。加拿大、英国和德国在20世纪90年代解除禁令，但在欧盟和加拿大，种植大麻必须获得“非毒品用途工业大麻”的许可证。1948年，日本在美国的影响下限制大麻的种植，是少数几个禁止种植大麻的东方国家之一。

直到20世纪80年代中期，前苏联是最大的大麻生产国，其中大部分产自乌克兰以及与波兰接壤的俄罗斯地区。世界最先进的大麻开发研究所位于乌克兰，其研发的新品种纤维含量提升，产量增加而THC含量减少。

印度生产的大麻品种称为菽麻或孟买麻。

生态可持续性（Ecological sustainability）

大麻在生态环保和可持续性方面都非常重要，常被称为世界上最有用的植物。使用过程中无毒无害，还可再生，生命周期里不会产生污染。即使需要使用杀虫剂，其用量也极少，大麻生长速度非常快，收割约100天后，土壤因重新补充了养分和氮气而处于更佳状态。此外，大麻可以抑制表层土壤的流失，并且产生大量氧气。

大麻的种子、茎秆以及植物的一般发酵会产生一种油，可以用做生物柴油。做为一种低能燃料，大麻优于其他类似的作物。它还可以用于可生物降解的塑料。

大麻纸很环保，因为它无需进行木制纸浆的漂白工序。约1英亩大麻的造纸量相当于4英亩树的造纸量。

洋麻（Kenaf）

洋麻属木槿品种，外观特征与黄麻相似。“kenaf”这个单词有波斯语的词源，但在世界各地，其叫法不一，包括bimli、ambary、ambari hemp、deccan hemp、bimlipatum jute。

在非洲、印度和泰国的部分地区，洋麻种植的历史悠久。现在主要的生产国是中国和印度。洋麻的传统用途是粗绳、多股绳和粗布，同时也作为燃料和营养品。它是可持续性生态种植的理想选择，因为它只需使用极少的杀虫剂和化肥。现在，洋麻的新用途延伸至工程学应用范畴、绝缘纸和服装面料，另外，它的种子还可榨成植物油。其纤维呈自然白，作为造纸或服装用途时无需进行任何漂白工序。

洋麻还没有实现大规模生产，而且如果没有经济投资和热情，也无法获得商业种植。

荨麻（Nettle）

荨麻织物最早可以追溯到2000年前，其后随着棉花种植业的发展而衰落。第一次世界大战期间由于对棉花的封锁，德国军队的制服采用荨麻制作。

作为纤维作物，普通的带刺荨麻非常有潜力。其强韧度远高于棉，而且比其他韧皮纤维更细。它是一种生态可持续性植物，所需灌溉较少，也无需使用化学杀虫剂或化肥。它还为各种无脊椎动物物种的生存提供食物。

人们正在对荨麻作为替代性环保纤维的可能性用途进行调研，但它目前的用途仅限于专业的服装市场。由于纤维长度较长，有时与埃及棉的长度相当，荨麻织物质量较好。荨麻纱线和织物可以进行漂白，纤维也可以自然生物降解。

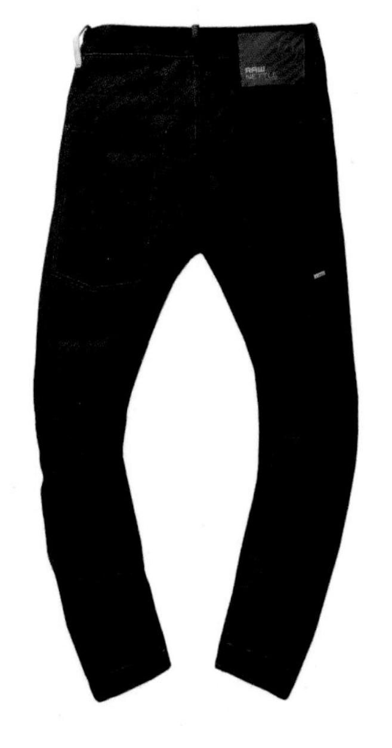

（右图）G-Star RAW推出的牛仔裤，采用的面料结合的荨麻植物纤维的最新成果和有机棉，创造出了一种独特的可再生牛仔面料，减少了环境碳足迹。荨麻植物可以在不宜种植粮食作物的土壤中繁殖，所消耗的水量和化学干预比传统的棉要少得多。

（右图）Habu纺织公司出产的荨麻纱线。

香蕉（Banana）

香蕉和大蕉生长在干燥气候的热带地区，有时这两个名字可以通用。它们是一种非常重要的粮食作物，每6～9个月就可以收割一次。

收割过程中，为了能重新生长，会将香蕉的茎秆砍断，通常会被丢弃，但是也可以用来生产替代性可再生纤维。

香蕉纤维具有极佳的强度，性能多样，其外观与竹纤维和亚麻纤维相似，根据加工方法的不同，甚至与丝绸相似。在几个亚洲国家，香蕉纤维用于高品质纺织品的历史悠久，特别是日本和尼泊尔。香蕉纤维在日本的种植历史已经有几个世纪，日语中称为“bashofu”。

香蕉纤维（Banana fibre）

香蕉纤维是一种从芭蕉属草本植物的茎秆上得到的韧皮纤维（木质纤维素）。茎秆部位不同得到的纤维也不同：外层结实，可以作为黄麻的替代品（最外层比黄麻更结实）；而内层则很细。纤维在湿态下膨胀，允许蒸汽或汗液快速吸收和干燥。香蕉纤维染色性好，面料容易印花，有时与棉或黏胶混纺。

香蕉纤维的生产（Banana fibre production）

日本和尼泊尔生产香蕉纤维的传统方法不同。

日本（Japan）

日本的方法采用比较嫩的茎秆，获得生产较细的纤维。茎秆在碱液（盐水）中煮沸，然后洗涤。随后将纤维从外层剥落，柔软的纤维用于纬纱，较硬的纤维用作经纱。挑拣完毕后将纤维混合并纺成连续的纱线并染色。成品梭织面料经过几轮洗涤、干燥和定型后再进行牵伸、拉直和熨烫。

尼泊尔（Nepal）

尼泊尔加工方法通常利用机械碾压香蕉的茎秆，生产出的纤维通常称为“香蕉丝”，质地发脆，非常像当地的蚕丝。

工业化生产（Commercial production）

当代香蕉纤维的大规模生产通常采用两种其他方法之一，酶沤麻方法或化学处理法。酶沤麻方法可以使纤维从茎秆上自然分解，虽然过程较长，但不会对环境造成影响。而较快的工业化学处理方法可能会导致污染。大约37千克的香蕉茎秆能生产出1千克高质量的纤维。

这些优质的香蕉纤维束可用于纺纱。香蕉植物的内层纤维柔软、光滑，通常称为“香蕉丝”。

竹子（Bamboo）

在中国，竹子通常被视为一种非常有用的植物。

竹子是一种茎秆纤维，属禾本科中的常绿植物。在很多东亚国家有着重要的文化意义，在这些国家它做为建筑材料、园林设计装饰以及营养源已经使用了数千年。现在，通过技术创新以及为满足纺织行业寻求再生有机替代产品的意愿，北京大学已将其开发为一种纤维，用于纺织业。

竹纤维有着独特的优势和特质，还有一大优点是它有助于减少温室气体排放，而且可以使因采取不可持续性的种植方法而导致养分流失的土地变得肥沃。每公顷的单位竹产量比大多数的树木型植物都多，因为竹子的种植密度高，同等面积的竹产量超过棉花。

毛竹是中国最重要的竹品种，河北吉藁化纤公司拥有竹加工重要工艺的专利。这种作物不需要施加化学品就可以生长得很好，纤维、纱线和面料以商品名上海“天竹®”进行销售，大多数都用来出口。

竹纤维（Bamboo fibre）

竹纤维强韧且耐用，拥有良好的稳定性和拉伸强度。

在显微镜下，竹纤维的横截面呈圆形，使其贴身穿着时很顺滑。在美国，它的柔软性为其赢得了“植物羊绒”的美誉。竹子横截面的表层覆盖着微小的间隙和微孔，这种微小结构使它可以快速吸收和蒸发，竹质面料的吸湿性比棉高三倍多。可以快速吸汗液并蒸发掉，使穿着者保持干燥和清爽之感。据称，与其他天然纤维相比，在夏季，竹纤维可以使穿着者的温度降低1～2℃，可能正因如此，一些亚洲国家将其称为“空调服”进行推广。

竹琨是竹子含有的一种天然物质，可以使植物免受害虫和病原体（一种生物媒介，使寄主植物染病）的侵害，也正是这种物质使细菌无法在未经化学加工的竹质面料上繁殖。

竹纤维还具有防静电的特征，这使其可以紧贴皮肤而不黏附其上。正是因为这些特质，竹质面料被推广为运动装的理想面料，特别是对于排汗较多的运动。基于同样的理由，竹质面料被视为完美的环保性能面料。

竹纤维能有效地吸收并蒸发水分，使穿着者在炎热潮湿的气候中保持干燥、清爽感。竹纤维不做任何处理即可阻挡90%的UVA（长波紫外线）和UVB（短波紫外线）。竹纤维纺织品很柔软，有天然的光泽感。

竹子的生产（Bamboo production）

天然的野生竹子是世界上产量最高、生长最快的植物之一；约4年就可达到成熟期，而很多商业树种一般需20～70年。竹子约有90个大类，1000个品种，原产地分布广泛，从亚洲的高海拔地区往南至澳洲北部，往西至印度以及非洲和美洲部分地区。用于商业用途的竹子是由种植园种植的，而非取自热带森林。为纺织纤维而种植的竹子品种是毛竹，古往今来，这一品种还用于建筑业和食品工业。

竹纤维属于茎材纤维，因此，与韧皮纤维不同，整个茎或者说竹竿都可以使用。竹竿可以自然转化为纤维素，以备加工成纤维，也可以通过化学加工，形成竹黏胶纤维。

竹子属于“绿色”产品得到了广泛的认可，但生长和收割条件各异。此外，将竹加工成纱线的主要工艺需要使用有毒的化学品，导致对最终织物的生态环保性产生影响。

竹纤维的加工（Processing bamboo fibre）

有两种工艺将竹子加工成纤维，生产出不同质量的最终产品，具有不同的环境和市场结果。

一种面料产品称为竹黏胶，美国用术语“rayon”表示，而欧洲使用“viscose”。另一加工过程获得的面料通常称为竹亚麻，代表纤维是经过机械加工而不是化学加工而获得的。

大多数竹纤维都是使用黏胶加工的方法实现，这个过程中纤维素由竹茎秆浆加工获取。美国严格规范竹纤维的明确标识。联邦贸易委员会要求经这种方法加工的纱线必须称为竹黏胶或黏胶竹。只有从竹子直接经机械加工得到的纱线称为竹纤维，无需使用“黏胶”一词。

Wear Chemistry品牌的“竹系列”T恤衫是由70%的竹纤维和30%有机棉混纺针织面料制成。这个系列关注可持续性，用它制成的服装经过独立测试，符合Oeko-Tex 100的标准，这个标准是纺织品和染料对人类健康和环境影响的安全标准。该产品系列的制造也符合道德标准，这个概念性展台咨询了“Folk of London”机构的凯瑟琳·卡朋特，为Clothes Show Live活动而设计。

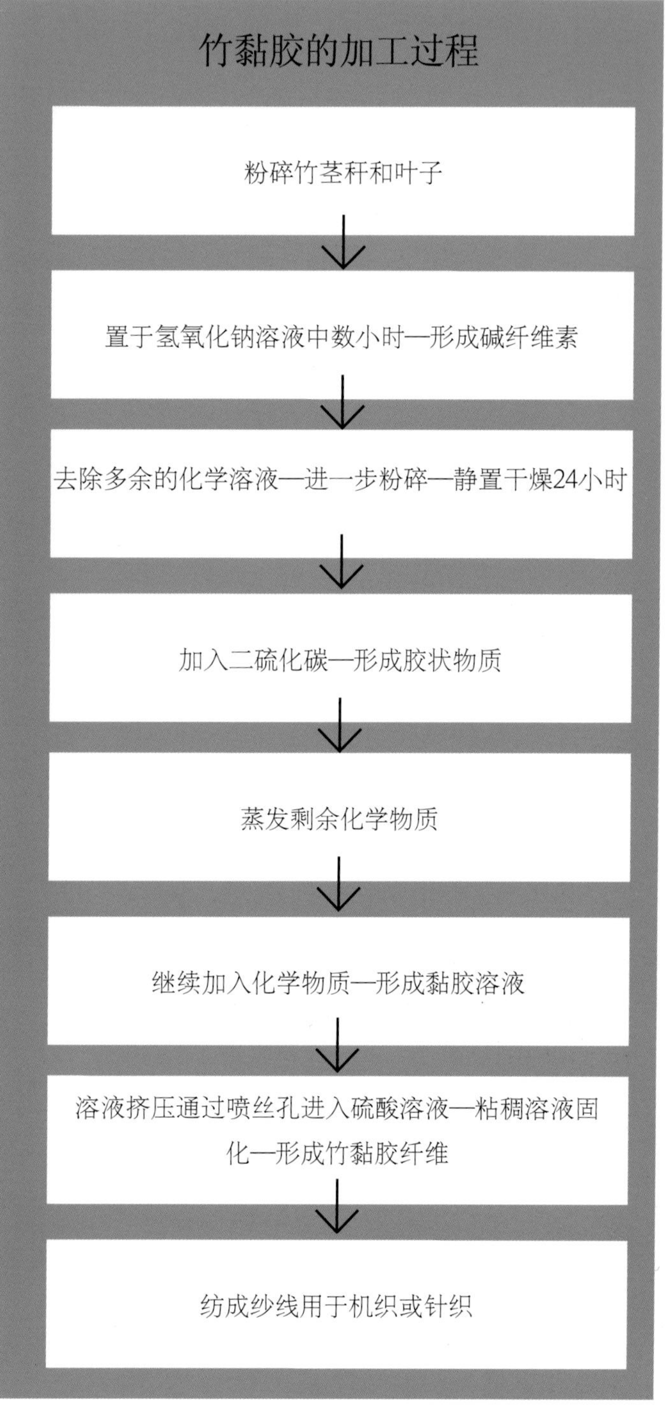

竹黏胶（Bamboo viscose）

竹黏胶加工方法与其他木浆黏胶加工方法类似，都是使用化学方法加工。一些公司使用闭环加工方法（Closed-loop-processing），收回溶液并重复使用，但不幸的是这种方法通常会销除原竹具有的抗菌性和抗紫外线特质。

竹亚麻（Bamboo linen）

竹亚麻这个术语也用于描述“机械加工竹纤维”。叶子和竹竿内部柔软纤维部分通过高压蒸汽和机械粉碎提取出来。采用天然酶沤麻和洗涤方法将竹中的纤维分离出来。

瑞士公司李特拉斯（Litrax）率先生态加工100%的生态竹纤维和纺织品。Litrax-1®天然竹纤维是通过酶加工提取的。它属于韧皮纤维，具有非常好的柔软度。根据最终产品的要求不同，李特拉斯公司建议将Litrax-1®天然竹纤维与美利奴羊毛、Supima®或埃及棉、蚕丝或兰精天丝及莱赛尔纤维等混纺使用。

为纺纱工序准备的加工后的一等竹纤维。竹纤维天然顺滑的光泽在图中显而易见，并且在成品面料中也依然明显。竹纤维能有效地吸收并蒸发水分，使穿着者在炎热潮湿的气候中保持干燥、清爽。

莱赛尔竹纤维（Lyocell bamboo fibre）

上海天竹®是一种莱赛尔竹纤维。莱赛尔是一种加工技术，纤维素通过有机溶液加工获得，没有化学品残留。这种产品针对美国市场制造，美国严格监控误导性的标识。

生态可持续性（Ecological sustainability）

竹子是一种自然生长的可持续性资源，无需使用杀虫剂或化学品，一定程度上要归因于具有抗菌防霉特性的竹昆。通过暴露在泥土和阳光中，竹子可自然生物降解。它是天然可再生的热带禾本科植物，根系发达，可进行自我补给，某些品种每天可生长多达140厘米（55英寸）。竹子还可以改善和补充已退化和侵蚀区域的土壤，此外，与同等面积的树相比，它产生的氧气更多。竹子的温室气体与氧气的转换效率高于其他任何植物，而且在每次收割后几乎可以立即再生。种植的竹子越多，光合作用就越大，温室气体就相应减少。竹子制成的服装在生命周期结束后都可以完全生物降解。

艾达・赞德顿（Ada Zanditon）设计的廓型硬朗的短上衣，由竹纤维面料制作而成，搭配有机棉及膝灯笼裤。

叶纤维（Leaf fibres）

叶纤维形成于遍布在整片叶子上的纤维束，且归类为“硬”纤维，以区别于韧皮纤维或“软”纤维。这种分类并不是固定不变的，因为有的叶纤维实际上比韧皮纤维还软。

酒椰叶纤维和菠萝纤维等类似纤维在全球范围内也许永远不会有商业意义，但它们的确代表了极具趣味性的替代品，而且就菠萝纤维而言，有一种内在的文化认同感。

蕉麻（Abacá）

蕉麻，也拼写为“abaka”，读作“ah buh KAH”，它所产生的纤维称为马尼拉麻（也称daveo和cebuhemp）。自19世纪以来，菲律宾就开始生产这种纤维。不过直到20世纪20年代初才由英国人与荷兰人在婆罗及苏门答腊开始商业种植。在美国农业部的资助下，美国中部也种植蕉麻。商业上，蕉麻并没有用作服饰纤维，但现在已开始进行研发，试图挖掘其作为可再生替代品的可行性。

蕉麻的生产（Abaca production）

蕉麻叶形成自树干长出的叶鞘。其纤维长从1.5～3米不等，以三步法工序从叶鞘中提取而来。首先将叶子的外层鞘与内层鞘分离，随后剥离纤维，再晒干。纤维分离出来后，冠以马尼拉麻的名字出售，该名字取自这个国家的首都。

（上图）蕉麻叶形成自树干长出的叶鞘（出自*Musa textiles, a species of banana*）。

菠萝纤维（Pina）

菠萝纤维取自菠萝的叶子。虽然世界上很多地区都种植菠萝，但只有菲律宾把它当作服装用纤维。通过手工从植物的叶子上剥下纤维束，之后陆续以手工打结，形成连续的长丝。这种纤维轻且柔软，容易打理，有出色的半透明光泽。颜色通常为白色或象牙色。

传统上，利用手工编织机将这种长丝编织成菠萝纤维布，然后制作成塔加拉族服饰（Barong Tagalog），这种刺绣服装通常由菲律宾男性在正式场合及结婚典礼上穿用，有时女性也穿着。

酒椰叶纤维（Raffia）

酒椰棕榈树（Raffia palms，拉丁学名：Raphia）原产自非洲热带地区、马达加斯加、美国中部与南部。这种纤维又长又细，而且染料吸收性好。酒椰叶纤维用于制作鞋、帽、包以及装饰用纺织品。

（右图）这件挺括的单肩袖酒椰叶纤维裙由华金·特里亚斯（Joaquin Trias）设计，其体现出的优雅与高贵通常不是这种棕榈纤维可以实现的。酒椰叶织物天然的弹性使设计师能创造出类似模具一样的造型。

（右图）宋戎婉设计的斜裁毛边酒椰叶纤维粗花呢服装，采用露肩绞花袖。丝绒贴花装饰形成约克，一条丝绒饰边带顺势而下，形成了不同肌理的对角线。

（下图）瑞查·高菲尔德（Rachel Caulfield）设计的别出心裁、雕塑般的斗篷装，采用了藤篮的编织结构。包括该作品在内的整个系列的服装美学受以下因素的影响：斯堪迪纳维亚、家具设计以及设计师对不同元素组合的兴趣——可穿与不可穿、天然与人造，以挑战传统意义上服装的概念。

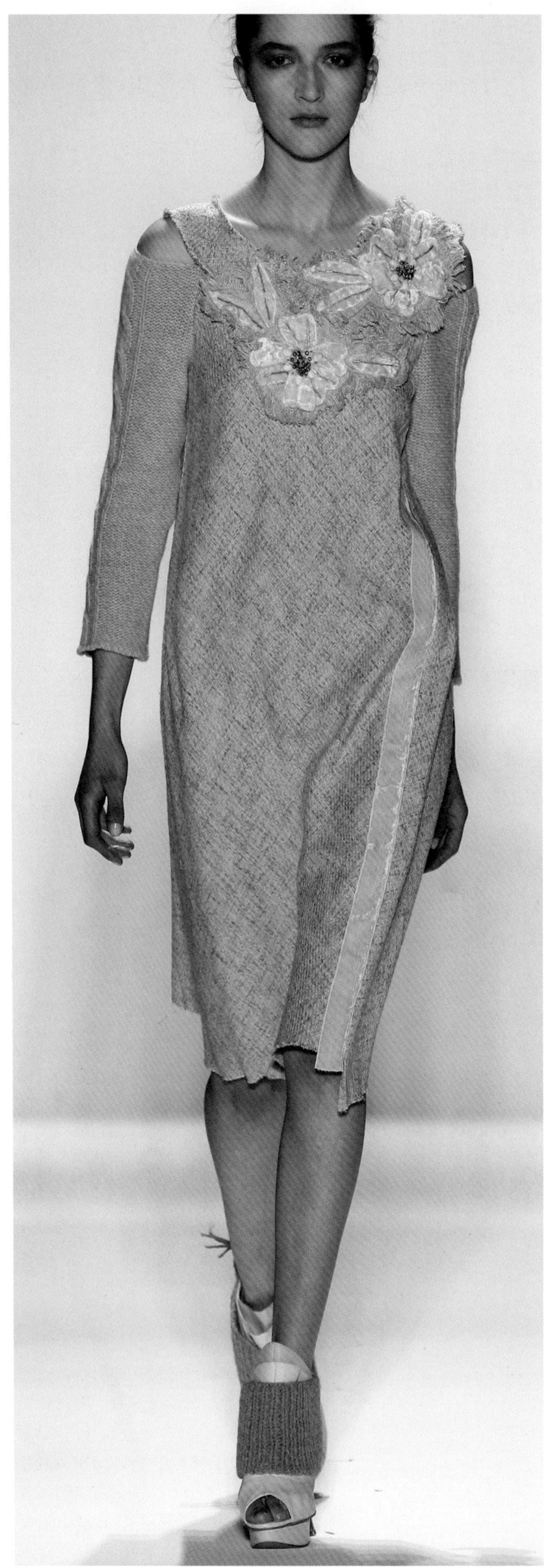

第三部分
人造纤维

Section 3
Man-made fibres

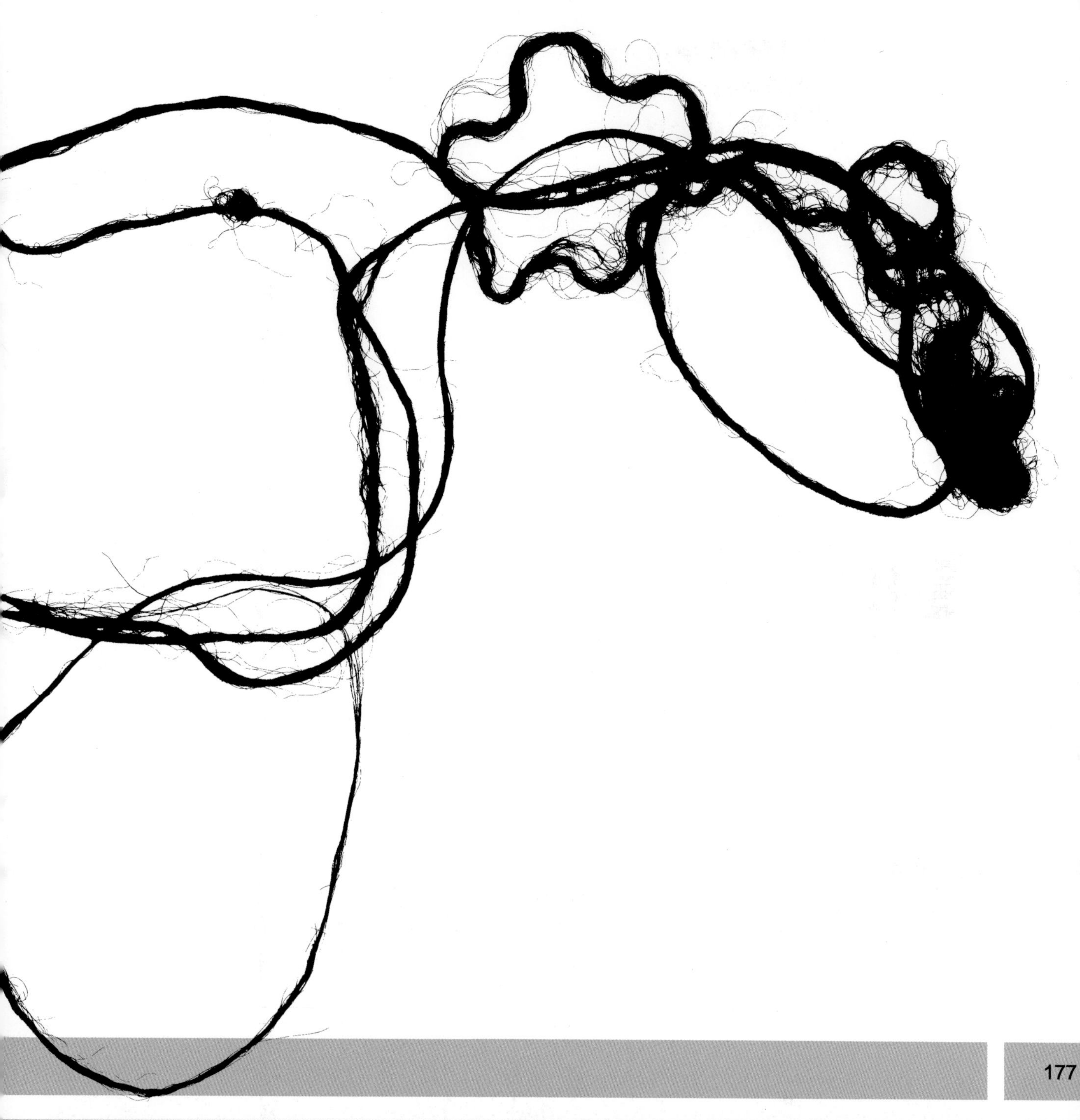

根据最终产品的特点和功能的不同需求，可以制造出不同的人造纤维。

而天然纤维即使经过现代工艺处理后，仍然保留着原料的基因和性能。也可以采用把人造纤维与天然纤维混纺的方法以，使最终面料既具有天然的特征，又具备良好的可用性。

全球市场

20世纪90年代早期

50%

全球市场（Global market）

在全球范围内人造纤维和面料的消耗量巨大，并且产量逐年上升。在20世纪90年代早期，以羊毛（动物纤维）和棉花（植物纤维）为代表的两种主要天然纤维占全球产量的一半，而人造纤维不足一半。在20年内，这个平衡已经被打破，现在人造纤维的产量接近全球纤维总量的70%。

中国是人造纤维的主要生产国，欧洲次之。其他主要的生产国还包括印度、日本、韩国、巴基斯坦、巴西、美国等。

可持续性（sustainability）

人造纤维不是生态友好纤维的看法是不正确的，未来的人造纤维正朝着可持续性方向发展。许多新型原材料来源于可再生或者可循环使用的原料，质轻且耐用，使用清洁能源，生产过程中占地少耗水量低，具有更低的碳足迹。

化学纤维分类（Categorizing man-made fibres）

为理清不同类型的人造纤维，本书将人造纤维分成合成纤维和再生纤维两类。合成纤维是来源于石油和煤炭等矿物燃料（不包括金属纤维）的化工产品。再生纤维可进一步细分为再生纤维素纤维和生物质纤维。再生纤维素纤维来源于天然的木材，而“人造”意味着只有经过化学加工后，它们才能够形成纤维。

生物质纤维是使用蛋白质、糖、淀粉作为原料加工而成的新一代纤维，填补了纤维和聚合物科学之间的空白。

表中所示为20年内人造纤维的产量快速增长。在20世纪90年代早期，人造纤维产量不足全球纤维总产量的一半，而21世纪刚过十年，其产量已接近纤维总产量的3/4。

人造纤维

合成纤维
矿物燃料的化工产品

- 聚酯
- 聚酰胺—尼龙
- 芳香族聚酰胺（聚芳酰胺）
- 腈纶和改性腈纶
- 聚烯烃（聚乙烯和聚丙烯）
- 弹性纤维和合成橡胶（聚氨酯）

矿物纤维
- 金属纤维

再生纤维
再生天然材料

纤维素纤维
天然聚合物

- 醋酯纤维–三醋酯纤维
- 黏胶人造丝
- 莱赛尔纤维

天丝（TENCEL®）—莫代尔（Modal）—海藻纤维（Seacell®）

生物聚合物纤维
生物质蛋白

- 玉米纤维
- 大豆蛋白纤维
- 牛奶纤维
- 蓖麻纤维

Wear Chemistry品牌T恤。消费者越来越关注原材料对健康和环境的影响。Wear Chemistry品牌服装经独立测试，满足Oeko-Tex 100标准，保证纺织品及染料对人体健康和环境的安全性。

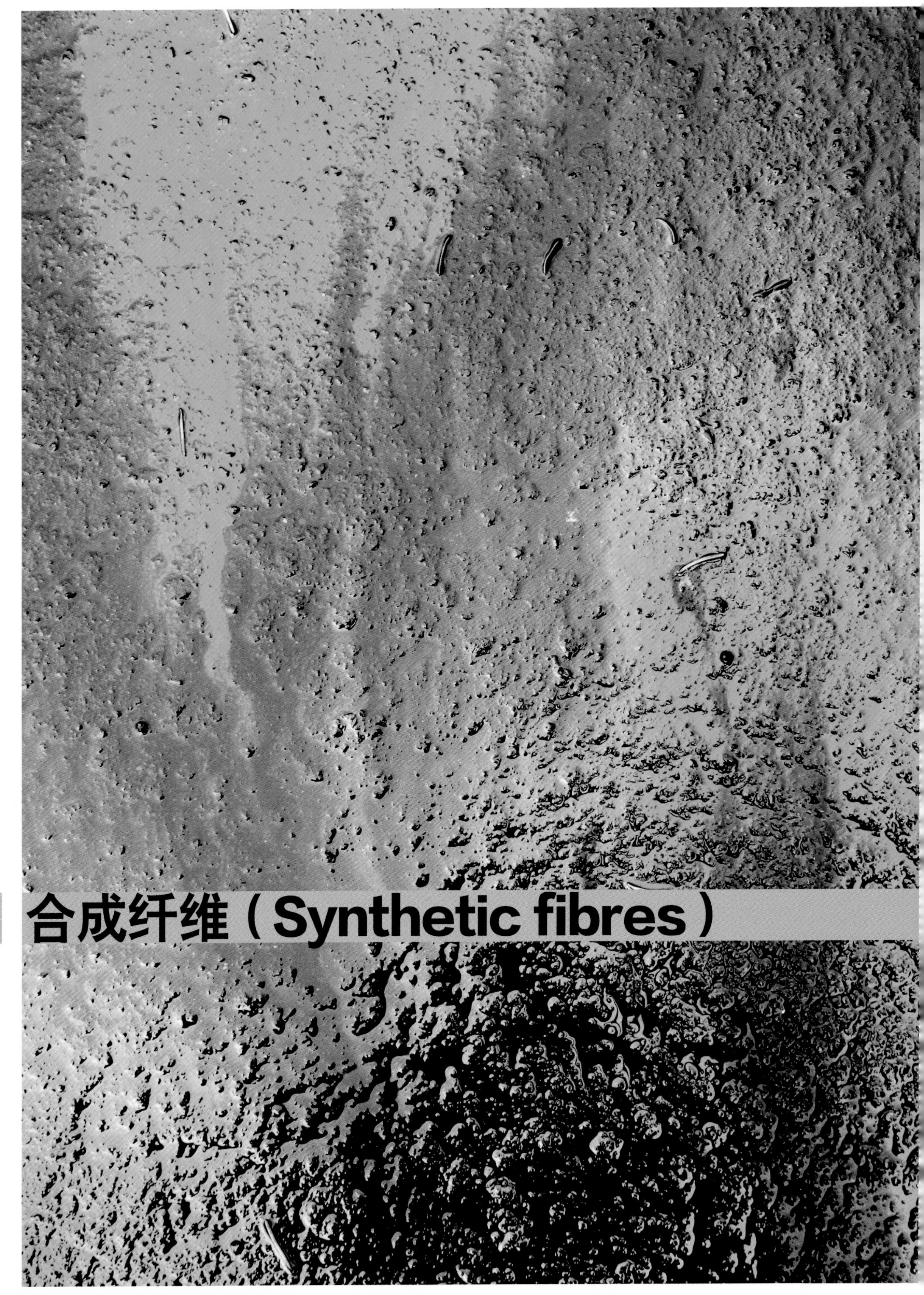

合成纤维（Synthetic fibres）

合成物是指两个或两个以上的物质（材料或提取物）合而为一的产物，合成是一种加工过程。

不幸的是，现在“合成”这个术语运用得比较随意，并常带有负面含义。在纤维和面料行业中，合成指通过两种或多种物质的化学反应，制造出一种或多种新的物质。

合成纤维是一组通过化学方法合成的人造纤维。它是由许多碳氢化合物的链段合成成聚合物，其来源主要是原油经提炼后得到的石油。

从化学工业发展的角度看，现代的合成工业可以追溯到德国化学家阿道夫·威廉·赫尔曼·科尔贝（Adolph Wilhelm Hermann Kolbe，1818—1884）。科尔贝提出了使用无机物来合成有机物的观点。他预测了仲醇与叔醇的存在，不久后这些物质的合成也证明了这一点。

（左页图）图片展示了存在于水里面的石油：作为大多数合成纤维的原材料，可以直接从原油中提炼。

合成织物的历史（The history of synthetic fabrics）

合成纤维和面料的历史可以追溯到19世纪60年代醋酸纤维素的发明和19世纪末期人造丝的发明。人造丝通常指黏胶长丝（Viscose），但在20世纪20年代，也被称为黏胶（Rayon）。然而，它们是人造纤维而不是合成纤维。第一个真正意义上的合成纤维是尼龙，它更像早期的同类人造纤维，是一种便宜易得的蚕丝替代品。

美国、英国和德国走在实验研究合成材料的前沿。

德国（Germany）

赫尔曼·施陶丁格教授（Hermann Staudinger）在20世纪20年代关于羊毛纤维原子结构的研究工作是德国合成纤维研究的开始。其后化学公司I.G.–Farben于20世纪30年代发现了将煤焦油提炼物纺成纤维的方法，制成了第一种完全合成的短纤维，商品名为PeCe。这种聚氯乙烯纤维熔点很低，不适合纺织品生产。尼龙丝袜制成于1942年，但当时没有进行商业化销售。

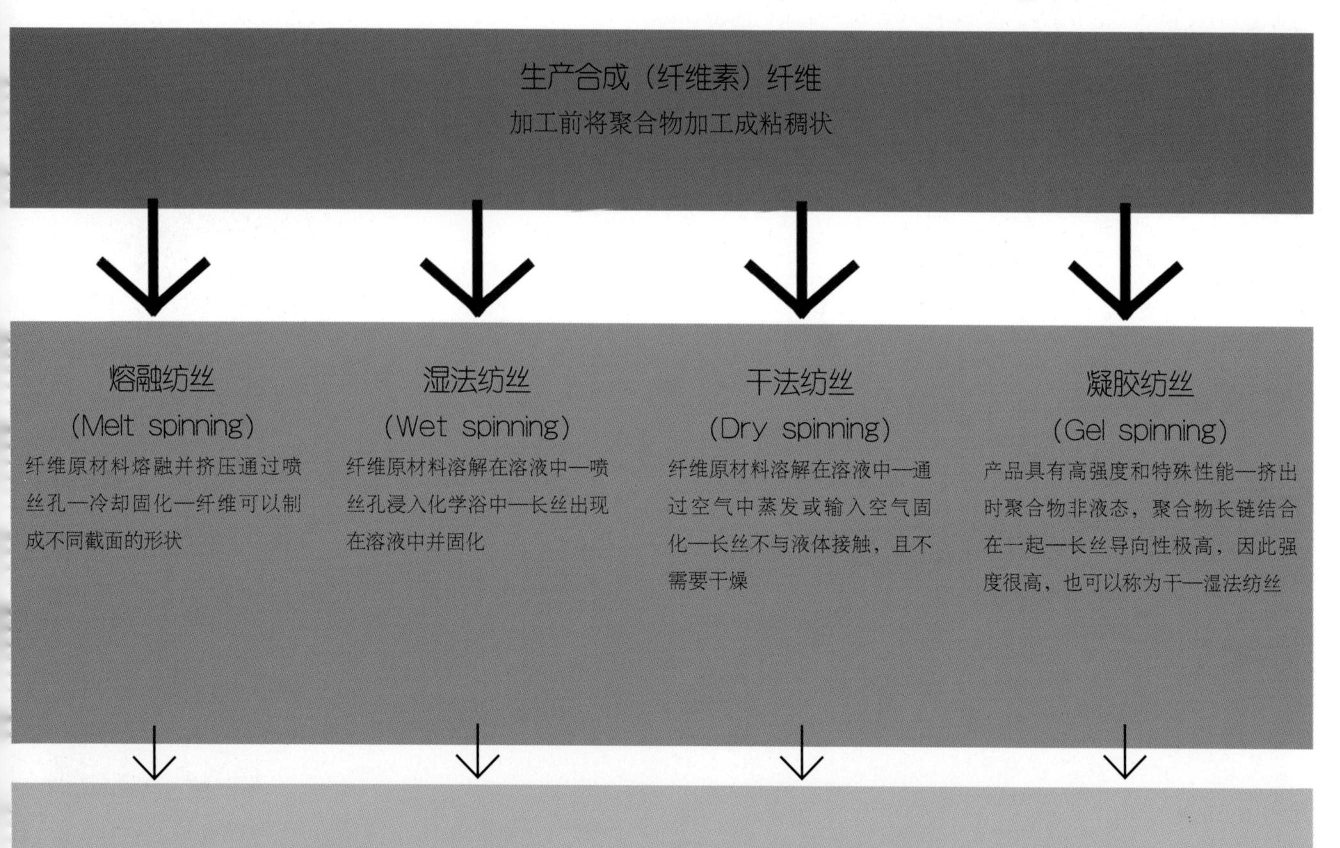

美国（United States of America）

20世纪30年代，华莱士·卡罗瑟斯（Wallace Carothers）在位于特拉华州的杜邦公司研究所首先生产出尼龙，成为制作丝袜所用蚕丝的替代品，在美国第二次世界大战参战前，尼龙织物已经被开发出来。

市场主导（Market dominance）

在现代全球纺织纤维市场中，合成纤维用量超过一半。四种主要的合成纤维包括尼龙、聚酯、腈纶和聚烯烃纤维，它们总共占全球合成纤维生产量的90%左右，而聚酯又占其中的2/3。

聚合物和聚合（Polymers and polymerication）

加工合成纤维的化学品来源于属于化石能源的石油、煤和天然气，它们都是通过合成聚合物加工而成，许多是不能够生物降解的。

聚合物由单体聚合而成（单体是重复结构单元的大分子，通过共价键结合在一起形成的）。通过合成过程，这些分子结合在一起形成聚合物长链。聚合物具有较高的分子重量，由数千个原子组成。

通过混合不同化学成分可以生产出不同的合成纤维，许多具有类似的性能，比如低吸湿性、防虫抗菌性，大多数还具有热敏性。

（上图）由聚合物生成人造纤维需要经过溶解、分解的过程，然后通过化学处理浇注黏液以得到长丝和纤维。

（右图）特拉维拉聚醚砜树脂纤维和聚酯的生产原料芯片。拍摄：Trevira GmbH公司

生产方法（Production methods）

人造纤维的原料通常是颗粒状、片状或切片，加工前通常需要制成粘稠的液体。根据聚合物类型的不同，加工方法也不同：主要通过熔融、溶解在溶液中或化学处理聚合物形成可溶性产物。形成液体后，糖浆状的物质经过挤出加工，即迫使粘稠状的液体通过喷丝孔形成连续的半固体聚合物长丝（喷丝孔名称可能是来源于蜘蛛或蚕的纺丝器官，是一种很像淋浴喷头，具有许多小孔的装置，粘稠液体可以通过小孔被用力挤出）。挤出后形成半成型的聚合物固体的过程称为纺丝过程（不要与用来描述纤维加捻形成纱线的术语混淆）。

纺丝（Spinning）

这里介绍四种主要的纺丝方法。熔融纺丝是最常用的，正如名字所示，原料熔融通过喷丝孔挤出，冷却固化。这种方法可以形成不同的横截面形状，如圆形或八角形，每一种形状赋予纤维不同的性能，得到不同的织物。如果原料能够溶解到溶液中，使用湿法纺丝，这时喷丝孔浸没到化学浴中，纤维在化学浴中挤出并在与空气接触时固化。干法纺丝中，在空气中或通入空气蒸发溶液进行固化，因为长丝不与液体接触，不需要进行干燥。对高强度纤维加工使用凝胶纺丝法，挤出时液晶沿纤维轴向排列，形成高强度的长丝。因为长丝既通过空气又通过液体浴，凝胶纺丝有时又称为干湿法纺丝。

纱线（Yarn）

挤出后，纤维固化过程中或固化后，需要对长丝进行牵伸，这个过程能使高分子链沿纤维轴方向排列取向，使其强度明显提高。一组长丝并在一起形成纤维束，成为长丝纱。

纤维性能（Fibre properties）

大多数合成纤维截面是圆形的，但也可以将它们加工成星形、椭圆形、三叶形或中空状。三叶形横截面具有很好的反光性，而中空纤维能存留更多的空气，提高保暖性和光泽度。合成纺织纤维通常加工成波纹状，增加体积。纤维表面可以做出哑光或亮光，哑光表面比光亮表面反射光更多，更容易传递光，降低纤维的透明度。

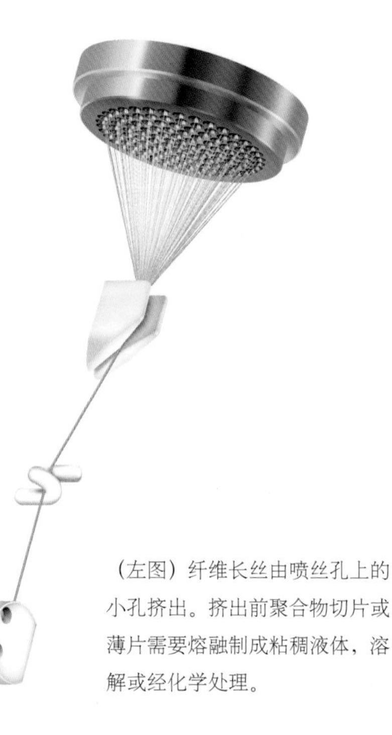

（左图）纤维长丝由喷丝孔上的小孔挤出。挤出前聚合物切片或薄片需要熔融制成粘稠液体，溶解或经化学处理。

右图）不同纤维长丝横截面的偏光显微照片，这些纤维都是熔融纺丝法得到的。浅蓝色和橙色包围的三角形是三叶形纤维，深蓝色和红色方形的中空纤维。这两种形状纤维的耐污性都很好。

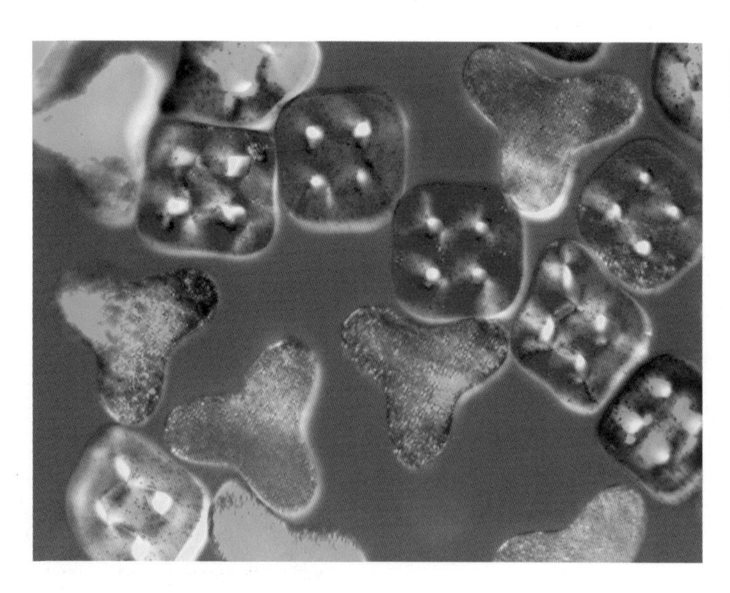

生态可持续性（Ecological sustainability）

非纤维素合成纤维是不能生物降解的，但这只是生态可持续性讨论的一部分。合成纤维消除了农业土地使用的压力：很明显生产合成纤维不需要土地，而同样数量的羊毛纤维需要60～70公顷的牧场，这些节省的土地可用于粮食生产。

然后，一个重要的忧虑是，大多数纤维生产需要的石油不是无限使用的资源，而事实上全球所有人造合成纤维的生产只使用了不到1%的石油。主要的合成纤维聚酯生产过程中只需要很少量的水，而生产同样数量的棉花，需要超过20000吨的水。

（上图）出自“云朵”系列，由设计师沃尔特·凡·贝兰多克（Walter Van Beirendonck）设计的冰蓝色薄纱服装。该服装由多层手工剪裁的聚酯薄纱花朵造型而形成，缝合到类似于古代的裙撑结构上，这种技术灵感来源于高级时装的结构。

聚酯（Polyester）

聚酯是最广泛使用的人造合成纤维材料，无论是单独使用还是与其他天然或人造纤维混纺。

时装业对聚酯纤维“爱恨交加”，从20世纪50年代使用的鼎盛时期，到20世纪80年代的低谷，一直到现在的复苏，聚酯一直被用来制作容易打理且价格低廉的面料，而且现在已经无所不在。

对聚酯的喜爱可以追溯到英语国家，它的鼎盛与战后经济的快速发展同步，大众的消费欲望增加，渴望现代化的生活方式。

可以说聚酯在20世纪50年代将家庭主妇从熨烫服装的苦差中解放了出来，甚至男人从事家务活也被认为是受到它的易打理性的吸引。

欧洲大陆和南美或许更怀疑聚酯的优点，因为社会解放运动不盛行且天然纤维更受欢迎。

从时装和社会阶层划分的角度，聚酯是形象问题的牺牲品。它被认为是低廉服装和让人质疑的品味的同义词，社会阶层根据面料划分。近年来在纤维和面料方面的创新发展以及许多创意设计师使用聚酯面料提升了它们的形象。现在对其优点的评价已经没有偏见，尤其是在需要使用智能或功能性面料的场合：聚酯是世界上主要的人造纤维。

聚酯面料的商标包括：Terylene/Dacron®、Ultrasuede/Alcantara®、Nanofront®、Sorona®、S.Cafe®等，聚酯也可以用来生产微纤和纳米纤维。

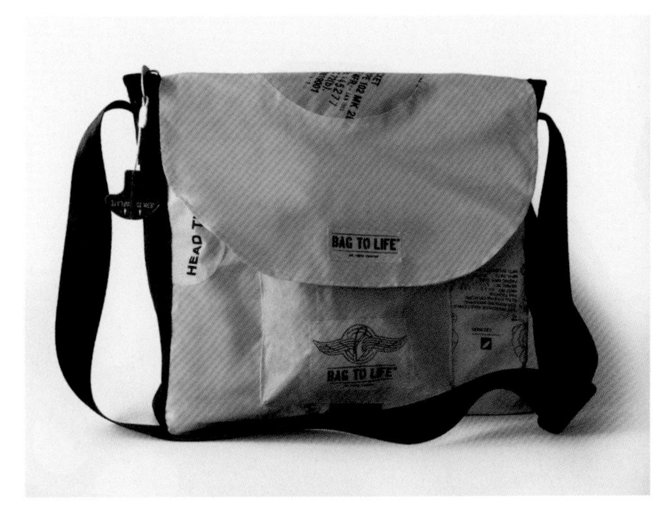

（右图）出自 Bag to Lifed的 黄色“升级改造”包袋，由回收的飞机上的救生衣制造。涂层聚酯材料非常结实且防水。将哨嘴放进书包制成铅笔夹，将座椅带做成包带。

聚酯的历史（The history of polyester）

1941年，英国化学家约翰·雷克斯·温菲尔德（John Rex Whinfield）和詹姆斯·坦纳特·迪克森（James Tennant Dickson）发现了从聚合物加工聚酯的方法并申请了专利。他们两人都在位于曼彻斯特的棉布印花协会实验室工作，即现在的Tootal有限公司。1946年，注册商标为特丽纶（Terylene）的聚合物被卖给帝国化学工业公司（Imperial Chemical Industries，于2008年倒闭）。

对这种纤维的研究还可以追溯到20世纪20年代杜邦的华莱士·卡罗瑟斯（Wallace Carothers），虽然认为尼龙更有用，杜邦还是购买了聚酯的专利，其后更是进一步在20世纪50年代早期以达克伦的商标名对其进行生产，到50年代中期达到工业化生产的顶峰。

由于价格低廉、应用广泛，聚酯在20世纪70年代早期成为最常用的人造纤维。它的应用范围包括从纺织形式的服装到汽车轮胎，以及非织造形式的软体家具填料。

来自罗马尼亚的伦敦时装学院毕业生狄努·勃迪修（Dinu Bodiciu）设计的红色仿羔皮呢无袖短上衣。这个非凡的造型通过毛/丝混纺仿羔皮呢实现，添加了氨纶和聚酯，增强其效果。该设计造型表达了防护和力量。

聚酯的性能（Polyester properties）

聚酯这个名词由两部分组成，聚合（poly）意思是很多，酯（ester）是一种来源于石油的基本化学物质单体，代表一系列由这种单体做成的系列聚合物。通常用它来指代聚对苯二甲酸乙二醇酯，学名简称为聚酯（对苯二甲酸乙二醇酯），主要成分是石油化工的产物乙烯。

超过50%的聚酯用于加工纤维。

聚对苯二甲酸乙二醇酯还大量应用于瓶子和包装材料，缩写为PET。

毛/棉混纺（Wool and cotton blends）

在生产早期，因为聚酯纤维可以模仿棉花和羊毛的许多外观特性，因此被视为它们的替代品，后来，聚酯用于制作廉价的西装和衬衫，现在仍然如此。一旦聚酯的新鲜感过去，就很难把它作为这两种天然纤维的长期竞争者，主要原因是聚酯不具有这两种纤维的手感。然而，与这两种纤维的任意一种混纺，聚酯就被赋予了新的附加值。制作西服的混纺面料最好使用少量的聚酯，而以天然纤维为主，合成纤维提高面料的强度、稳定性和服装的易打理性。

运动服装（Sportswear）

聚酯是制作运动服装和功能性服装的有效织物，聚酯纤维可以附加各种功能。聚酯纤维结实且不易吸湿，使其成为进行化学处理和整理的理想面料，如防水整理和阻燃整理。纤维吸湿性差，不易沾色，织物可以预缩处理，拉伸后也不容易变形。

未来面料（Future fabrics）

美国的纺织研究人员正在开发与凯夫拉（Kevlar）的强度相当的超级纤维，用来制作防弹背心。

聚酯长丝纱的加工

聚合

对苯二甲酸二甲酯（Dimethyl terephthalate）和乙二醇（Ethylene glycol）催化加热到很高的温度—得到的化学物和乙醇单体添加到对苯二甲酸（terephthalc acid）中并加热到一定的温度—得到清澈的熔融聚酯，挤出通过狭槽形成长丝

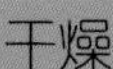

干燥

长丝冷却后—切成小片—干燥，防止不均匀性

熔融纺丝

聚合物切片熔融成糖浆状液体—挤压通过喷丝孔上的小孔—纤维合并成单股—纱线直径由喷丝孔上小孔的数目决定—可以添加其他的化学品，提高功能性（阻燃性、防静电或其他）

牵伸

从喷丝孔挤出后，具有了柔润性，拉伸到初始长度的五倍—这个过程使分子定向排列，增加稳定性—纤维干燥和固化后更加牢固—直径和长度决定于纱线的最终用途

卷绕

拉伸后，纱线卷绕到大的筒子上或者平绕到准备进行针织或机织成织物的包装上

聚酯的生产（Polyester production）

聚酯可以加工成不同的形式：一般是长丝纱（具有连续长度的单纤维束）或利于与其他天然纤维混纺而切成的短纤维（长丝切成预定的较短长度）。短纤维的加工方法与长丝类似，但熔融纺丝过程使用的喷丝孔的孔数更多。

从喷丝孔挤出的纤维原料冷却后再在加热辊上拉伸到自身长度的3～4倍，然后挤压，使纤维形成波形卷曲，并加热定形。当与棉混纺时，聚酯被切成3.2～3.8cm长；而与黏胶混纺时，切成5cm长。此外，还可以将聚酯加工成纤维填料，大量用于被子、防寒服装的填料。

出自意大利品牌Corneliani的优雅、休闲风格单排扣外套是由触感柔软的合成微纤仿麂皮制成，面布内层为拉链拆卸式胸衬，搭配的裤子由柔软的仿羔皮呢棉针织布制成，里面搭配米灰色高圆领毛衣。

微纤和纳米纤维（Microfibre and nanofibre）

虽然其他的人造及混纺纤维也可以用来加工微纤，但最早和最常用的是聚酯。微纤这个术语指的是纤维细度低于1丹尼尔或一根长丝细度低于1分特的合成纤维（*Textile Terms and Definitions*，第11版，Textile Institute出版）。丹尼尔和分特是线密度的单位，用来描述纤维直径或细度。

超麂皮/阿尔坎塔拉（Ultrasuede/Alcantara®）

超细纤维的研究开始于20世纪50年代后期，但早期的研究成果缺乏工业生产所需的一致性。第一根成功的超细纤维由日本东丽工业的冈本三好（Miyoshi Okamoto）和彦田丰彦（Toyohiko Hikota）于1970发明。Ultrasuede®是东丽（美国）的注册商标，产品在美国市场化。在欧洲商标为Alcantara®，由同名的意大利公司生产，由该公司与东丽工业共有。

聚酯纳米纤维（Nanofront®）

纳米技术的发展是日本帝人化学公司最先研究并于2008年工业化生产出第一种纳米纤维，它的细度比人的头发细7500倍。Nanofront®具有很好的摩擦性能，它被应用于运动服装，尤其是防滑鞋。

（上图）利用帝人公司的蓝色生态回收面料生产出海军蓝功能夹克，由亨利·劳埃德（Henri Lioyd）设计，具有高功能性的款式特点：防水拉链、反光的细节设计和安全信号绳。

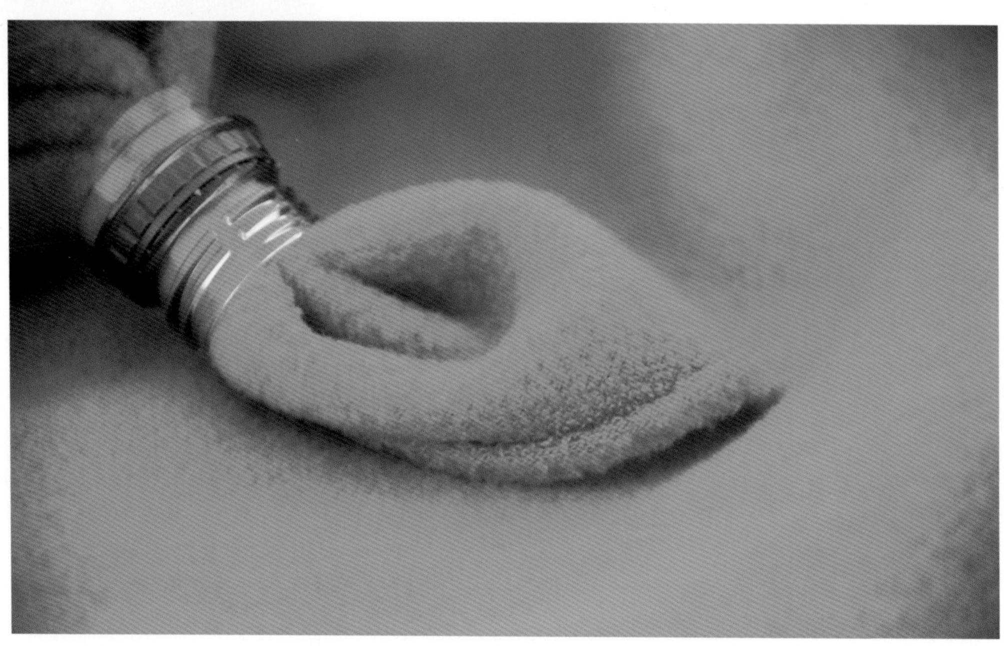

（右图）米卡·鲍姆（Myka Baum）“绿色出行”主题款式。受到许多环保人士痛斥的有害塑料瓶可以回收并做成毛绒织物。

生态可持续性（Ecological sustainabilty）

纤维的来源只是对环境关注的一部分。塑料瓶填埋后需要700多年才能分解，而聚酯不能生物分解，但它可以回收再利用。

使用消耗过的塑料代替初始材料来生产回收聚酯纤维和服装产品，有可能避免数以百万计的废塑料（PET）瓶被填埋。

美国生产商Foss使用17个聚酯瓶生产出足够一件运动衫使用的生态纤维（10个瓶子可以生产1磅纤维）。2010年，三宅一生（Issey Miyake）与日本帝人公司合作，使用回收聚酯创造了一个服装系列。这家日本化学公司开发了专门的设备，去除所有的杂质，如染料等，并将使用过的聚酯还原成原材料对苯二甲酸二甲酯。而在此之前，要生产出比传统回收的聚酯（常见于户外运动服装）更长且更柔软的纤维丝（更奢华的手感），这些杂质一直都是一个障碍。没有了这些杂质，材料可以多次重复使用。如果回收聚酯中的杂质可以去除，正如三宅一生所说“感觉它可以用于更多的产品”（来源于经济时报2010年8月12日Michiyo Nakamoto的文章）。很多公司从消费者手中收集自己的产品，并委托日本帝人公司将其进行回收再利用，巴塔哥尼亚（Patagonia）和亨利·洛以德（Henri Lloyd）就是其中的两家。

耐克为法国、克罗地亚、荷兰、波兰以及葡萄牙设计的2012年欧洲杯运动套装据说是目前最环保的产品，几乎全部由回收的塑料瓶制成，只添加了少量的有机棉。耐克称使用丢弃的塑料瓶比使用原生聚酯节省了大约1/3的能源。

Triexta

Triexta是聚酯的一个子类的通用名称，包括其聚合物和构成部分。使用这种聚酯的化学名称是聚对苯二甲酸丙二酯（PTT），有机单体成分是丙二醇（PDO）。

PTT在20世纪40年代首次申请专利，并被用于制造地毯纤维，并不适合商业化制作服装。杜邦公司对其进行研究并进一步开发，实现了Sorona®品牌产品的市场化。

这种纤维可用于生产针织或梭织面料，因为非常耐用，耐污且比传统的聚酯柔软光滑，因而是运动服的理想材料。用作功能服装时，它能提供超常的拉伸回弹性，据说至少比传统聚酯或尼龙大两倍。Izod、Timberland和Calvin Klein等品牌都在它们的服装中使用了这种纤维。

这种纤维部分使用了可再生来源成分，由于纤维的提取是在比传统纤维低的温度条件下进行，因此更加节能，排放的温室气体更少。

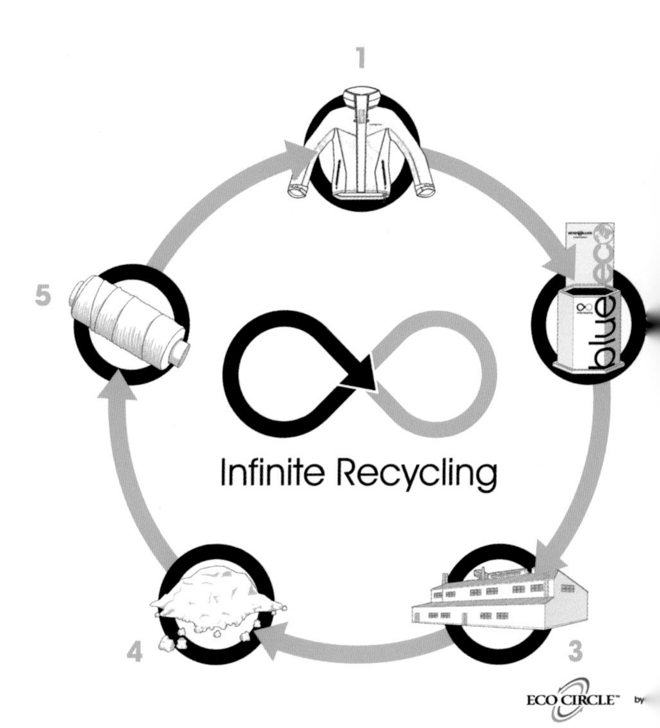

流程图展示了日本帝人公司创新生态圈的无限循环，蓝色代表生态织物。使用废弃的聚酯产品与新的聚酯原料相比，能明显减少二氧化碳的排放及能量消耗。

S.Cafe®

S.Cafe®纱线是一种高性能的聚酯纤维，含有3%的用过的咖啡。这些咖啡渣被加工成纳米粒子，并嵌入纱线内部。只需要半杯废弃咖啡就能生产出一件T恤所需的纤维，加工过程去除了异味，副产品可以用来加工肥皂。煮熟的咖啡通常都具有脱臭性能、吸湿性以及防紫外性能。S.Cafe®　ICE-CAFÉ是一种类似的纱线，能增强凉爽感，散发人体的热量。这两种纱线都可以用来机织或针织，它们是理想的运动服装面料，已经用于Nike、Patagonia、The North Face和Puma等品牌服装中。

产品都满足蓝标（bluesign®）环境友好型纺织品的要求，并由中国台湾的Singtex®公司生产。

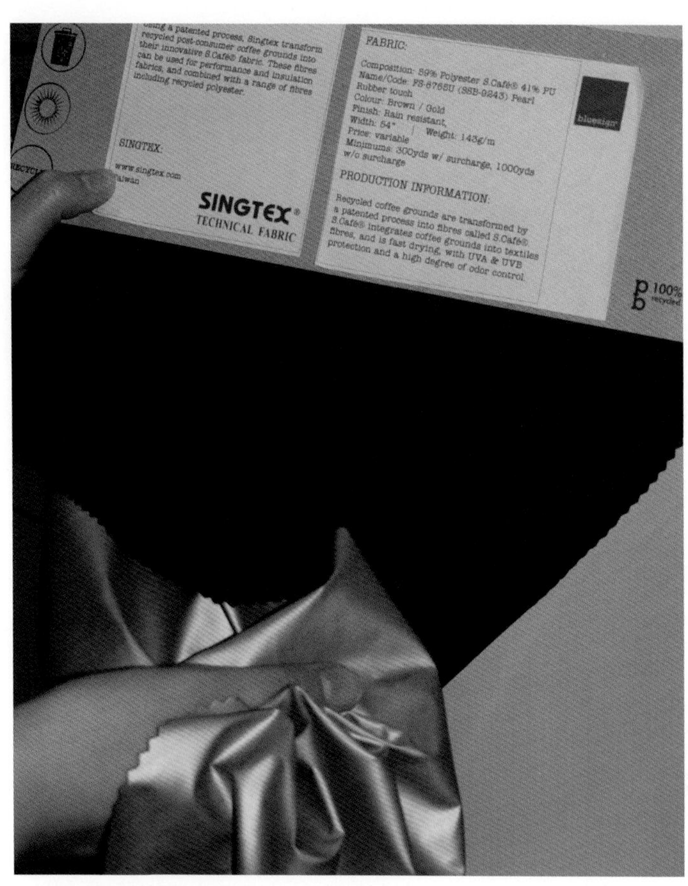

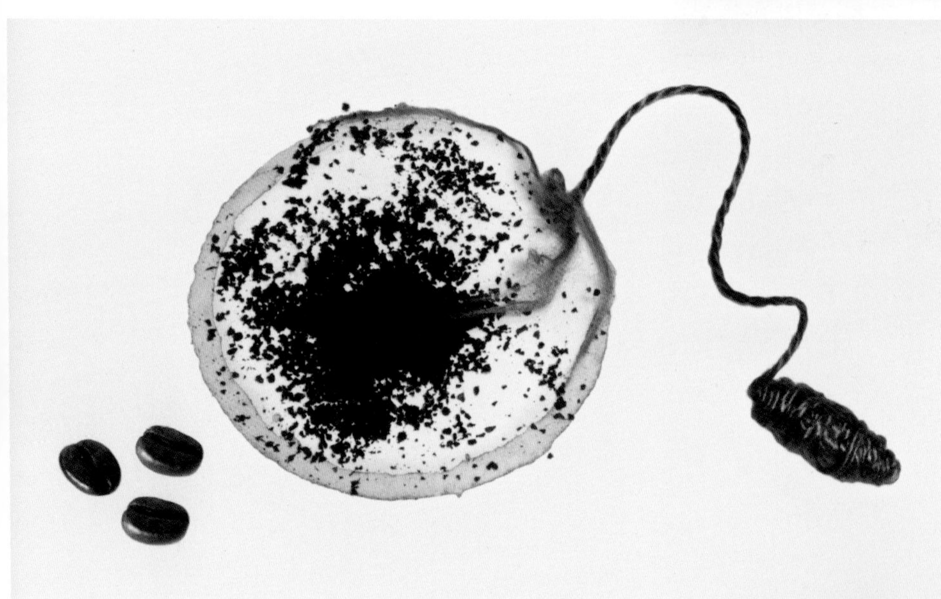

使用后的研磨咖啡是一种新开发纤维的原材料，研磨咖啡废渣被加工成纳米颗粒，并嵌入纤维内部。中国台湾创新型公司Singtex®开发了由咖啡纳米颗粒制成的可回收聚酯纤维，商品名为S.Cafe®。

聚酰胺/尼龙（Polyamide）

聚酰胺（尼龙）是第一种成功商业化的合成聚合物。

尼龙是称为线性聚酰胺的一类合成聚合物的通用名称，TACTEL®纤维和CORDURA®织物是尼龙产品的两个注册商标。GORE–TEX®和防破裂织物通常都在加工过程中使用尼龙材料。

尼龙纤维是丝袜的同义词，是战后时尚的基础，“尼龙”因为丝袜而出名，成为一个术语。

（上图）彩虹色三叶尼龙“上等”纤维具有鲜艳的颜色，能反射光泽，这些都是合成纤维所具有的特征。

（右图）来自手工织布作坊和展厅的三叶形尼龙纤维。三叶形是指纤维稍圆的三角形态。

聚酰胺尼龙的历史（The history of polyamide nylon）

尼龙的发明要归功于杜邦的华莱士·卡罗瑟斯（Wal–lace Carothers）。尼龙纤维的纱线和织物是丝绸的替代品，1935年，尼龙首次在美国出现，但是直到1940年才得到大规模生产，之前从没有哪种消费品在世界范围内引起如此大的轰动。作为丝袜材料使用了18个月后，美国参加了第二次世界大战，所有的尼龙产品转向战争用途，主要是制作降落伞，导致了尼龙（丝袜）黑市的出现。，

虽然认为美国发明了尼龙，但同一时期德国也生产出了聚酰胺纤维。

美国开发的称之为尼龙的是聚酰胺6,6’，而德国人开发的产品只有六个碳原子，称为聚酰胺6’，并以贝纶（Perlon）的商品名生产。

德国人第一次测试袜子是在1938年贝纶发明后几个月。这种纤维也被用来使德国军人的袜子更结实，并颁布法令，作为军用物资进行保密。站后，尼龙（美国）和贝纶（德国）的生产商将其转而用于生产袜子后，供不应求，商店进货后经常引起骚乱，用了超过一年的生产时间才满足了全球的需求。

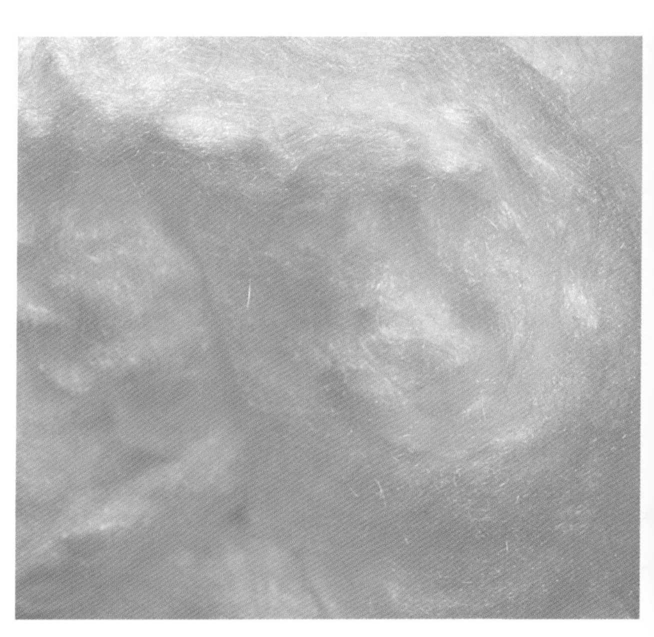

聚酰胺的性能（Polyamide properties）

基于学术或科学目的，通常称它为聚酰胺6,6或聚酰胺6，数字代表每个单体中碳原子的数目，基础材料是煤和石油。这两种纤维都是由聚酰胺聚合物的重复单元（通过酰胺键连接在一起）而形成。

聚酰胺纤维轻且细，但也非常耐用，具有非常好的耐磨性。有光泽且弹性大，易洗快干，保型性好—所有的这些性质都使其作为丝袜材料时比原来使用的蚕丝更受欢迎。制成梭织面料使用时，聚酰胺尼龙主要应用于功能性外衣和技术面料。

GORE-TEX®

GORE-TEX®是一种能呼吸的防水涂层，于1980年由鲍勃·戈尔（Bob Gore）在美国申请专利。它基于氟聚合物的产品，并通过热机械拉伸聚四氟乙烯（PTFE），PTFE是一种氟纤维，也是特氟龙（Teflon®）的化学组成成分。将“Gore”薄膜层涂在若干种高性能织物中的任何一种上，通常是尼龙，然后然后以溶液密封，使薄膜具有了防水性和透气性。GORE-TEX®织物防风且重量非常轻。

GORE-TEX®薄膜的主要成分聚四氟乙烯拉伸后含有数以百万计的微孔，每一个尺寸都小于液滴，因此能阻止液滴穿透，但又比水蒸气分子大，允许气体通过。

使用GORE-TEX®制作的服装（包括鞋子和手套）—必须使用胶布密封接缝以防止缝纫机针孔部分透水。胶布通过胶合或热封等方式与面料在所有的内缝处接合。

一种称为WINDSTOPPER®的类似产品也使用同样的技术生产具有防风透气性的产品，但并不完全防水。

专利过期后，又有几种采用同样技术和具有类似特征的产品出现。

TACTEL®

TACTEL®是英威达（INVISTA）生产的尼龙6,6纤维的商品名称，名称从拉丁文“tactum”得来，意思是触摸，有触感。多用途的TACTEL®纤维结合了尼龙的耐用性和非凡的柔软性，于20世纪80年代由杜邦生产出来，现在由英威达生产，英威达是一家从杜邦纺织和家纺事业部分离出来的私人公司，目前是世界上最大的综合纤维、树脂及中间体公司之一。由于其非常柔软、透气和易打理的性能，TACTEL®纤维目前成为一种非常受欢迎的棉的替代纤维，用于女士内衣市场，尤其是无缝服装。它是一种高性能的合成纤维，快干（通常比棉快很多）且防皱。

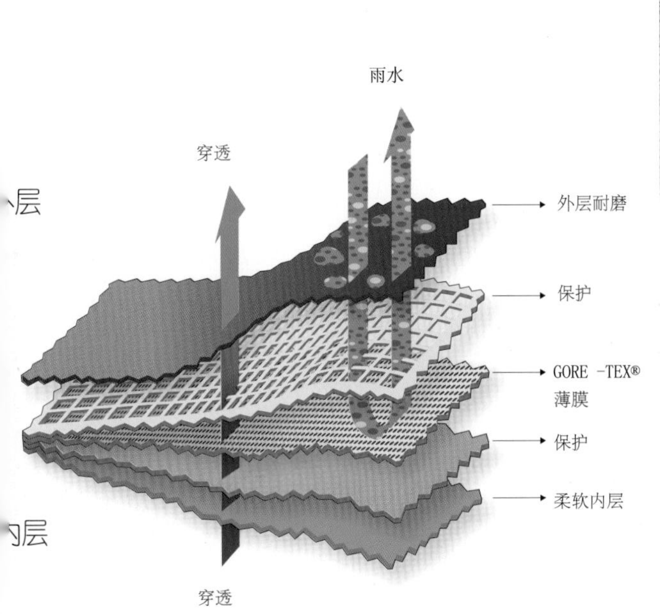

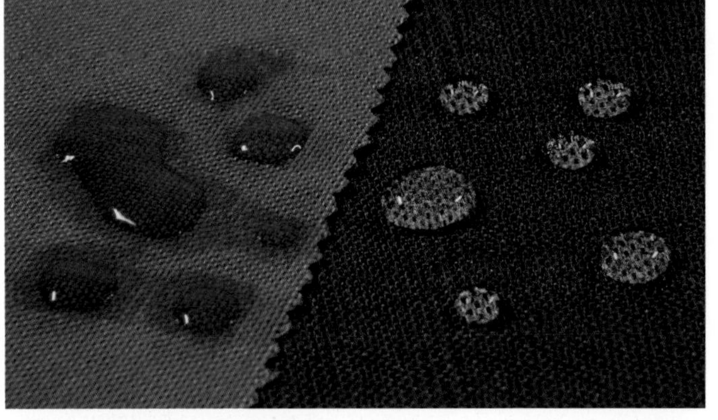

（左图）面料层的横截面图，使其在各种温度和天气条件下获得最佳性能。GORE-TEX®薄膜能阻止液滴进入内层，同时保持了透气的性能。

（上图）两种高耐用性的机织面料。绿色的经过了重度拒水涂层整理，蓝色的经过轻微的防湿整理。这些新的功能性完全是通过面料涂层而实现的，而不是通过这种特殊面料生产过程中织物组织、纱线或纤维的功能而获得。

CORDURA®面料（CORDURA® fabric）

CORDURA®面料是耐用的梭织或针织面料，强重比非常高，由强韧的尼龙纤维制成，这种织物据说具有与尼龙类似的一流的耐撕裂和耐摩擦性能。20世纪60年代晚期由杜邦公司作为更结实的尼龙而最先开发出来，现在这种面料的商标属于英威达（INVISTA）。

CORDURA®最先应用于对耐用性和性能要求更高的军用产品，20世纪70年代，一些品牌如Eastpak开始将这种面料用于背包和箱包。到80年代后期，更轻型的面料开始用于服装领域，现在这些经典面料已经广泛地应用于工装、滑雪服及摩托车服装的加固性插片，能够提供最大的耐摩擦性，使用的品牌包括Dickies、Jansport及Dainese。

目前CORDURA®面料产品众多，各种针织或梭织面料包括不同的克重、混纺方式、结构成分等，后整理方式包括涂层、双层编织、两向或四向拉伸。CORDURA®牛仔布及CORDURA®NYCO等面料是基于棉和英威达尼龙纤维混纺，比棉更加舒适。CORDURA®NaturalleTM面料具有棉的外观，CORDURA®Lite面料通常作为包装用布、防撕裂面料以及多臂提花组织面料。所有的这些面料根据最终使用要求都可以进行涂层或层压处理，用于时装、户外服装、工装及军装等。

（上图）梭织CORDURA®面料的横截面显微镜照片，显示了长丝束的结构和密度。结构使用高韧性纤维技术，与其他纤维相比，CORDURA®面料更加耐用。图片由英威达提供，CORDURA是英威达耐用织物的注册商标。

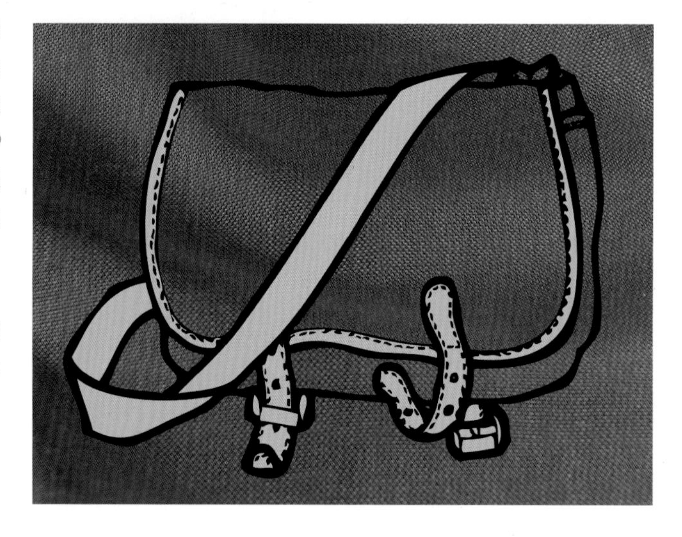

（右图）CORDURA®面料有不同的结构和肌理，拥有可满足服装、箱包及鞋子等所需的耐用防撕裂性及耐磨性。

尼龙防撕裂面料（Nylon ripstop）

防撕裂面料是任何一种有可见的轻微凸纹表面，菱形图案里有较粗的纱线且相互交叉的轻便梭织面料（包括蚕丝、棉、聚酯或丙纶）。虽然任何一种纤维都可以用来制作防撕裂面料，但尼龙是最主要的一种。相互连接的尼龙纱线图案，使用轻便材料以一般的间隔距离编织，能阻止进一步撕裂。以Nomex®纤维（芳纶纤维的一种）织造的防撕裂面料，常用于消防服，印上迷彩印花就可以军用，无论是否有功能要求，它也可以用于日常服装。

（上图）防撕裂面料的特写显示了很明显的轻微凸起的十字形梭织结构，由此定义了这种织物。这种编织结构使面料更结实，防止了撕裂发生后面料的进一步裂开。

聚酰胺的生产（Polyamide production）

生产尼龙纤维有两种完全不同的方法。

尼龙6,6（Nylon 6,6）

第一个分子与分子末端的酸性基团结合（脂肪酸或己二酸铵），这些反应发生在含有胺基分子的水中（己二胺），与每个末端结合。得到的纤维根据分割两个酸性基团和二元胺的碳原子数目（总共12个）称为尼龙6,6。这种复合物形成了一种盐，称为尼龙盐，干燥后加热去除水分，形成聚合物。

尼龙6（Nylon 6）

第二种方法使用一端含有胺基另一端含有酸根（己内酰胺）的复合材料。通过加热聚合，在这个过程中这种复合材料断裂成有重复单元的长链。得到的聚合物纤维（聚己内酰胺）称为尼龙6，也是根据碳原子的数目得出的。

从聚合物到纱线（Polymer to yarn）

主体材料经化学加工成颗粒状（微小颗粒），然后在液体中溶解并加热熔融形成糖浆状物质。然后将熔融的聚合物在高温下挤压通过喷丝孔形成长丝，并冷却固化。

加工工艺、喷丝孔的类型和添加剂添加量的选择决定了最终产品的性能。这两种方法都是将聚酰胺熔融纺丝，并在冷却后拉伸。纤维束最后都会拉伸到自身原始长度的4～5倍，迫使分子取向，增加纤维的强度并保持弹性。长丝纱最后上油并卷绕到筒子上。

生态可持续性（Ecological sustainability）

尼龙是石油化工产品，不可生物降解，在生产中也会产生温室气体（一氧化二氮）。然而，除了备受瞩目的丝袜外，尼龙制成的服装也非常耐用，并可以重复使用。一些尼龙聚合物，如TACTEL®，还可以回收用做家用塑料产品。

芳族聚酰胺纤维（Aramid fibres（Aromatic polyamides）

芳族聚酰胺纤维是强度极高的高性能人造纤维，耐热性好，且在正常氧气含量下不会燃烧。

术语芳族聚酰胺是“芳香的”（aromatic）和“聚酰胺”（polyamide）的混成词，作为织物，芳族聚酰胺用于防护和功能性服装工业。有疑虑指出，一些芳族聚酰胺纤维具有类似石棉的性能，但这种纤维依然很受欢迎。

最常见的芳族聚酰胺是聚对苯二甲酰对苯二胺，商品名为凯夫拉（Kevlar®），以及聚间苯二甲酰间苯二胺，称为诺麦克斯（Nomex®）。

芳族聚酰胺纤维的历史（The history of aromatic polyamides）

芳族聚酰胺是在联合实验室开发出来的，并在20世纪60年代早期开始商业化。到60年代晚期，杜邦开发了间位芳纶，并以商品名Nemex®进行市场化，进一步的实验结果又开发出对位芳纶。第一种是聚（PpBA），称为“B纤维”，不久就被聚对苯二甲酰对苯二胺（PpTA）取代，它使由杜邦公司的斯黛芬妮·克劳莱克（Stephanie Kwolek）开发出来的，并在20世纪70年代早期以Kevlar®的名称市场化。

其他生产商生产凯夫拉和诺麦克斯类似的产品与之竞争。荷兰化学公司阿克苏开发了特威隆（Twaron®），是由聚苯二胺（PPD）得到的对位芳纶，现在由日本帝人公司生产，同时它也生产间位芳纶纤维泰克诺拉（Technora®）和帝人美塔斯（Teijinconex®）。

芳族聚酰胺纤维的性能（Properties of aramid fibres）

芳族聚酰胺纤维主要有两种类型：间位芳纶和对位芳纶。纤维是由与聚酰胺尼龙（PA）相关的长链合成聚酰胺形成的，但是主链结构不同，主链结构由特征类似脊状聚合物链的分子构成。分子间以强氢键连接，它们有很强的传递机械应力。

间位芳纶具有优异的隔热和防火性能：不易点燃、熔融、变形或分解，并且具有防化学品性及辐射防护性。此外，手感柔软，可以像普通纤维那样加工。

对位芳纶纤维除具有这些性能外，还具有非常高的强重比。凯夫拉的关键结构特征是苯环，分子的对称性形成非常强的链结构。

诺麦克斯和凯夫拉（Nomex® and Kevlar®）

诺麦克斯是间位芳族聚酰胺纤维，而凯夫拉是对位芳族聚酰胺纤维。这两个品牌在芳族聚酰胺纤维市场上占主导地位。它们具有类似的化学结构，都由杜邦公司生产，并且都是纤维状或片状。

纤维状的诺麦克斯用来制作赛车服、消防服以及军服的防热材料，在美国和西班牙生产，是间位芳纶市场中最常见的产品。

凯夫拉是一种超级结实的对位芳族聚酰胺纤维，强重比是钢铁的6倍。

凯夫拉是耐切割的纤维，主要用于工业和防护服装，如防弹衣和摩托车防护服组件，包括手套、护腕、护膝及护脊。它比传统材料质量更轻，且更薄，穿着更舒适。凯夫拉在对位芳纶市场中占垄断地位，在美国、北爱尔兰和日本生产，因为蝙蝠侠的紧身衣而被大众熟知。

芳族聚酰胺纤维的生产（Aramid fibre production）

芳族聚酰胺纤维通常由胺基和羧酸基反应后溶解芳香族聚合物而形成。凯夫拉通过对位苯二胺（PPD）和熔融的对苯二甲酰氯（TPC）之间的反应而形成，并在硫酸中湿法纺丝而成。诺麦克斯由间位苯二胺（MPD）和间苯二酰氯（IPC）反应得到。泰克诺拉（Technora®）由PPD和二氨基二苯醚（ODA）两种二元胺和TPC缩聚反应而获得。

在纺丝液中，坚固的分子成为液体，聚合物分子相互对齐，经过湿法纺丝从喷丝孔挤出后生成长丝纱线，剩余的溶液蒸发。挤出后液体长丝通过空气间隙并进入凝固水浴。此外还需要经过水洗、中和和干燥过程，再卷绕到筒子上。

这些出自伦敦OSX公司的高性能人体工学皮质摩托手套，其指关节处利用了凯夫拉纤维的超级防护性能，防止撞击时受到伤害。

腈纶纤维（Acrylic fibres）

20世纪50年代，腈纶纤维发展迅猛，与聚酯和尼龙一样，腈纶也随着战后现代化而快速发展，其中北美市场是发展最快的市场。

20世纪50年代，消费者不仅需要省力的机械，也需要易打理的服装，腈纶是满足要求的材料之一。

具有高蓬松度和羊毛一样温暖的手感，腈纶广泛用作羊毛的替代品，尤其是满足几乎所有不同市场的针织服装。然而，到20世纪60年代末期，消费者的品位发生变化，腈纶成为时代改变的牺牲品，由于容易起毛、起球，它被视为廉价之物。现在许多腈纶新纱线的出现使其成为与羊毛和其他天然纤维混纺的理想纤维。作为一种纯纺纤维，腈纶大大促进了运动服装的普及，如运用于摇粒绒、训练服和慢跑服。

20世纪50年代是腈纶的全盛时期，广受欢迎的包括美国品牌Orlon®、Acrilan®以及Creslan®，欧洲品牌Dralon®和CourtelleTM。目前市场上主要是LEACRIL®。

美国20世纪50年代的广告，展示了天真无邪的休闲风格，旨在吸引学院青年以及新型的青少年市场消费者。密歇根Glen品牌设计的裤装单品，强调了新的人造纤维的使用，肯定了无褶皱、易打理的腈纶纤维的优点。

腈纶纤维的历史（The history of acrylic fibre）

19世纪中期首次合成了腈纶和甲基丙烯酸，但这些材料的潜在应用直到世纪之交由德国化学家奥托·罗姆（Otto Rohm）发表的关于丙烯酸酯的文章才逐渐明朗。在整个20世纪30年代时期，德国和美国的研究齐头并进。丙烯酸涂料和透明树脂包括有机玻璃和树脂玻璃等产品都被生产出来。20世纪40年代早期，杜邦科学家一直致力于黏胶纤维性能的改进，他们发现了丙烯酸类高聚物的溶液纺丝方法，将得到的产品称为“纤维A”，不久杜邦开始小批量生产。

工业化生产（Commercial production）

早期生产这种材料的难点在于纺丝和染色，直到20世纪50年代早期，这两个因素一直阻碍了美国和德国的工业化生产，其后才大规模生产。杜邦公司的产品市场名称为Orlon®，孟山都（Monsanto）的产品名为Acrilan®，美国氰胺公司的产品名为Creslan®（也称为X−54纤维，或依克丝兰，是丙烯腈和丙烯酰胺的共聚物）。在英国，考陶尔兹生产了Courtelle®，而德国特拉纶公司生产了德绒（Dralon®），并且目前还在生产。

未来织物（Future fabrics）

由于经济原因，虽然还有几个欧洲公司生产腈纶纤维，但生产地主要在远东、土耳其、印度、墨西哥和南美，美国已经不再生产。最大的生产商是西班牙和意大利合资公司Montefibre SpA，成立于1957年，目前在这西班牙、意大利以及中国的合资公司生产，商品名称为LEACRIL®。

腈纶纤维的性能（Acrylic properties）

腈纶（PAN）可以定义为主链中含有85%（重量比）及以上丙烯腈重复单元的线性大分子形成的纤维。丙烯腈是油基化学材料，它是在催化剂存在的条件下，丙烯与氨及氧气发生反应，合成形成聚丙烯腈树脂，然后加工成腈纶纤维。

其他的化学品被用来提高纤维吸收染料的能力。丙烯腈具有很好的保暖和保型性（防皱）、吸水性较低、弹性好、耐用及易打理，此外，还能快速将水分导入表面并蒸发速干。

大多数腈纶纤维用于服装工业，少部分用于装饰面料，另有一小部分用于工业用途，它是羊毛材料的常用替代品。

腈氯纶（Modacrylic）

腈氯纶（MAC）纤维是从腈纶改性得到的，主链中含有35%以上但低于85%（重量比）的丙烯腈重复单元，来源于煤、空气、水和石油的结合。腈氯纶用于阻燃、儿童、婴幼儿服装、毛绒玩具以及人造毛皮和假发。它主要由德国人发明，于20世纪40年代由德国化学医药公司拜耳化学首先开发出来，并在1954年工业化生产。在同一时期，美国也生产出腈纶，即伊斯特曼柯达公司（Eastman Kodak Company）的维勒尔（丙烯腈和偏二氯乙烯共聚纤维）、代纳尔（氯乙烯和丙烯腈共聚纤维）以及孟山都的SEF。因为含水量低，纤维能产生静电，但腈氯纶织物耐飞蛾、霉菌和耐褶皱。

由设计师及中央圣马丁的毕业生玛利亚·伯格曼（Maia Bergman）设计的镶珠聚酯欧根纱裙装，丙烯腈珠粒状的肌理看起来像是长在底布上，成簇排列，具有像素格子的视觉化效果。聚酯纤维的质感和欧根纱的结构支撑起所有镶珠的重量。

腈纶的生产（Acrylic production）

丙烯与氨水及氧气反应生成丙烯腈单体，并聚合形成聚丙烯腈（PAN），其后可以通过湿法或干法纺丝方法形成纤维。

湿法纺丝中，聚合物（形成纤维的材料）挤压通过多孔的喷丝孔，形成纤维，同时他们浸没在化学溶液中，当从溶液中出来时，纤维固化。而干法纺丝中，聚合物挤出喷丝孔后进入热空气箱，纤维在其中通过挥发固化，另外还需要洗涤、拉伸、干燥和固定等其他处理过程。结束后，纤维经过气蒸卷曲处理，形成纤维长丝束。如果长丝要加工成短纤维，还需要切断工序。

腈纶纤维可以加工成不同的细度。

生态可持续性（Ecological sustainability）

丙烯腈是一种潜在的致癌物质，虽然穿着其制作的服装是否致癌的研究还没有定论，但它在环境中很常见—在许多加工食品中它会自然产生（如焙烘及烧烤）。在20世纪五六十年代，它被确认是一种吸入烟雾的生产工人出现职业神经中毒症的潜在来源。

腈纶的生产使用不可再生的石油化工产品，也属于能源密集型产业，且纤维不可降解。香港理工大学的研究者评估了10种典型的纺织品对环境的影响及生态可持续性，于2011年发表的报告表明腈纶是对环境影响最严重的。虽然生产技术可以提高到生产1吨特拉纶只需要使用5立方米的水，明显比其他天然纤维少，但是很明显，腈纶不是最环保的选择。

烯烃纤维—聚烯烃（Olefin fibres—polyolefin or polyalkene）

聚烯烃织物重量非常轻，是所有纤维中比重量最低的。

烯烃（聚烯烃）纤维是由聚乙烯和聚丙烯加工而成，是世界上目前最常见的塑料。聚烯烃比重较轻而体积和覆盖性很高，这意味着质轻而保暖。聚烯烃面料用于运动服装、保暖内衣、袜子以及外衣的隔热里子。面料也用于家装、汽车内饰及工业和产业用纺织品。

聚烯烃纤维品牌包括特卫强（Tyvek®）和新雪丽（Th-insulate™）。

聚烯烃纤维的历史（The history of polyolefin fibres）

意大利化学家吉欧利欧·纳塔（Giulio Natta）成功地将聚烯烃用于纺织品生产。他与德国人卡尔·齐格勒合作发明的催化剂能准确控制低成本聚合物的生产，进一步于20世纪30年代开发了丙烯市场，他们两人因此获得了诺贝尔化学奖。20世纪50年代末期，聚烯烃纤维的商业化生产在美国和意大利得到了进一步发展。

商业化生产（Commercial production）

现在有许多生产商生产聚烯烃纤维，最著名的来自于杜邦和3M公司，杜邦公司生产的纤维称为特卫强（Tyvek®），是一种比人类头发还细的高密度聚乙烯。

特卫强（Tyvek®）纤维是意外发现的，一名杜邦的研究人员在实验室中观察到聚丙烯绒毛从一个管子上出现。

这种材料引起了吉姆·瓦特（Jim White）的注意，通过对它的进一步研究，于20世纪60年代晚期生产出了膜化聚丙烯。

10年后，3M公司开始生产著名的保暖材料新雪丽（Thnsulate™）。

烯烃纤维的性能（Olefin fibre properties）

烯烃纤维是由聚丙烯或聚乙烯形成的合成纤维。聚乙烯通常用于绳索和功能性面料，而聚丙烯用于服装（尤其是防护服装）、装饰面料及工业产品。现在通常与棉混纺使用。

形成纤维的材料是一种简单的长链碳原子结构，聚乙烯由至少85%（重量比）的乙烯、丙烯或其他的烯烃单元在其气体聚合时形成，得到的纤维强度很高、耐磨性好、防污、耐光、防火及防化学品侵蚀。烯烃易燃，因此需要在低温下清洗污渍。

烯烃纤维熔融温度比尼龙或聚酯低，因此面料可以通过加热接合——正是基于此原因，纤维可以用于开发泳装，不需要缝纫，减少拉伸并使面料更符合空气动力学。

其他因素还包括吸湿性差，此外，烯烃纤维比重在所有纤维中是最低的，可以浮在水面上。

特卫强（Tyvek®）

特卫强（Tyvek®）是一种乙烯无纺布，由自由排列的纤维热熔在一起，形成防护膜并组合成蜡纸。它有许多工业用途，包括建筑和包装。作为服装材料，特卫强（Tyvek®）用于防护服装（仅限用于紧身服装）。作为防油防水的轻质、舒适的纳米纤维，它能有效防护石棉、碳纤维或油漆等材料处理时对工人的伤害。特卫强（Tyvek®）撕裂强度很高，但可以剪切。

新雪丽（Thnsulate™）

新雪丽是轻薄（thin）和绝缘（insulate）这两词的组合。这种织物由许多聚合物组成，大多数是聚乙烯对苯二酸酯或聚丙烯，于20世纪70年代开始用于滑雪服，并在其后持续发展。这种纤维比聚酯纤维细，与其他隔热材料一样，纤维间的空隙能阻断空气，减少热量流失的同时能使水蒸气通过。据生产商称，它的保暖性是鸭绒的2倍，且不易吸水、不易压倒。产品已经用于Tom Hilfiger、The North Face 和Woolrich等品牌及美国和加拿大滑雪队服装。

出自纽约品牌Mau“后工业时代服装”系列的黑白服装。这个系列的实用和穿用性强的街头服装由随处可见的包装材料特卫强制成。这种材料由非常轻的高性能无纺材料做成，通常用于工业上的防护服装。特卫强外观和手感看起来像纸一样易碎、易坏，但实际上防水、防油，且非常耐撕裂。它产于美国，由25%的回收材料制成。

烯烃纤维的生产（Olefin fibre production）

烯烃纤维生产方法与聚酯和尼龙类似，乙烯和丙烯气体在催化剂催化下聚合。卡尔·齐格勒最初使用四氯化钛和铝的烃基衍生物的混合物作为催化剂，齐格勒–纳塔催化组合还包括铬卤化物、钒、锆、烷基铝复合物等。

因为聚丙烯熔点高于聚乙烯，因此它通常用于纺织品。不同的纤维性能可以通过不同的的添加剂及加工条件实现。通过湿法或干法熔融纺丝，聚合物通过喷丝孔后，进入水浴可湿法纺丝，空气冷却后可以干法纺丝。聚乙烯纱线纺丝后难以染色，颜色一般在挤出时添加到熔融液体中，因此，加工后的纤维、纱线及织物色牢度极高。纤维通常拉伸到自身长度的5～6倍，烯烃纤维可以做成长丝、短纤维或纤维束使用。

生态可持续性（Ecological sustainability）

烯烃纤维生产成本低，由于生产过程中（尤其是染色）副产品少，而相对环保，它们也很容易回收。杜邦公司生产的特卫强（Tyvek®）防护服装用的烯烃纤维包含25%的回收利用材料。

中央圣马丁毕业生海莉·格朗德曼（Hayley Grundmann）采用电子编织技术将洗衣袋通过针织做成奇特的升级回收“自助洗衣店”系列，布条在家用针织机针上有选择性地绕成圈。其他的回收材料在梭箱织机上编织，形成无缝织物。设计师使用的都是人造或升级回收的纤维，而不是真丝欧根纱。

聚氨酯/弹性体（Polyurethane/elastomers）

弹性（elastane）是用来描述具有优异弹力的纱线或织物的通用术语。在北美，其变位词“spandex”更为常用。弹性纱线最先开发出来用于替代紧身衣和内衣中使用的弹性橡胶，它们比所取代的非合成（有机）产品更加耐用。

在多年的流行文化中，弹性面料是漫画中超级男女英雄、主要反面人物的首选。

超级英雄和运动员（Superheroes and athletes）

从超级英雄服装到情趣装，只有使用弹性纱线才能制作光滑、贴身的服装，这种材料因而地位上升，广受欢迎。在这个过程中，情趣装以及半束缚的紧身衣（覆盖全身）出现了。

从更实用的角度，弹性是开发运动及功能性服装的主要驱动力，并最终改变了我们今天的穿衣方式。在服装中加入少量的弹力纱线，能使服装在拉伸至一定大小后恢复初始形态。20世纪80年代，打底裤和羽绒背心遍地都是，正如阿瑟丁·阿拉亚（Azzedine Alaia）所展现的那样，贴身服装继承了弹性面料的基因。

莱卡（LYCRA®）是无可争议的全球最知名的纱线，以致于“莱卡”成为所有弹性面料的代名词，无论其属于何种品牌。

（上图）紧身衣（穿着在大衣里层）利用了弹性纱线的拉伸回弹性，彻底改变了我们对舒适性的期望，改变了我们的穿衣方式。弹性纱线使第二层皮肤的概念应用于许多产品，并进入当代时装词典。

（右图）显微镜照片显示了彪马（PUMA）设计开发的足球运动服所使用的独特织物的结构。带有涂层的松散超细纤维能将湿气导走。针织结构中非常大的线圈使用了弹性材料，赋予面料更大的弹力和回弹性。

弹性纤维的历史（The history of elastane fibre）

20世纪30年代，奥托·拜耳（Otto Bayer）在德国发明了二异氰酸盐的加成聚合工艺，并取得了聚氨酯的专利，但杜邦公司的威廉·汉福德（William Hanford）和唐纳德·福尔摩斯（Donald holmes）在20世纪40年代发明了多用途聚氨酯的现代加工工艺，它们的工艺为20世纪50年代美国化学家约瑟夫·史沃斯（Joseph Shivers）发明的弹性纤维打下了基础。这种纤维最初设想是一种更可靠且可稳定获得的用于紧身内衣行业的橡胶弹性体替代品，名称为“纤维K”。1962年，杜邦公司以莱卡（LYCRA®）为商品名将这种纤维推向市场，目前由INVISTA生产。其他的弹性纤维品牌包括韩国晓星的Creora®、日本东洋纺的氨丝霸（ESPA®）以及Fillattice公司的意力（Linel®）。

（左图）Terra New York重新演绎了经典战壕风衣，采用透明聚氨酯薄膜制成。聚氨酯的特性使接缝可以粘合，让雨水无法穿过孔隙，能做成完全防水的服装。防风雨前片门襟下关键位置的穿孔透风设计具有透气性。

弹性纤维的性能（Elastane fibre properties）

弹性纱线或织物能拉伸到自身初始长度的3倍以上（甚至达到7倍），释放拉力后能恢复到初始长度。

面料的拉伸不是靠弹性，而是通过织物结构，弹性使纱线恢复原始长度。

弹性纱线不能直接织成织物，需要与其他天然或人造纱线一起，织成具有弹性的纱线。弹性纱线以前主要用于针织面料，针织结构本身就具有拉伸性能，因此适合弹性纱线的使用。梭织面料更加稳定，弹性纱线在早期的梭织面料上并不适合。而随着技术的进步，目前弹性纱线也应用于梭织面料。根据弹性纱线使用方式的不同，有纬向或经向弹性织物，在市场上称为“舒适拉伸”面料，具有有限的拉伸能力，更适合于休闲服装而不是运动服装，梭织面料也可以做成经纬向都具有拉伸能力。

肌肉性能因素（Muscle performance factor）

拉伸面料除了能使人体自由活动外，弹性纱线还能在运动中提高肌肉的恢复能力，减少肌肉疲劳。运动服面料大多数具有针织结构。针织面料通常在宽度方向上具有最大的拉伸能力（纱线伸长），而织物长度方向的拉伸能力有限，弹性纱线含量高时能增强织物的力量或者说增加其弹性系数。织物的拉伸或收缩与身体肌肉的运动步调一致，服装的支撑有助于减缓肌肉疲劳，因为降低了肌肉的压力，因此性能提高。

弹性纤维（Elastane fibre）

弹性纤维是弹性类似于橡胶的纤维，用于各式服装以提高它们的合体性和功能性。这种纤维与其他纤维可以通过高拉伸性和回弹性进行区分。弹性纤维由形成网格的长聚合物链段组成。在未拉伸或松弛状态下，这些长的聚合物链自由卷绕，当纤维拉伸时，卷绕部分被拉长，纤维伸长而不会断裂。当拉力释放后，聚合物链快速回到卷绕状态，纤维几乎完全恢复到初始长度。对于弹性纤维来说，至少需要85%（重量比）以上的聚氨酯链段，且能拉伸到自身长度的3倍以上，放松后快速恢复到原始长度。

弹性纱线也可以由弹性纤维芯外包其他纤维构成。可以做成束状，提高耐磨性，赋予最终织物外包纤维的外观和手感，但同时具备只有外包纤维时所不具有的弹性。弹性纤维也可以直接织入以其他纤维为主的面料，这时弹性纤维会隐藏在织物内部，同样提供所需要的合体性和舒适性。

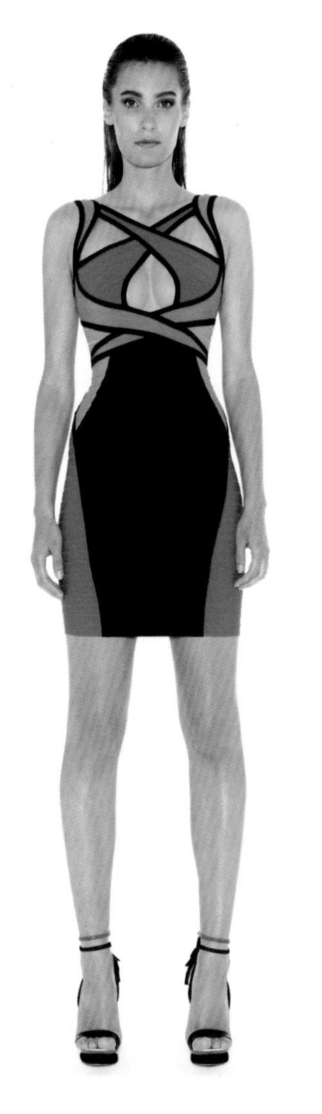

莱卡（LYCRA®）

现在有许多与莱卡纤维性能类似的产品，每一种都是为特定用途设计的，从比普通弹性纤维耐氯性能高10倍的Xtra Life莱卡纤维到非常适合与温度敏感纤维一起使用的易定型莱卡纤维。专利所有权和各品牌不同的加工工艺，可以将莱卡弹性纤维及其竞争性品牌和其他类似纤维区别开来。

鲨鱼皮（The LZR Racer®）

鲨鱼皮泳衣（由弹性尼龙和聚氨酯制成）是由Speedo®、澳大利亚体育学院、美国航天局低速风洞测试系统和ANSYS流体流动分析软件系统合作开发成的。川久保玲设计了这套泳装，并经由奥林匹克运动员测试过。这种鲨鱼皮（FASTSKIN®）材料的设计是用来模拟鲨鱼的皮肤，该服装使氧气能更好地流向肌肉，压缩护板将身体固定在符合流体力学的位置。服装的接缝通过超声焊接，且材料快干（避免时间延误），同时材料还耐氯。鲨鱼皮泳装在提高国际水平运动成绩方面的成功（提高5%）迫使FINA（全球游泳赛事管理机构）对游泳比赛的服装规则进行重新评估。

（左图）由黏胶、尼龙和氨纶制成的像绷带一样的高拉伸弹性布条构成了法国设计师荷芙·妮格（Hervé Léger）标志性的美学。设计师利用高弹性松紧带包住人体模型外的服装，然后将它们缝合在一起，塑型并打造出近乎紧身衣的效果。

（上图）伦敦时装学院毕业生戴安娜·奥瑞亚·哈里斯（Diana Auria Harris）设计的分割式泳衣由回收的鲨鱼皮泳衣加工而成。FINA重新审视服装规则后，Speedo®公司在几个学校之间举办了一场比赛，鼓励创造性地升级回收这些泳衣。灵感来自于紧身衣，哈里斯的设计含有可充气的跳水帽。

聚氨酯弹性纱线的生产（Polyurethane/elastane production）

弹性聚合物通常采用两步反应法生产。首先，巨乙二醇和二异氰酸盐单体混合，形成预聚物。预聚物在溶液中稀释并与二元胺或二元胺混合物进一步反应形成聚合物溶液。这种聚合物溶液也可能含有不同的添加剂，以提高弹性纤维的特定性能。最终的弹性纱线通常使用这种溶液通过干法纺丝工艺加工而成。干法纺丝工艺中，聚合物溶液输送进入干法纺丝单元，聚合物溶液在其中挥发，并回收重用。最后，也可以使用后整理液对纤维进行处理，来改善后续的纺织织造过程。

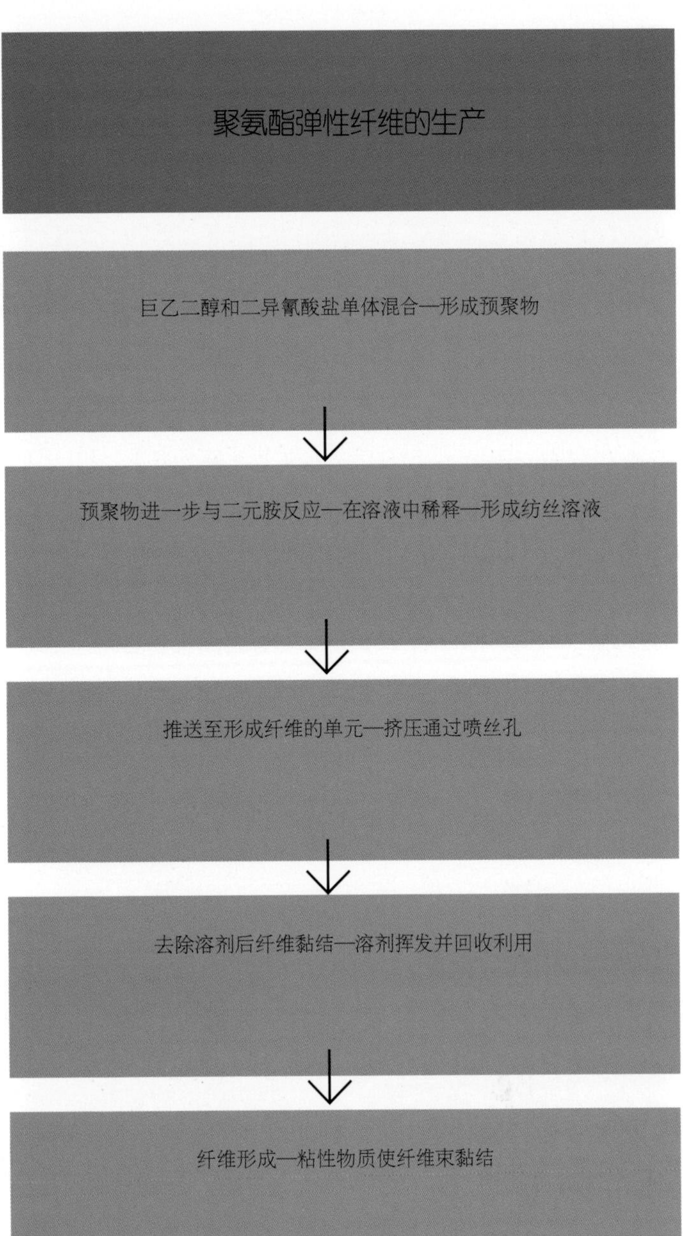

（上图）由斯威特·贝蒂（Sweaty Betty）设计的高性能跑步服套装，采用专门为满足运动需要而设计的高拉伸性的尼龙/氨纶织物，具有温度调节能力，排汗速干。

supplex®

合成橡胶（Synthetic rubber）

用于服装行业的两种主要合成橡胶制品是氯丁橡胶（Neoprene）和Ariaprene™。氯丁橡胶常用作雨鞋，但现在用于各个服装领域。

Ariaprene™是生物可降解产品，用来替代氯丁橡胶，不含溶剂和毒性，而且橡胶面料的克重繁多。

路易·威登（Louis Vuitton）、夏奈尔（Chanel）、迈克·柯尔（Michael Kors）、巴黎世家（Balenciaga）、朗万（Lanvin）和王薇薇（Vera Wang）等品牌在它们的时装系列中都采用过合成橡胶。

合成橡胶的历史（The history of synthetic rubber）

在20世纪之交，德国和俄罗斯在合成橡胶的实验研究方面有很大的进展，随着天然橡胶价格的增长，研发低价的合成橡胶的需求变得强烈，并最终由杜邦公司研发出了氯丁橡胶。该发明以圣母大学（Notre Dame University）尤利乌斯·纽兰德（Julius Nieuwland）的研究为基础，杜邦公司购买了其专利。华莱士·卡罗瑟斯（Wallace Carothers）部门的化学家阿诺德·柯林斯（Arnold Collins）在研究二乙烯基乙炔的副产品时最先生产出氯丁橡胶。19世纪30年代氯丁橡胶的名称被采用，它是一种类型而不是商品名，并作为原材料而不是成品出售。随着市场化的进行，在30年代末，氯丁橡胶的需求快速增长。

未来织物（Future fabrics）

如今的生态友好、无毒替代物Ariaprene™，是在世纪之交时开发出来的，它被设计为可以在闭环循环过程中重复使用，此后能够安全降解。

（上图）合成橡胶材料最初为工业用途而创造，并没有打算将其用于大批量生产的大众消费品中，也不可循环使用及在土壤里自然降解。相反，Ariaprene™是专为多次重复使用而设计的。制作过程中的废料能够回收再利用，或者加工成新的材料。一旦废料达到最大使用年限，经过2~5年后就能在土壤中完全降解，安全无害。

（上图）日本设计师拓也泷泽（Takuya Takizawa）具有神秘感的“包装鞋”，它的结构是鞋底和鞋面由螺旋状意大利面似的乳胶绳包缠，并编织于氯丁橡胶袜子外。

（左图）海绵状的Ariaprene™材料提供了“可呼吸”的防冲击软垫，使其特别适合用于制作运动鞋。

合成橡胶的性能（Synthetic rubber properties）

合成橡胶是一种人造弹性体，由许多基于石油的单体聚合而成。在比赛运动服装中，合成橡胶通常用于减震，而在休闲运动服中，通常与纬平针或天鹅绒等针织面料结合。合成橡胶与轻质不稳定织物层压后会增加织物的稳定性和强度，因此有更多的其他用途，如仅靠基本面料无法实现的外套款式。合成橡胶和织物层压合成橡胶可以根据最终产品需求的不同，通过缝纫、黏合或热压在一起。在阳光下不会降解，能抵抗弯曲和扭结造成的破坏，它也被用于水上运动的绝缘材料（潜水服及防水连靴裤）。

合成橡胶的生产（Synthetic rubber production）

氯丁橡胶（聚氯丁二烯，CR）以过硫酸钾作为引发剂，由氯丁二烯（从丁二烯氯化中获得）聚合而成，氯的存在使纤维具有耐热、阻燃、耐磨和防油性。因为包含化学溶剂和重金属，因此加工氯丁橡胶的制作工艺能引起过敏反应。而Ariaprene™具有低过敏性、无异味、无溶剂等特点。

生态可持续性（Ecological Sustainability）

传统的橡胶不能降解，这使其在使用时具有优势，但是废弃的材料只能进行填埋。现在对生产工艺更深入的研究避免了溶剂和金属的使用，这意味着它可回收利用、可生物降解。

（右图）出自郎万（Lanvin），红色定制裙装的波浪纹下，可见轻质、雕刻般质感的氯丁橡胶。这种材料的天然性能使设计师不需要其他辅助材料的支撑，就能实现挺括的版型。

（下图）通过模压技术，这双生态运动鞋利用Ariaprene™材料简洁光滑的特点，展现了流线型的未来主义美学风格。

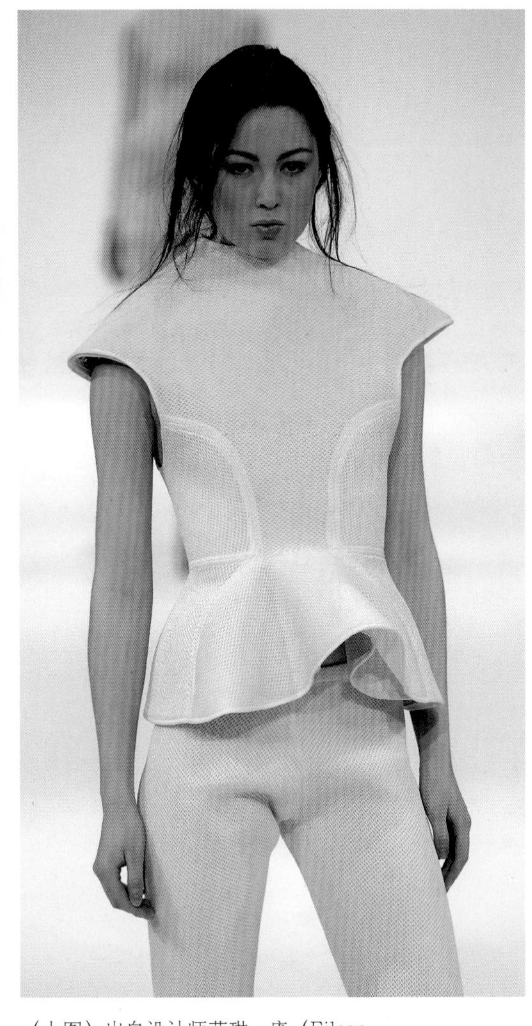

（上图）出自设计师艾琳·庞（Eileen Pang）的具有未来风格的白色两件套女装，超轻的多孔和雕塑感氯丁橡胶、蜂巢结构网眼夏服面料以及莱卡的面料组合，散发出现代、功能性的魅力。

金属纱线（Metallic yarns）

虽然不是合成材料，但把金属放在这一章是因为它如需要利用石油加工的合成材料一样，也是来自于大地，金属也需要开采。

今天，铝或“铝化”纱线已经替代了金和银，将金属化长丝纱外面涂一层透明薄膜来防止锈蚀。

目前，使用金属纱线最常见的织物是金银线织物和锦缎。

金属纤维的历史（The history of metallic fibres）

古代（The ancient world）

使用金线生产织物已经具有上千年的历史，圣经、古希腊和古罗马都有这些早期织物的记载。神话故事中的金羊毛可能就是含有金的织物。

古希腊城市拜占庭（现今的伊斯坦布尔）是生产这种异国情调织物的中心。金属织物通过与意大利城市，如日内瓦、威尼斯和卢卡的贸易进入欧洲，反过来这些城市又成为中世纪欧洲纺织金属面料的中心，对促进意大利文艺复兴具有重要作用。纱线使用非常细的金线或银线，它们围绕核心纱线如蚕丝、亚麻或羊毛纱线缠绕或纺织。

金银丝线织锦（Samite）

所有含金服装中最奢华的是金银丝线织锦，它是一种蚕丝与金银线交织的重磅丝绸。它对威尼斯共和国的经济非常重要，以致于丝织公会将金银丝线织锦织工与其他的丝绸织工区别对待。

金银丝线织锦是国王、高阶贵族和神职人员的专用织物，在中世纪和欧洲文艺复兴时期，有不同的禁止奢侈消费法令赋予了它极高的地位，禁止城市中产阶级使用。

在丝绸之路上也发现了金银丝线织锦的使用。

扎里（Zari）

金质服装不应该与金线刺绣服装混淆。扎里是一种金或银线刺绣或作为纬线使用的抽花工艺品，起源于莫卧儿王朝和波斯，直至今日依然在印度、巴基斯坦和伊朗部分地区使用。金银线在中国以及东南亚其他几个地区、苏门答腊岛和马来西亚半岛也用于梭织或衬纱。美国多贝克曼公司（Dobeckun Company）在第二次世界大战后不久最先生产出了现代金属纤维。

这张19世纪50年代的广告将干净的金属LUREX™纱线放置于视觉构成的最前面，并与蚕丝混纺后以优雅奢华纤维市场化。纱线和面料的制造都离不开巴黎设计师让·德塞（Jean Desses）的功劳。

金属纤维的性能（Metallic fibre properties）

金属纤维包含金属、塑料涂层金属、金属涂层塑料及金属完全涂层纱芯等类型。这些纱线都由具有良好延展性的金属，如金、银、镍钛合金、铜等拉薄加工而成，而易碎的金属，如镍或铝在金属熔融过程中挤出加工而成，再将其与芯纱结合。含有金属纱线的服装应该干洗，在高温下熨烫时金属纤维也有熔化的危险。

LUREX™

LUREXTM是一个以金属纤维和金属纱线闻名的英国公司，生产这类纤维已经有50多年的历史了，其产品类型包括染色后具有闪光或彩虹色效果的纱线，同时还生产吸光并在黑暗中发光的薄片。

该公司也生产复古纱线以及紫外变色纱线。其他的金属纱线生产商包括美国的梅隆（Metlon）及生产Suncoco金属纱线的中国香港三朗（Samlung）公司。

金属纤维的生产（Production of metallic fibres）

生产金属纤维有几种不同的方法。

层压（Lamination）

最常见的生产方法是层压法，这种方法是将有色铝膜包覆在醋酸纤维、尼龙或聚酯芯纱的外面。得到的纤维卷先被分成更窄的卷，然后沿宽度方向集中分割成很小的尺寸，形成纱线后再卷绕到筒子上运输到纺织工厂。纱线也可以通过真空蒸镀将金属颗粒涂覆到合成薄膜上。两种工艺都将盐、氯水及气候条件对材料的腐蚀最小化。金属纱线也可以通过在天然、人造或混纺芯纱外面卷绕金属线获得，形成花式纱线。

金属化（Metallizing）

另一种加工方法称为金属化。这个过程包括加热金属直至气化并附着于聚酯薄膜上。虽然这种方法不太常用，但也能生产出轻薄、柔软的纤维，兼具耐用性和舒适性。

最后，金属纤维也可以由大块的金、银、镍钛合金、不锈钢或镍拉伸得到钢丝绒束。

出自荷兰设计师艾里斯·范·荷本（Iris Van Herpen）的引入注目的铜制紧身胸衣，由复杂的几何式造型金属涂层材料制成。范·荷本在巴黎展示了高定服装系列，首开先河地采用3D打印技术制作模制服装，聚合物材料的片状结构通过激光固化技术加工处理。

再生纤维（Artificial fibres）

“再生纤维”是指其基因来自于天然材料但需要经过化学或生物化学加工的人造纤维。

本章第一部分内容讲述了由植物纤维素构成、经过有机或无机方法加工而成的面料，后部分的内容涉及了连接纤维科学和聚合物科学之间的桥梁，可能广义上称为生物工程加工处理。

纤维素（Cellulose）

纤维可以由所有植物中都存在的天然形成的聚合物纤维素制成，纤维素是构成植物细胞壁的基本结构，占植物所有成分的1/3以上：它是地球上最常见的有机复合物。

纤维素纤维可以是天然的或人造的，更准确的叫法分别称为纤维素I和II。天然纤维素纤维看起来像生产出他们的植物，只经过少量加工（如棉和亚麻）。第二类纤维和织物特指再生或纤维质的，具有相同效力。

木材，或者从更狭义的范围来说，棉绒是再生纤维素纤维的主要来源，“再生”这个术语表明没有一定形式的化学过程干预，他们不能形成纤维。

（上图）树木是加工黏胶产品的主要纤维素来源。木材小片为化学加工提供了原材料，这个过程将它们转化成可挤出形成纤维的黏稠液体。

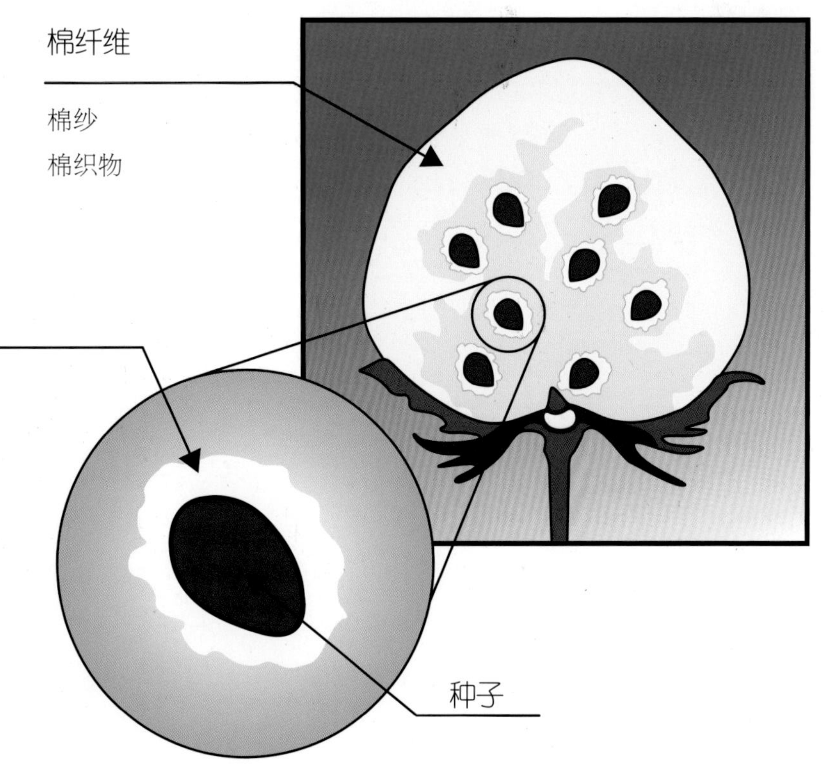

（右图）棉花种子周围的细丝状短纤维称为棉短绒。经过轧棉后它们依然黏附在种子上，由于棉短绒的长度通常低于3mm，难以纺纱，因此棉短绒通常用来加工再生纤维铜氨丝或者用来造纸。

再生纤维素纤维的历史（The history of artificial cellulose fibre）

早期试验（Early experiments）

19世纪30年代，当法国化学家安塞姆·佩恩（Anselme Payen）发现了这种物质，将它从植物成分中分离，并确认了化学式后，术语“纤维素”就开始使用了。20世纪20年代，赫尔曼·施陶丁格（Hermann Staudinger）确认了纤维素是线性聚合物，是一种多聚糖。

19世纪60年代醋酸纤维素的研发是最早对纤维素实际应用研究，但直到20世纪20年代才纺出第一种醋酸纤维纱线，称为“人造丝”，也称为黏胶，它是第一种人造纤维，从19世纪末期开始有几种不同的种类。

再生纤维的开发可以这样来准确描述：它既是对时装瞬息万变的社会注释，也是我们现代所享受的大众时尚的源起。

没有这些早期实验发明天然纤维的廉价替代品，就不可能有进一步实验的动力和必要性，从而在20世纪后半叶开发出技术更加复杂的合成面料。

新一代植物纤维素纤维（New generation plant cellulose fibres）

早期的再生纤维，主要关注使用再生织物（木材）纤维素。到了20世纪中期，再生纤维的关注点转到石油及其相关的合成纤维（聚酯、尼龙、芳纶、腈纶、丙纶、氨纶和合成橡胶）。现在趋势又发生变化，现在对石油的依赖和可耕种土地的短缺越来越严重，这就产生了对“清洁”再生纤维的新需求，它们可以织成技术上更加复杂、用于更高端市场的织物。这些新的纤维素织物不再被认为是天然织物的替代品，而是它们本身就有很大的需求。

生态可持续性（Ecological sustainability）

与前面所述织物相比，新一代的纤维素再生纤维由可再生的木材资源获得，这些树木通常种植在树林或者土地的边缘。种植过程中不需要化肥或杀虫剂，仅需下雨就可满足灌溉。榉木和桉树产出的纤维素量就足够，新的加工方法是能够减少碳足迹和有限污染的可持续性生产方法—所有的工艺都有利于环境保护。

醋酸纤维和三醋酸纤维（Acetate and triacetate）

醋酸纤维是由木浆或棉短绒制成的，它是一种光滑、柔软、悬垂性好且价格便宜的纤维，常被用于缎纹织物、锦缎和塔夫绸中用作蚕丝的替代品，也可以与棉和蚕丝混纺。醋酸纤维这个名词由含义为醋酸或醋的词根“acet”和后缀“-ate”组成。

醋酸纤维素纤维最早于19世纪中期开发出来，是20世纪早期开发的第一种纱线。

醋酸和三醋酸是不同的化合物，醋酸纤维是改性（次级）醋酸纤维，三醋酸纤维是主要的醋酸纤维，不含纤维素羟基，而醋酸纤维比例较高的纤维素纤维。

醋酸纤维曾以Setilithe®、Plastiloid®和Bioceat®的的商品名出售，三醋酸纤维则有塞拉尼斯公司生产的Tricel™/Arnel™。

图中所示为吸汗面料所用纤维放大1000倍的彩色扫描电镜照片，人造纤维外部和内部涂覆了不同的涂层，能防止服装穿着时潮湿，吸湿后再通过芯吸将其导离身体。

醋酸纤维的历史（The history of acetate fibre）

醋酸纤维最先出现在20世纪早期，但最早的研发可追溯到19世纪60年代。

在意大利北部伦巴蒂地区，圣帝诺·马祖凯利（Santino Mazzucchelli）和他的儿子为了给服装行业生产头发饰品，开始利用纤维素硝酸盐薄片做实验。马祖凯利（Mazzucchelli，1849，SpA）公司目前是全球最大的赛璐珞醋酸纤维和硝酸纤维素板的生产商，以生产眼镜架和高订服装珠宝而闻名。

第一种工业化产品（First commercial production）

瑞士卡米尔和亨利·德莱弗斯兄弟（Camille and Henri Dreyfus）研究了醋酸纤维的工业化生产工艺，它们在20世纪10年代的第一个用途是卖给羽翼未丰的航空工业作为阻燃漆使用的二醋酸纤维素，以及卖给电影工业的塑料胶片。到第一次世界大战前，他们已经在美国和英国开设了化学生产工厂。

到20世纪20年代中期，这两家公司已经有了现在大家都耳闻能详的国际公司名称：塞拉尼斯公司。英国工厂在20世纪20年代早期就生产出第一种工业化的纤维素醋酸纤维纱线，不久后美国公司也开始生产。

虽然开发醋酸纤维纱线的目的是加工袜子，然而它早些年最大的成功是用于生产云纹织物，由于织物的热塑性而使水印设计能长久保存。

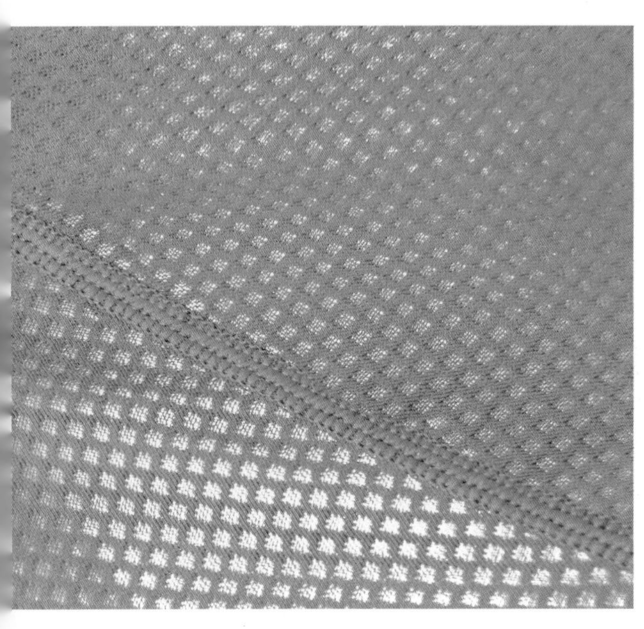

（左图）合成运动纺织品的最新技术是赋予一种织物多种性能。主要的运动品牌需要高性能和持续创新产品，它们通过与工厂直接合作，开发具有竞争优势的织物。

（上图）俄罗斯设计师瓦伦丁·尤达什金（Valentin Yudashkin）在莫斯科展示了非常有造型感的礼服，类似地质岩层的大型云纹图案，非常震撼。

20世纪20年代夏奈尔引领的褶皱风格时尚风潮后，对能够制作出永久褶裥的醋酸纤维织物的需求一直在增加。20世纪20年代末杜邦公司开始生产醋酸纤维。

20世纪50年代开发出三醋酸纤维，考陶尔兹公司和英国赛拉尼斯公司以Tricel™（美国以Arnel®）的名称生产。

大众魅力（Mass appeal）

醋酸纤维最初与蚕丝和棉混合，带给广大消费者可以负担得起的面料，是民主化时尚的一部分。现在，醋酸纤维与包括天然纤维和人造纤维的不同纤维混纺，得到快干、悬垂性好的极其抗皱的面料。

醋酸纤维和三醋酸纤维的性能（Acetate and triacetate properties）

由于都由纤维素醋酸酯加工而成，即使醋酸和纤维素比例不同，醋酸纤维和三醋酸纤维仍然具有相似的外观。三醋酸有时称为初级醋酸纤维，而醋酸纤维称为次级醋酸纤维。三醋酸纤维中的纤维素几乎完全乙酰化，纤维具有非常高的耐热性。在自然界中，醋酸是生物合成的基本材料。

醋酸纤维和三醋酸纤维织物都具有非常好的悬垂性，醋酸纤维比三醋酸纤维的手感柔软，两者的耐磨性都较差，但抗起球性非常好。两种纤维的干态强度相似，但三醋酸纤维湿态强度较高，且熔点和耐日光性也较好。两种织物都具有快干性，保温性较差但不易过敏。醋酸纤维导湿性较好，适合作为里料。

传统染纤维素纤维的染料不能染醋酸纤维，通常采用分散染料染色，织物具有较高的光泽。

醋酸纤维长丝纱线的主要用途包括里料和其他类似轻质面料，它常用于蚕丝的廉价替代品，醋酸短纤维的需求量较少。

醋酸纤维和三醋酸纤维的生产（Acetate and triacetate fibre production）

纤维素醋酸纤维从木浆和棉短绒加工获得。将木浆用醋酸溶胀和变性后，使用无水醋酸的相对化学复合物处理，转变成纯化纤维素醋酸。如果整个过程完成，得到的就是三醋酸纤维，如果部分水解（用水处理），成为次级纤维素醋酸纤维（二醋酸纤维素）。

以树脂片形式存在的纯纤维素，溶解在丙酮中生成黏稠树脂，然后过滤后从喷丝孔挤出。醋酸纤维长丝形成后，丙酮溶液在热空气中挥发，长丝再经拉伸并卷绕在筒子上。

醋酸纤维和三醋酸纤维通常都需要进行皂化处理（使用氢氧化钠），去除表面上的乙酰基，留下的纤维素层不容易产生静电。

环境可持续性（Environmental sustainability）

醋酸纤维和三醋酸纤维都是由可再生材料制成，在服装生命周期结束后可以制成堆肥或者灰化。

黏胶人造丝（Viscose rayon）

第一种人造纤维黏胶的发明，有力地证明了人们对具有类似蚕丝特质纤维的极大需求。

蚕丝的高价格一直将其限制在小众市场或者特殊场合使用。在整个20世纪上半叶，低价的人造丝使更多的大众能够体验与蚕丝类似的悬垂性和魅力，直到今天，它依然是无可争辩的最受欢迎的纤维素织物。

在欧洲大陆它被称为黏胶丝（viscose），在英国称为黏胶丝（viscose）或黏胶人造丝（viscose rayon），在美国它更常用的名称是黏胶（rayon）。“rayon”这个名称曾经用于所有的纤维素纤维，包括醋酸纤维，然而，20世纪50年代重新定义后，它只是指来源于再生纤维素，且采用黏胶工艺加工的纤维，不包括醋酸纤维。

黏胶人造丝的历史（The history of viscose rayon）

早期的实验（Early experiments）

有很多名字与黏胶纤维发明相关，因为它以现在的状态出现前有许多不同的外观。瑞士化学家乔治·奥德马尔（Georges Audemars）于19世纪50年代发明了人造丝，虽然他的技术（将针浸入纸浆和橡胶混合物中）对工业化生产来说太慢、太粗糙，但是一系列创新的起源。

法国贵族，工业化学家希莱尔·夏尔多内（Hilaire Bernigaudcomte de Chardonnet）接受挑战，将硝化纤维溶液从喷丝孔挤出，并在空气喷射后固化，制成纤维。到19世纪80年代中期，他获得了命名为夏尔多内（Chardonnet silk）的纤维基人造丝的专利。虽然能做出漂亮的织物，但非常易燃，不久就在市场中消失了。

铜氨人造丝（Cuprammonium rayon）

夏尔多内提交专利的同一时期，另一个法国人路易斯·亨利·戴斯佩斯（Louis-Henri Despeissis）申请了从溶解在铜盐和氨溶液中的纤维素加工纤维的方法。他的工作基于19世纪50年代爱德华·史怀哲（Eduard Schweizer）的发现，于20世纪早期开始生产铜氨人造丝，称为本伯格铜氨丝。

出自纽约品牌阿德达舍的单肩紫色黏胶双绉打结服装，利用了柔软的褶皱和黏胶长丝所具备类似蚕丝的特点，创造出复杂性感的造型。

现代工业黏胶长丝（Modern commercial viscose rayon）

19世纪90年代几个英国发明者查尔斯·克鲁斯、爱德华·贝文以及克莱顿·比德尔（Charles Cross，Edward Bevan and Clayton Beadle）申请了工业化生产人造丝纤维的专利。

在20世纪之交时，英国考陶尔兹公司开始生产黏胶长丝。

20世纪10年代，美国开始黏胶长丝的大规模生产，最开始，其织物称为人造丝，之后用了不太常用的名字格罗斯，但到20世纪20年代黏胶长丝（rayon）的名字被普遍接受。在法语中，“rayon”意思是光线或光束，形象地表述了织物的外观。相反，欧洲的名称“viscose”更加实用，描述了生产纤维需要高黏度溶液的加工方法。

世纪中期的发展（Mid-century developments）

20世纪40年代改变了黏胶的物理性能，生产出高强度黏胶（HTR），它的强度大大提高，用于工业用途。20世纪50年代进一步开发出高湿模量黏胶（HWM），具有更高的湿态强度，使其可用于机洗。

黏胶人造长丝的性能（Viscose rayon properties）

黏胶长丝是人造纤维，也可以归为半合成纤维，它通常是由从木材得到的再生纤维素加工而成，但根据加工技术的不同，也可以从棉短绒获得，具有许多与原材料类似的性能。

黏胶具有吸水性且手感光滑柔软，但绝缘性不佳。无论是纱线还是织物，染色良好，能得到丰富、亮丽的颜色，尤其用于定制服装和外衣中，是蚕丝和里料的优良替代品。黏胶纤维具有天然的光泽，但在染色时可以加入消光剂进行消光整理。传统黏胶长丝不耐用，湿态下强度降低一半，因此最好能干洗，回弹性低。黏胶织物通常根据长度方向纱线（经线）区分，称为辉纹（striations）。

黏胶人造长丝的生产（Production of viscose rayon）

传统黏胶长丝的生产方法使用从木材和木质素得到的纤维素，但新的加工方法需要使用不含木质素的纤维素。

化学加工（Chemistry）

加工的纤维素（从木浆中获得）溶解在氢氧化钠溶液中（苛性钠），多余的液体在它通过辊筒时去除。得到的木浆被切成碎片，形成疏松的称为白碎屑的物质，然后在氧气中与二硫化碳反应，这个过程称为黄化，结果得到黄碎屑（黄原酸纤维素），再用氢氧化钠溶解这些物质，得到黏稠的黄色黏胶溶液（黄酸纤维素钠盐）。

后加工（Post-formation）

熟成后，经过滤去除未溶解的黏胶颗粒及气泡。将黏胶溶液挤出喷丝孔，进入硫酸中形成黏胶长丝，通过牵伸将纤维拉直，并洗涤去除化学残留物。如果需要短纤维，将长丝切断成需要的长度。

铜氨黏胶丝的生产（Production of cuprammonium rayon）

铜氨黏胶丝的生产与黏胶有许多相似之处，然而不同之处是将纤维素与铜和氨混合加工。如果使用棉短绒，通常称为铜氨丝，与蚕丝相似度最高。

生态可持续性（Ecological sustainability）

黏胶人造长丝的生产和使用逐渐减少，部分是由于环境因素，因为生产过程中有二氧化硫排放到空气中和盐排放到水中。铜氨丝环保性更差，在美国已经不再生产。韩国研究者声称黏胶比棉更易降解，韩国和印度都是黏胶长丝的重要生产国。虽然黏胶的生产原料可以从可再生的林场得到，但被认为与雨林的破坏有关联。现在的关注点已经转移到新一代可再生、生态友好型替代品，如莱赛尔纤维（lyocell）。

罗马尼亚设计师狄努·勃迪修（Dinu Bodiciu）采用棉和黏胶毛绒织物制成的极富视觉冲击力的红色服装，出自他2011年伦敦时装学院毕业秀。

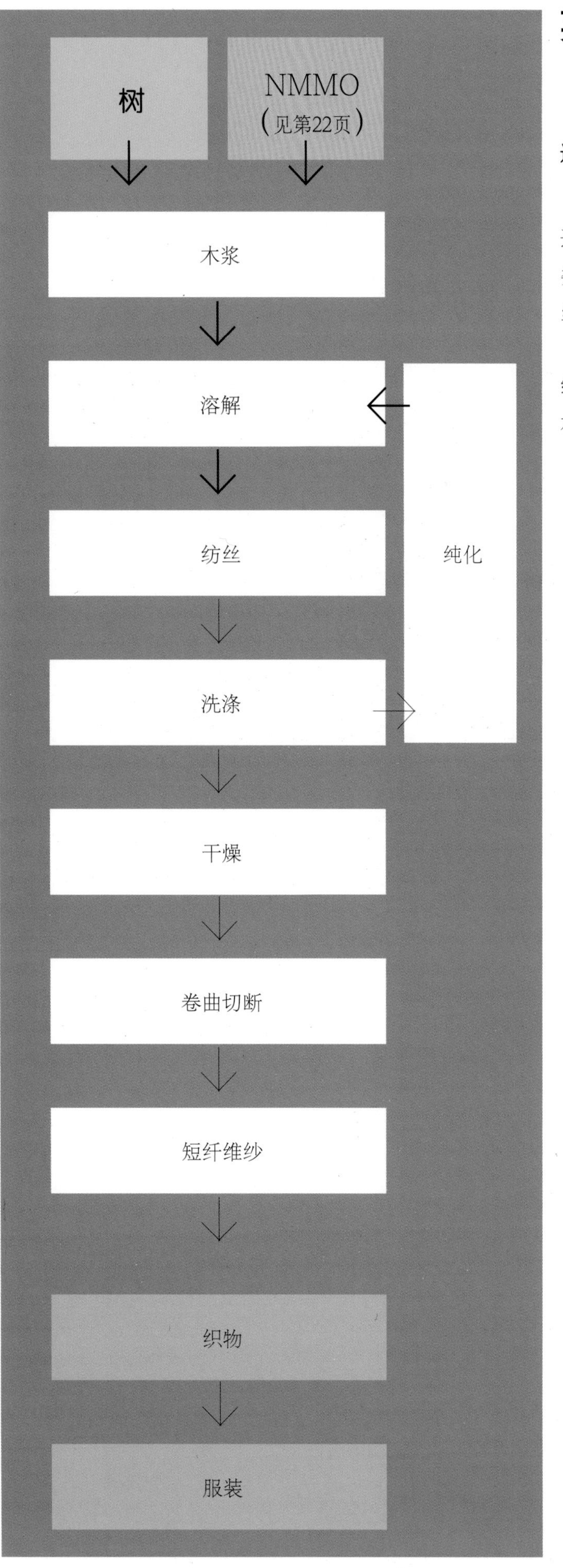

莱赛尔纤维（Lyocell）

莱赛尔纤维是从木浆中获得的纤维素纤维。

广义上说，莱赛尔纤维可以称为新一代的黏胶人造丝。

在美国，这种纤维属于黏胶的细分类，定义为“通过有机溶液纺丝过程获得纤维素织物”（美国联邦贸易委员会）。“溶液”在这里指纤维物质在其中溶解为纺丝过程的一部分（见聚合物和聚合的内容，第182页）。

纤维加工的过程据称环保，原材料来源可再生，最终织物比传统黏胶织物更具优势的地方在于它不容易缩水且强度更高。

莱赛尔纤维的历史（The history of lyocell fibres）

天丝（TENCEL®）、莫代尔（Modal®）和海藻纤维（Seacell®）纱线和织物都是由奥地利兰精公司采用莱赛尔工艺加工出来的。每一种织物都由其自身的特点，但多数莱赛尔纤维都具有生态证书且生产过程环保。

20世纪40年代早期，英国化学家是最早开始将海藻加工成纤维实验的人之一。如今，兰精生产由德国Smartfiber AG公司（Smartcel™纤维）开发的海藻纤维和纱线。

莫代尔由兰精公司在20世纪60年代最先开发出来，被认为是第二代HWM黏胶。初始加工方法需要使用苛刻的化学品，但生产者在生产过程中逐渐回收部分材料，并使用漂白的替代方法来逐渐提高其可持续性。

天丝于20世纪80年代由英国考陶尔兹公司开发出来，化学家发现了一种在无毒和可回收溶剂中直接溶解纤维素的方法，替代生产黏胶长丝所使用的刺激化学品。兰精 公司从考陶尔兹收购了天丝部门，并于20世纪90年代开始生产该纤维。

（左图）G-Star Raw生产的含天丝纤维牛仔束腰外衣，出自G-Star Raw C.V.

（上图）桉树生长迅速并可在贫瘠土地上繁荣生长，不需要灌溉及杀虫，从这些树上得到的木材是生产天丝纤维的原材料，天丝纤维使用经过FSC（森林管理委员会）认证的树木。

莱赛尔纤维的性能（Properties of lyocell fibres）

面料具有高度结晶结构，并沿纤维轴逐渐消失，这赋予了它能与聚酯媲美的优异的拉伸强度，同时具有棉一样的质感、体积和柔软的手感。长丝纤维生产的纱线具有蚕丝一样的性能，最终的织物具有良好的光泽和悬垂性。如果不经处理，织物容易起球，不容易染色。

天丝（TENCEL®）

莱赛尔更著名的品牌名称是天丝，纤维由桉树制成，这是一种常绿的植物，能长到40多米高。桉树生长很快，不需要人工灌溉，不使用杀虫剂或基因改造。它价格便宜，每英亩土地纤维素的产出很高，用于天丝纤维生产的树木来自生态管理的林场。

织物的生产是闭环的，但需要一定的能源。桉树从南非运到欧洲，这中间消耗碳足迹。莱赛尔纤维染色或加工过程中根据加工公司的不同，有时需要使用有毒化学品。

应用（Application）

有几种不同的纤维，一种是甲壳素，它是从螃蟹壳中的甲壳素中获得的（用氢氧化钠碱处理）。甲壳素是天然聚合物中第二多的材料，医药级的没有过敏风险。在兰精天丝C（TENCEL®C）等织物中，甲壳素具有细胞再生功能，公司称为“织物中的纯化妆品”。因为具有内在的抑制细菌生长和抗炎性，该纤维非常适合制作内衣和床品。

天丝还用于汽车领域、地毯、座椅套以及作为纤维状颗粒增强注塑模压复合材料。它也可以与普通的或有机棉以50：50的比例混纺使用。

（左图）大量消耗后的螃蟹、龙虾以及对虾壳是新的柔软悬垂面料的原材料。组成这些甲壳的甲壳素与纤维素兼容，它们可以在与生产黏胶类似的闭环加工过程中结合使用。

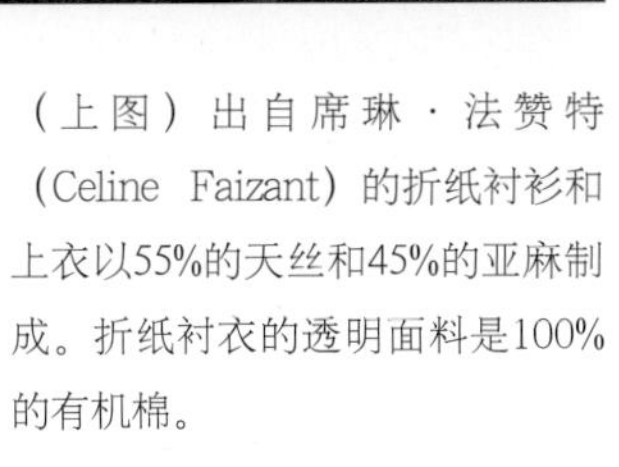

（上图）出自席琳·法赞特（Celine Faizant）的折纸衬衫和上衣以55%的天丝和45%的亚麻制成。折纸衬衣的透明面料是100%的有机棉。

（上图）艾达·赞德顿设计的套装，上衣材质是有机棉，而裤子由甲壳素纤维制成。这一新发展是天丝和食品工业中的废料的组合加工，生产出的兼具高强度和耐用性的针织面料具有天然抗菌、抗炎和防静电性能，这些是甲壳素纤维固有的性能，经常通过后整理施加到其他织物上。马里奥·波赛利（Mario Boselli）在意大利生产了这些天然染色梭织面料，它也能够完全生物降解。

兰精莫代尔（Lenzing Modal®）

莫代尔由山毛榉树加工而成，它被认为是提高土壤质量的无与伦比的树木。山毛榉树抗虫，且能避免破坏环境。兰精的奥地利山毛榉树林是可再生的，不需要人工灌溉，木材不需要长途运输。加工过程能保持碳平衡，使用的所有化学品都能够回收再利用，漂白采用氧化技术。织物可生物降解。它们固有的柔软性意味着莫代尔织物在重复洗涤后依然能够保持良好的手感。非常适合与棉混纺（具有类似的性能），常见于制作内衣、睡衣和袜子。

应用（Application）

有几种不同的纤维，包括兰精莫代尔LOFT（Modal®LOFT），纤维更粗，适合做毛巾。ProModal®是莫代尔和天丝的混合物，既有柔软性又具有它们的其他性能。

纺染莫代尔是在加工过程中进行染色，颜料（色彩）直接嵌入纤维中。这就避免了纱线或织物需要在后续加工中由第三方染色的需求，省水、节能，且能减少后续使用刺激化学品的可能性。

（上图）艾达·赞德顿设计的套装，这个夸张的廓型利用兰精天丝针织面料的精致褶皱肌理，在套装下的裙撑结构上形成一层“皮肤”。

海藻纤维（seacell®）

海藻纤维由海藻和纤维素纤维制成，使用莱赛尔纤维的加工工艺，这种纤维素纤维是海藻健康促进活性成分的载体（功能基板）。海藻纤维的多孔结构允许服装和身体交换活性成分，简单来说，织物吸收身体排放的废物，而皮肤吸收海藻（大约占织物含量的5%，永久地锁在纤维中，有证据证明经过多次洗涤后，依然存在）中有益的维生素和富矿物质。所使用的海藻是北大西洋球型褐藻，也称为海藻碘和打结海草。

应用（Application）

织物柔软、光滑、透气，贴身穿着时最有益：海藻纤维织物是内衣和床品的理想材料。

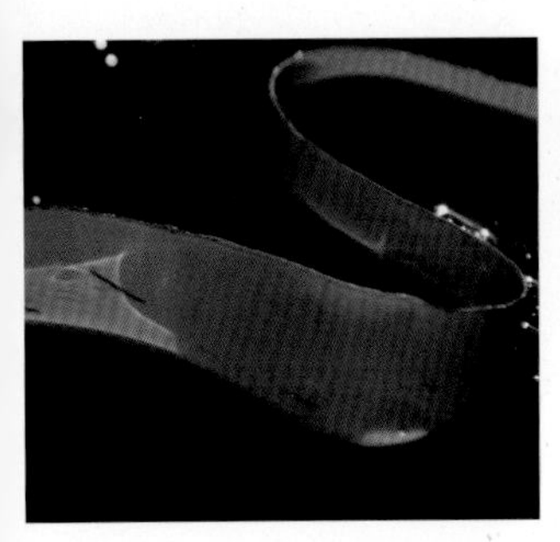

（上图）褐藻是一种大量繁殖、可再生的藻朊酸盐源，是一种天然的生物聚合物和多聚糖，也是最近开发的海藻纤维的原材料。它可生物降解、富含营养，据说也具有天然的抗菌性。

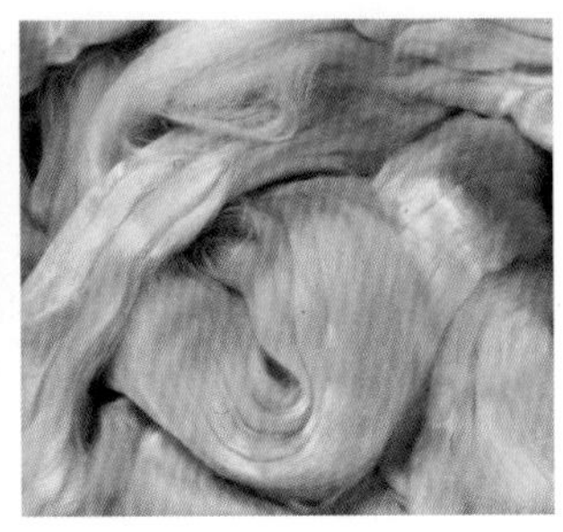

（上图）一束准备纺纱用的像丝一样的海藻纤维。

（右图）德国设计师克里斯蒂·齐里西（Christine Zillich）为海藻时尚项目的“流动”系列设计的女式套装，灵感来源于海洋的运动和色彩。上衣和裙子由海藻纤维纬平针织物制成，印花和面料都由GOTS（全球有机纺织品标准）认证，针织衫是海藻纤维与棉混纺纬平针面料。

“这是一个纪律问题，”小王子随后对我说，“当你早晨梳妆打扮后，就是给你所在星球打扮的时间，就这样办，小心点。”出自安东尼·德·圣艾修伯里所著的《小王子》，内衣出自法国品牌g=9.8，由废弃的松树枝制作。

生产天丝纤维的原材料是速生的经过FSC认证的桉树木材，它们被切片后打成浆，并溶解在溶剂中，这些溶剂随后在闭环的过程中能够回收再利用。挤出形成纤维并经纺丝，最下面的一张图展示了梭织成品面料，具有轻微闪光和良好悬垂性的柔软绉布。

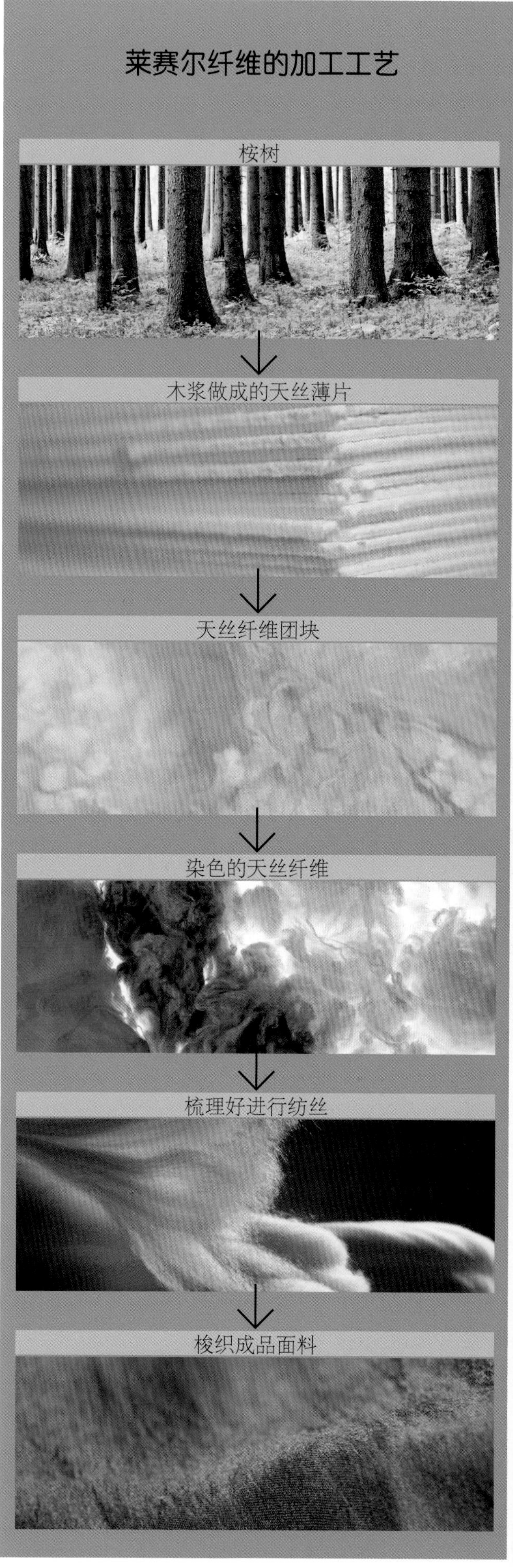

莱赛尔纤维的生产（Production of lyocell fibres）

将硬木原木切成大约25mm×25mm（一平方英寸）的小片，将它们化学溶解去除木质素并软化到可机械研磨，生成湿的薄纸浆，如果需要可再进行漂白，干燥成纸片状并卷绕到线轴上。

打散卷绕的干纸浆并在高温和高压下将它们溶解在有机复合物甲基吗啉氧化物（NMMO）中，生成过滤的纤维素溶液。溶液从喷丝孔挤出进入稀释的胺氧化物中形成丝束，在这一步称为胶状物，纤维再进行洗涤和干燥（剩余的水分挥发）。纤维束经常使用硅或皂进行润滑处理，以符合最终的用途。纤维束经卷曲压缩处理来增加其肌理和体积，最终经机械梳理、剪切和包装，运输到面料工厂。

莱赛尔纤维可以与棉或毛混纺。

生态可持续性（Ecological sustainability）

莱赛尔纤维通常被认为是一种生态友好型材料：它来源于可再生材料，在闭环系统中加工，几乎所有的化学品都能回收再利用。原材料比同类材料使用较少的土地和水资源，废弃后，几乎完全能生物降解。然而，有争议称，此过程中的加热、研磨和干燥还是使用了一定的能源，事实上，有些溶剂也来源于石油化工产品。纤维不易染色且湿态时容易起球也是有争议的，这两点通过刺激的化学品都能解决，当然，这取决于最终织物的生产商。

生物高聚物纤维（Biopolymer fibres）

生物技术可定义为使用有机体和它们的成分来加工工业产品及加工过程。欧洲生物技术联合会将其定义为“组合使用生物化学、微生物和化学工程来获得微生物和组织细胞培养的应用技术”。

纺织领域的研究者集中在几点上，包括提高和扩展可用于纤维生产植物品种及其性能；用天然酶替代高能耗化学品；织物后整理的更环保处理过程及更好的污水管理。

采用生物技术能降低处理费用，有益于环境的清洁。新的应用在未来会成为新的工业化智能面料的基础，例如，经过基因改造的微生物能够逐渐消除异味，以及防污的自清洁织物。

再生蛋白质纤维是一组由天然蛋白质再生得到的人造纤维，如那些从玉米、大豆和牛奶中获得的纤维。

玉米纤维（Corn fibre）

现在，美国中心地带种植的大量100%可再生玉米是人造纤维的工业来源。

聚乳酸（PLA）纤维可由天然糖中获得，它通常产自玉米，也可以从甜菜中获取。

嘉吉（Cargill Dow）公司生产的聚乳酸（PLA）树脂NatureWorks®以英吉尔（Ingeo™）纤维的商品名出售。最初是美国公司的项目，英吉尔（Ingeo）现在是与日本公司的合资企业。其他来源或含有玉米蔗糖的纤维、纱线和面料包括德国Advansa公司的Biophyl™，日本Kanebo公司的Lactron，Toray公司的Ecodear®以及杜邦（DuPont）公司的Sorona®。

玉米纤维的发展史（The history of corn fibre）

玉米纤维于20世纪40年代由美国农业部北方地区研究实验室（USDA Northern Regional Research Laboratory）开发出来。玉米蛋白溶于碱液后，从喷丝孔挤出并通过甲醛固化。研发由于20世纪50年代高性能合成纤维的流行而中止。

20世纪90年代道化学品公司和嘉吉农产品公司又重新开始生产玉米纤维。第二代玉米纤维生产技术使用玉米中的糖和碳来生产聚乳酸。PLA的名称由联邦贸易委员会在2002年批准，明确规定：虽然从技术角度讲它是一种聚酯纤维（由连续的重复酯单元连接组成），但与传统的定义有明显的不同。

玉米纤维的性能（Corn fibre properties）

玉米纤维具有较高强度和稳定性，可燃性差，抗紫外线能力强且吸水性比其他合成纤维好。与棉或毛混纺后，形成的面料质轻且能将水汽通过芯吸作用导离皮肤。玉米纤维纺成的纱线可用于机织和针织面料。Diesel是使用Ingeo™纱线的时装公司之一。

玉米是一种在美国广泛种植的天然可再生原材料。玉米中储存的天然蔗糖为近年来多个以生物质合成纤维为标识的产品提供聚乳酸。

玉米纤维的生产（Corn fibre production）

通过光合作用，玉米淀粉转化为葡萄糖。这些天然糖中的碳和其他元素形成的生物高聚物发酵和分解生成乳酸。脱水后得到的PLA树脂挤出形成高性能的纤维。织得的面料具有流畅的褶皱，柔软的手感并具有优异的拉伸性和回复性。由于易于保养与打理，适合制作休闲和工装服。

生态可持续性（Ecological sustainability）

玉米纤维加工成本低，耗能少。它不是来源于石油化工产品，而且使用的原材料非常充分。比其他人造纤维的生产耗能低，温室气体的排放少。面料染色和整理可在低温和短时间内进行，进一步减少了能源的消耗。玉米纤维制成的服装废弃后，在土壤中随时间可以降解。然而，目前在美国大量的玉米经过了转基因改造。

（左）加工后的纤维素纤维，称为“毛条”，准备用于纺纱。

（上）斯堪的纳维亚设计师玛斯珍妮（Maxjenny）设计的这件大比例印花服装利用了Ingeo™面料轻质、易于制作褶皱的特点。设计师的纸样剪裁灵感来源于“零浪费”哲学，尽量减少接缝，通过设计创新、可穿性和功能性，整个系列反映了对环境极大的责任感。

大豆蛋白纤维（Soya fibre）

人们认为大豆的种植史可追溯到约5000前的中国。

大豆广泛种植于亚洲地区，并且是中国、日本和韩国的一种主要作物，同时它还是一种食物来源。在19世纪传播到世界各地。在19世纪，当洋基快船与中国贸易时，它被用作便宜的压舱物意外地引入美国。美国是当今世界上最大的大豆生产国。商业化的大豆纤维包括SOYSILK®。

大豆蛋白纤维的发展史（The history of soya fibre）

大豆纤维由亨利·福特在20世纪30年代中期开发，并被称为大豆毛。汽车生产商聘用化学家罗伯特·波伊尔（Robert Boyer）和弗兰克·卡尔弗特（Frank Calvert）来开发人造蚕丝，开发出了称为Azlon的纤维。与其他大多数基于生物工程的纤维一样，在20世纪50年代它被合成纤维取代了，现代使用大豆蛋白和聚乙烯醇生产大豆蛋白纤维的方法，是在21世纪之交由中国华康研发中心的李官奇研发的。现今大豆纤维制作的服装的目标市场是中端市场消费者，随着需求的增加，它的价格也会越来越便宜。

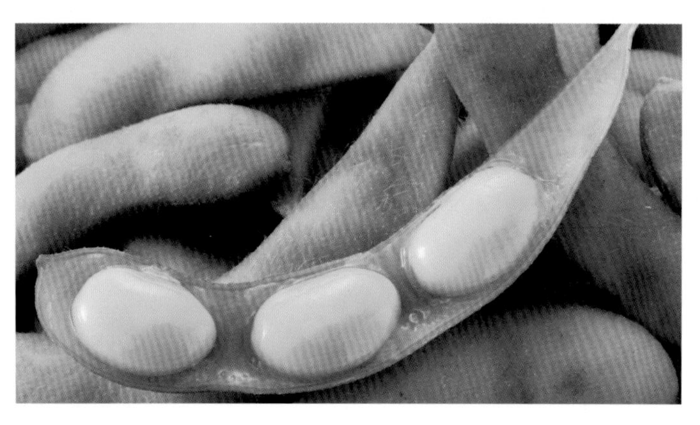

大豆是一种产量大且可再生的蛋白质生物高聚物，最近被开发可完全生物降解的合成纤维。

加工后的纤维素纤维。

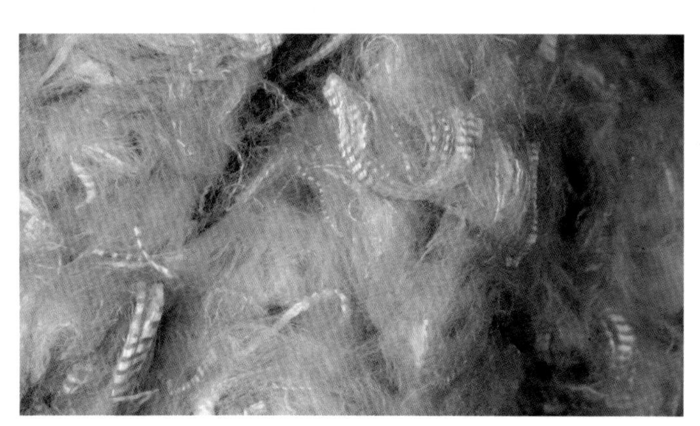

大豆蛋白纤维。

加工后的大豆蛋白纤维，称为“毛条”，准备用于纺纱。

大豆蛋白纤维的性能（Soya fibre properties）

大豆蛋白纤维是一种由氨基酸组成的可再生植物蛋白纤维，贴体穿着时对人体有益。大豆蛋白纤维制作的服装吸湿透气。面料悬垂性好，光滑如羊绒，光泽度可与蚕丝媲美。纤维染色性好，耐紫外线性能优于棉和蚕丝，既具有天然纤维的品质，又具有合成纤维的物理性能。

大豆蛋白纤维的生产（Soya fibre production）

大豆蛋白纤维是一种通过生物工程技术从豆粕中生产的高端纤维。蛋白质从豆粕中渗出并精炼。通过不同的工艺，使用助剂及生物酶，蛋白质结构转变成混合物质，并通过湿法纺丝工艺挤出形成纤维。最终纤维经过稳定处理并制成短纤维。

环境可持续性（Enviromental sustainability）

大豆蛋白纤维是21世纪的绿色纤维，它可以完全生物降解。由于纤维生产过程中使用的助剂无毒，生产过程无污染，蛋白提取后的残渣可以作为动物饲料。然而，在许多国家种植的大豆都不是有机的，含有转基因成分。这意味着这种作物可能经过化学处理以提高产量和防止杂草，并会影响周边畜牧业的生态。

大豆蛋白纤维面料比棉更柔软耐用，更易干。它的热性能与毛类似，手感像蚕丝和羊绒。Soyshorts™天然的吸湿性和透气性使其成为经典针织内衣产品的理想面料。

牛奶纤维/酪素纤维（Casein）

牛奶蛋白在古埃及时期被提炼出来。与蛋彩画颜料相似，在20世纪60年代丙烯颜料出现前，酪素涂料都一直非常常用。

对牛奶纤维的研究可追溯到20世纪30年代的意大利和美国，并在其后十年进行纤维的生产。

Lanatil是意大利拥有专利的第一种纤维，随后是美国品牌Aralac。在20世纪40年代，牛奶纤维作为羊毛的替代品使用，但在50年代成为低价合成纤维市场的牺牲品。早期的牛奶纤维放入水中后强度急剧下降；丙烯腈及混纺面料的引入实现了现代更强韧的纤维。日本公司Toyobo在60年代用30%的酪素和70%的丙烯腈生产了Chinon®纤维。

商业牛奶纤维品牌包括用有机牛奶生产的Milko-fil®，棉和牛奶蛋白混纺纤维Milkotton、牛奶和木纤维素Milkwood（Lenpur®）以及由废牛奶生产的QMilch，是一种类似蚕丝、比羊毛光滑的纤维。

牛奶纤维的性能（Milk fibre properties）

牛奶蛋白面料具有羊毛的特性，所以适合与羊毛和羊绒混纺。面料的透气性、吸湿导湿性与羊毛一样优良。

牛奶纤维的生产（Milk fibre production）

牛奶纤维的主要成分酪素是常见于牛奶中的一种蛋白质，通常将它与生产腈纶的丙烯腈结合。

酪素（或蛋白质）先溶于碱的水溶液中，形成纤维的物质通过喷丝头挤出后，产生的黏稠溶液进入酸性浴中中和碱，并使用其他的溶液对纤维进行处理。最后，拉伸纤维，使分子排列以增加强度。加工过程与其他纤维素纤维的加工过程相似。

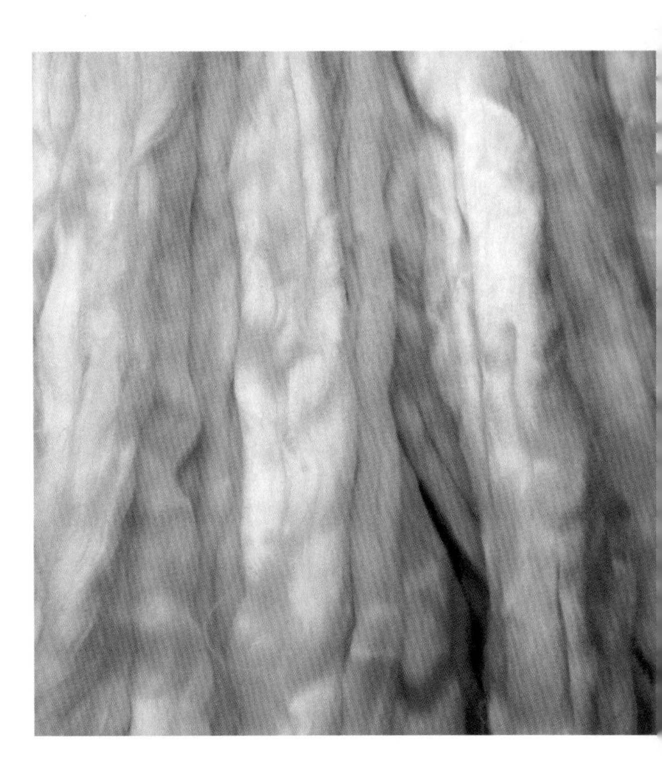

（左）不能食用的牛奶是牛奶纤维开发的原材料。酪素从牛奶中提炼出来并加工成再生的蛋白质纤维。

（上）牛奶纤维中的蛋白质具有与动物毛发纤维相似的特征，织成的织物与毛织物相似。纤维蓬松有弹性，与羊毛、羊绒及Lenpur™纤维混纺具有优异的性能。

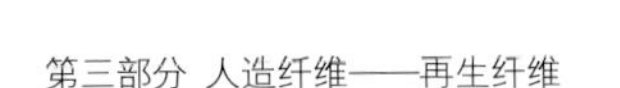

蓖麻纤维（Castor oil fibre）

蓖麻是一种生长于半干旱地区，只需要少量灌溉的作物，从蓖麻仔（更精准的植物学名是种子）中榨出的油，含有蓖麻毒蛋白。毒素加热失效后，黏稠的物质可以像其他人造纤维那样加工成纤维，得到的纤维与聚酯具有许多共同点，是化石燃料聚酯纤维的替代品。Sofila和Arkema公司生产的Greenfil®纤维是一种高性能的抗菌纤维，它同时具有优良的热适应性能，适合生产针织面料，尤其是用于运动服装的针织面料，它还具有空间稳定性和耐磨性。

（上）这件优雅的礼服是由伦敦时装学院尼泊尔籍毕业生三羽科塔·什雷斯塔（Sanyukta Shrestha）参考经典内衣样式，利用了牛奶纤维面料优良的悬垂性设计的，它同时还具有天然的抗菌性和保湿性。

（上）蓖麻子是一种双组份聚合物（一部分是生物质，另一部分是传统的聚酯），通过杂交获得的非粮食作物。Greenfil®蓖麻纤维做成的纱线比普通的尼龙耐用5～10倍，使其适合于制作技术型服装。

（右）01M设计的鞋模及可生物降解聚合物鞋的三维模型。注塑技术可改变鞋体、鞋跟与鞋底的厚度，使其合脚舒适。这种鞋的灵感来自于亚马逊部落成员，他们用橡胶树上得到的天然乳胶涂到脚底，用于在雨季保护脚。

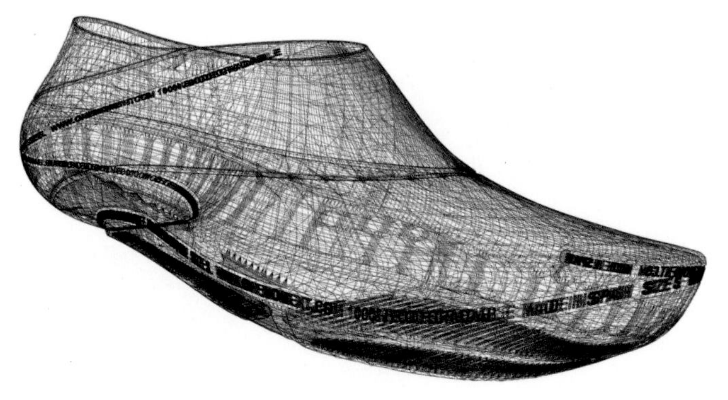

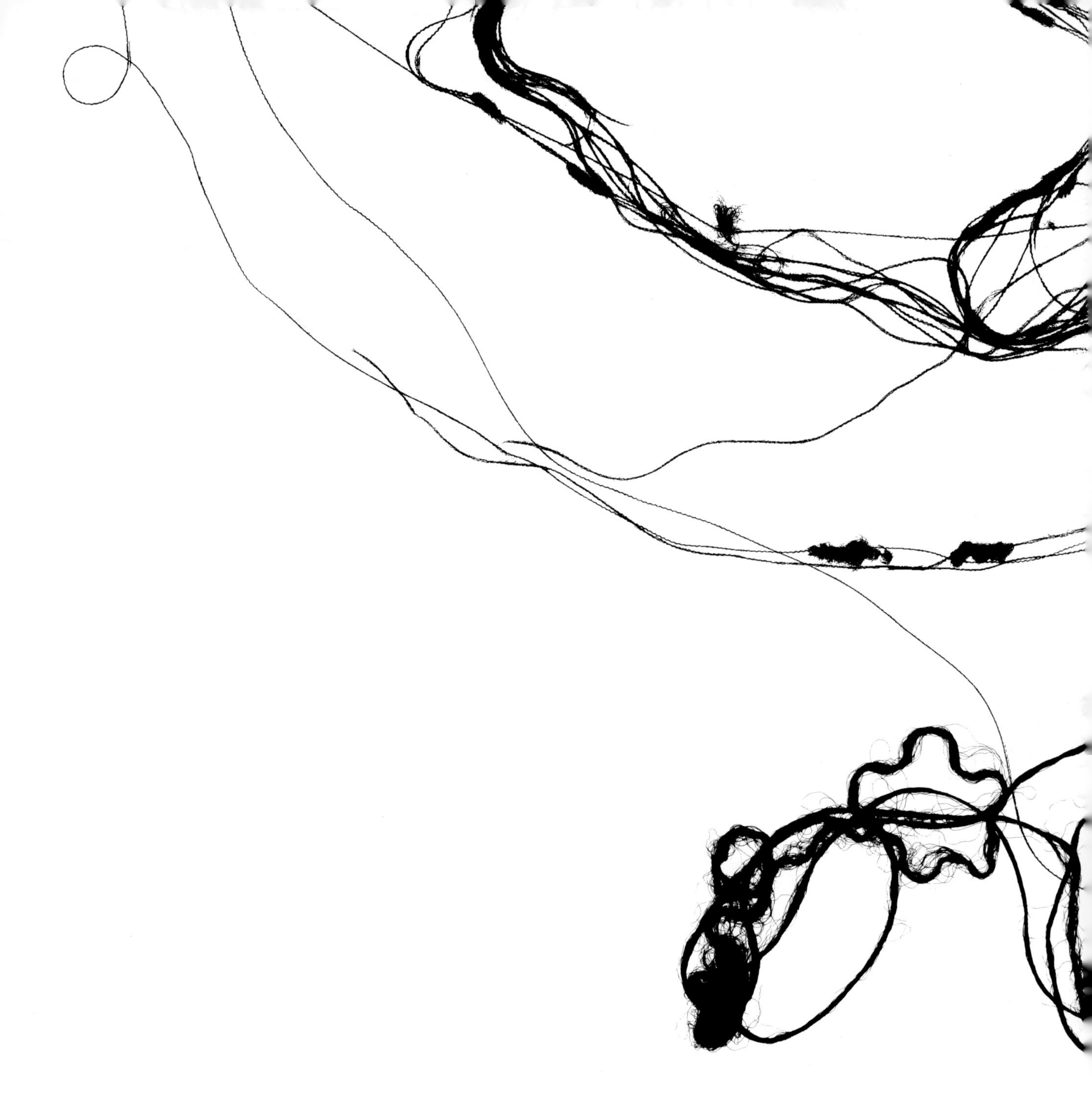

实用信息
Useful information

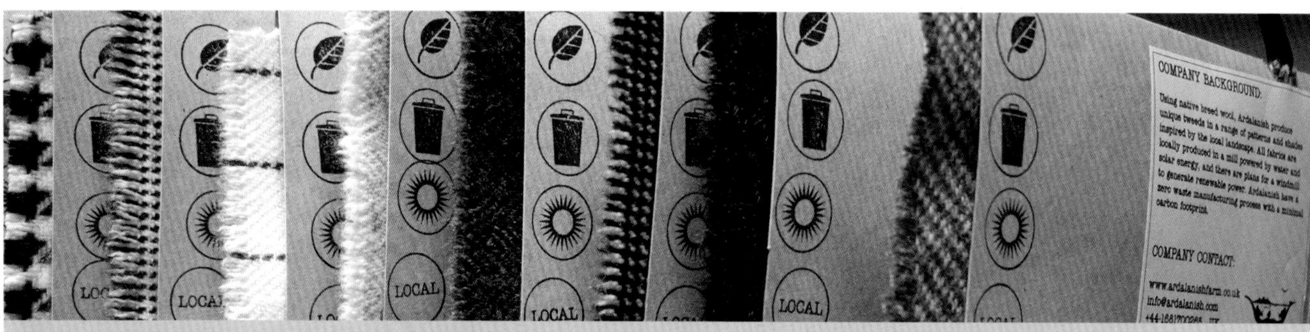

面料与服装产业（Fabric and the fashion industry）

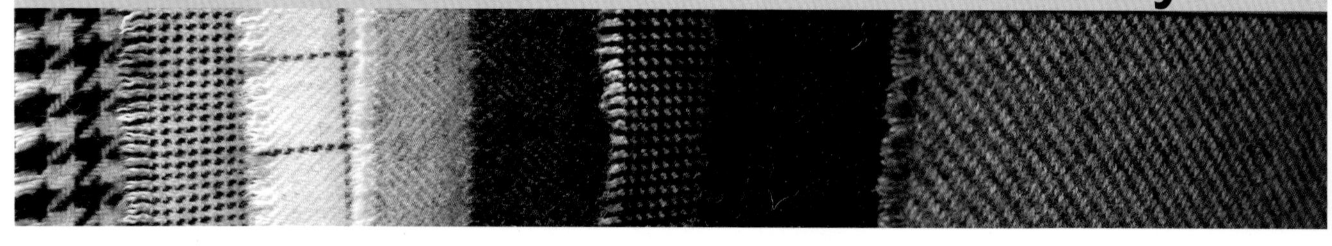

面料的选择（Working with fabrics）

面料的选择是一个服装系列的创意和商业可行性的基础，应当如实地先于任何设计开发工作。面料是一种媒介，表达了服装设计的两个根本要素——色彩和肌理。在设计和策划成衣系列的概念阶段，两者都是必须考虑的关键因素。

情绪板通常在这个阶段形成，整合各种能激发灵感的素材，以传达出一种概念或主题；它有助于确定方向，做出客观而有战略性的设计决策。团队合作时，这一点尤其重要。

采购面料（Sourcing fabrics）

商品交易会（Trade fairs）

有很多展览会和交易会，国际面料制造商会齐聚一堂，展示它们所有下一季的最新面料设计和开发。一般来说，大批量面料订购之前，设计师和买手会索要样品，用于制作样衣。

纺织厂（Mills）

纺织厂通过机织或针织制作面料。通常这些工厂专攻某类面料，或者以某种加工工艺的专门技能而闻名。流行的面料和色彩往往通常有现货，而其他的则需订购，并且需要满足最低的起订量要求。根据纤维类型、面料结构和后处理的不同而各异。如意大利科莫工厂，丝网印丝绸的起订量只需50米（164尺），而中国工厂的色织棉，其起订量需1000米（3280尺）。

代理商（Agents）

代理商是指“中间”人或中间商，他们代表一家或多家面料制造商的利益。代理商使制作商可以在国际范围内向设计师和买手展示他们的面料产品。

面料展示在标题卡上，标题卡由大量的面料样品组成，可感知其肌理和垂坠性、各种色彩选择以及关于结构、成分的所有信息。代理商并不存货，但是它帮助组织订货、传送样品以及最终生产。

进口商和库房（Importers and stockhouses）

有些面料批发商从国内或国外工厂购买大量面料，然后再继续售出，通常不设定任何最低额度的要求。

中转商（Converter）

中转商直接从制造商手中购买大量坯布商品（面料未成型），然后根据市场潮流进行小批量染色、印花和后整理。他们与设计师和制造商密切合作，以此对色彩和印花方面的潮流做出快速反应，而无需像大型面料生产商那样要求有起订量。

小额批发商（Jobber）

批发商专门从工厂或面料制造商处购买多余的库存面料，以有竞争力的价格售出；售出后，这些面料不太可能接受续订。

互联网（Internet）

互联网提供了一种在国内及全球范围内快速寻找面料的方法，如果在一季的中间没有贸易展的时候需要面料，互联网就更加有用。它的劣势在于你不能亲自感觉面料的质量，也不能现场比较供应商、质量和价格。这种寻找资源的方法最适合明确知道所需面料的设计师或品牌，而不适合在寻找灵感的设计师。

每年两次的“第一视觉面料展”（上图，The Première Vision）在巴黎举办，来自全球各地的工厂展示他们的纺织产品。除了面料外，还为服装业的各级人士提供色彩和面料方面的最新流行趋势。由Sustainable Angle举办的“未来服装展”（中图和下图），是一个小型的专业纺织品展，推广面料的可持续性。

采购考虑因素（Sourcing consideration）

面料类型（Fabric type）

采购面料需要广泛了解面料的不同特性，并保持敏感度，再加上直觉的创造性方法。考虑到特定产品和不同类型纤维的搭配程度可以确保采购富有成效。

为了利用面料内在的特质和属性，可以将一大块面料悬挂起来；观察它与身体的关系，思索当它紧贴皮肤会是什么感觉。它可能挺括、结构分明，并且能形成清晰的褶皱，也有可能细密、柔软、如雕刻般，或者与之相反，紧贴身体时拥有柔软、可感知的垂坠感。织物的结构和细密度很重要，因为它会影响到手感、垂坠性以及面料运动的方式和它潜在的耐用性。

用途和市场（Purpose and market）

另一个重要的方面是所选面料与预期用途之间的匹配度。应该考虑目标消费者的生活方式，以确定产品的使用、洗涤方式以及消费者对穿着磨损的预期。值得信赖的工厂通常预先测试面料的使用范畴。此外，还可以将面料送往专门的实验室进行独立测试。这对于高性能服装尤其有效。

选择反映品牌形象以及目标消费者品牌概念的面料也非常重要。某些消费者会对特定类型的面料反映良好。如天然纤维能带来附加值，或者高科技性能纤维能为某类产品提供独特的卖点。

面料抽样实用词汇（Useful fabric sampling vocabulary）

色组（Color-ways）：可供选择的各种面料色彩。

悬垂性（Drape）：面料悬挂和运动的方式。

染料用量（Dye lot）：染成特定色彩所需染料的最小量。

手感（Handle/Touch）：描述面料的特性，如柔软、结实等。

交付周期（Lead times）：制作面料所需的时长（通常指大批量面料的制作）。

最小量（Minimums）：面料订购所要求的最低起订量。

首印量（Print runs）：印制一个设计或颜色所要求的最小量。

色样（Sample colour）：用于打样；并非所有的色彩都提供，色样意指可供选择的色彩。

样品长（Sample lengths）：制作原型样品所需的面料长度。

面料小样（Swatches）：很多小块面料，可在其中预选面料系列。

环保考虑（Eco consideration）

纤维原产地以及面料的加工地也应当成为相关的考虑因素。与制造业相关的碳足迹、道德以及公平贸易问题都可能限制某些选择。在整个生命周期中如何对面料进行护理，而最终应当如何对其处置，受到了越来越多的关注，影响到了市场的各个层面。

成本、门幅和织物方向（Cost、sizing和fabric direction）

定价意识在当今竞争性的市场中至关重要，在成本计算中，每米或每码的价格需要考虑到面料的幅宽。

至今为止，不同面料的标准宽度一直是宽36、45和60英寸（即90、112和150厘米），虽然有些特殊面料可以窄至18英寸（45厘米）或者宽至150英寸（375厘米）。现在大多数的面料是以标准宽60英寸（150厘米）生产的，对于铺料设计（lay planning，以最节约的方式进行排料）来说，这个宽度能最大化地节约成本，也最适合常规工厂生产。

选择面料的成本考虑因素还包括：单向或双向织物以及面料搭配。

单向织物意指设计（印花或者机织）只能以单一方向剪裁。换句话说，即单向织物意指它有绒面或者凸起的表面，整件衣服的样片都必须朝相同方向剪裁。单向面料的成本效益低于双向面料。面料搭配进一步增加了面料的用量和成本。

测试（Testing）

信誉良好的工厂生产的面料都已经进行了预先测试，买手、设计师和经销商都可获得所有相关信息。面料也可以送到独立的实验室测试，这对于功能性服装来说更为有用。

标准（Standards）

信息透明和标准认证在评价服装产品对环境和社会的影响时是非常有用的。绿色化学部分标出的12个原则从化学的层面考虑了材料生产的影响，以及最广泛认可的可持续发展认证，它确保各个方面更负责地生产，都编写在认证表中（下页）。一些认证是面向消费者的（比如公平贸易标签），其本身就可以作为一种“品牌”，作为诚信和附加值的标志。其他的比如Better Cotton Initiative，积极将其他纤维生产者纳入国际范畴。一些标准由联盟组织拥有，致力于在纺织价值链上加速推进可持续发展实践，例如，Textile Exchange（此前的Organic Exchange，现在拥有Organic Exchange和Global Recycling Standard两个组织），关注于将全球纺织业的有害影响最小化，将积极作用最大化。

买手在于伦敦举办的未来面料展上采购牛仔面料。面料色卡上提供了面料的详细信息，如纤维含量、织造方式、克重和幅宽、认证信息以及关于纤维及其加工过程中的可持续发展资质。

纤维名称符号

动物纤维

SE 蚕丝
WG 骆马毛
WO 羊毛
WV 新羊毛
WP 羊驼毛
WL 美洲驼毛
WS 羊绒
WM 马海毛
WA 安哥拉羊毛
WK 骆驼毛
YK 牦牛毛

植物纤维

AB 马尼拉麻
BF 竹纤维
CO 棉
CU/CUP 铜氨纤维
HA 大麻
JU 黄麻
LI 亚麻
RA 苎麻

人造纤维

AC/CA 醋酸纤维
AR 芳纶
CLY 莱赛尔
CMD/MO 莫代尔
CR 氯丁橡胶
CTA/CA 三醋酸纤维
EL/EA 弹性纤维
LY 莱卡
MAC/MA 改性腈纶
ME 金属纤维
MTF 金属
NY 尼龙
PAN/PC 腈纶
PA 锦纶（尼龙）
PES/PL 聚酯
PE 聚乙烯
PET 聚对苯二甲酸乙二醇酯
PLA 聚乳酸纤维
（通常的玉米纤维）
PP 聚丙烯
PR 蛋白质纤维
PTT 聚对苯二甲酸丙二醇酯
PU 聚氨酯
SPF 大豆蛋白纤维
VI/CV 黏胶纤维

其他

AF 其他纤维
TR 未标定

认证（Certifications）

标准	内容	产品
BCI Better Cotton Initiative	与棉花生产相关的社会、经济和环境因素	Better Cotton Institute（BCI）将生产商、轧棉工人、工厂、贸易商、制造商、零售商、品牌和社会团体联合起来，使其成为一个独特的全球性机构，致力于将该机构发展成可持续发展的主流团体组织
bluesign®	排污、排气、耗能、工人安全、消费者安全、RSL/化学残留物、资源的合理使用	蓝标体系（The bluesign®）使用“输入流管理”（Input Stream Management）过程评估纺织产品，从纤维和纱线到面料以及最终成品、纺织产品的成分、化学品和染料以及纺织品加工技术
cradletocradle®	排污、排气、耗能、工人安全、消费者安全、社会标准、RSL/化学残留物、水的合理使用	材料、半成品以及成品
FAIRTRADE® Certified Cotton	工人安全、社会标准、环境影响	认证的生产机构和贸易商，帮助他们充分利用市场机遇
GLOBAL ORGANIC TEXTILE STANDARD · GOTS ·	有机、GM、排污、耗能、工人安全、消费者安全、社会标准、RSL/化学残留物	GOTS包括但不限于纤维、纱线、纺织品和服装 从2014年起，废气的聚酯也纳入这一体系
Global Recycle Standard	排污、耗能、工人安全、消费者安全、社会标准、水的合理使用	GRS涉及这类产品：包含消费者使用前/使用后的回收原材料
I.W.T.O.	IWTO为羊毛纤维、纱线和织物性能测试建立标准和测试方法 从2012年起，IWTO收集整个羊毛工业的不同生命循环分析数据和信息，对羊毛纤维的环境属性提供更好的评估	有成套的测试方法提供签发IWTO证书所需的目标、技术和科学数据 至于羊毛的生态资质，LCA现在以“从摇篮到摇篮”的方式研究这一产业的所有领域
MADE-BY	有机、工人安全、社会标准	该标识适用于整个供应链产品的环境和工作条件，包括附属的服装品牌

包含内容	要求
BCI从种植的层面关注棉花生产，BCI原则列出了更优质的棉花是由下列农民生产出来： 1.将培育作物的有害影响最小化； 2.节约用水，珍惜水资源； 3.关注土壤健康； 4.保持自然栖息地； 5.关心和保持纤维的质量； 6.推广合理的工作条件	生产更优质的棉花意味着需要满足一系列最低要求，包括杀虫剂的使用、水利、原产地保护、纤维质量和合理的工作原则。一旦满足最低要求，农民需要不断地进行完善，以保持品质 www.bettercotton.org
主要比率： 资源产出； 消费者安全 空气排放； 污水排放； 职业健康和安全； 整个纺织业供应链，关注原材料的测试	蓝标体系表明纺织品供应链中所有环境、健康和安全条件的改善，根据它们的毒性和生态性及危害评估各个组成部分 未来更好的产品功能性、质量或设计，“智能”化学是可以接受的。它们必须使用最佳可行技术（Best Available Technology ，BAT）来管理 www.bluesign.com
多因素标准包含五个类别。C2C认证产品由对人类和环境安全的材料制造，可重复使用（如循环或分解）且生产过程使用新能源、进行水资源管理以及关注社会公平。材料可以以生态或技术循环的方式重新利用	以基本、铜、银、金或铂金产品的级别来反映持续的改善。产品必须持续优化，已达到更高的认证水平，并最终成为理想的C2C产品 成品中所有材料及其化学成分必须能区分，并根据它们对人类和环境健康的影响及循环性能打分。根据材料生态回用能力及技术循环打分。为产品生产过程使用的再生能源、水资源管理和社会公平进行评估 www.c2ccertified.org
生产商的公平贸易标准确保农民获得公平和稳定的价格，他们选择公平贸易溢价来投资商业和社会	定期检查农民组织及公平贸易授权（企业销售成品），并要求提交销售报告 www.fairtrade.org.uk
获GOTS授权的农场和纤维得到权威认证机构授予的国际认可的有机标准认证 GOTS囊括整个产业链，包括生产、染色、梭织、针织、CMT、整理、包装、商标、分售和批发。	要符合GOTS认证，整个供应链的产品必须满足所有标准。GOTS认证产品贸易公司必须获得认证，且需经认证机构检验 www.global-standard.org 土壤协会认证是一个GOTS的认证实体。如果一个纺织品公司被土壤协会授予GOTS认证，它们可以在获准的产品上使用备受信任的土壤协会认证标志以及GOTS标志 www.soilassociation.org
购买追溯和建档。处理和使用消费前和/或消费后回收的原材料。环境加工的影响和社会标准也需要评价 现在不包括消费前废料	GRS标签产品必须含有至少5%的消费前或后回收的原材料。标签标明：采用回收材料（原材料）制作-x%前回收和x%消费后回收 www.textileexchange.org/content/standards
标准和测试方法涵盖羊毛供应链的各个步骤，从含脂原毛到洗净羊毛、粗纺羊毛、纱条、加捻、纱线和织物 IWTO收集并分析供应链不同步骤中的LCA数据，包括绵羊养殖体系中获得的副产品、水足迹、产品穿着寿命、循环和碳循环等	IWTO测试认证可从IWTO授权实验室获得 标有的标准和规范可从IWTO的红皮书和白皮书找到 羊毛的LCAs报告可从IWTO网站下载 www.iwto.org
原材料对环境的影响、工厂的工作条件及产品分销	每个合作品牌有一个网上发布的分数卡及生产商的年度报告。供应基数经完全分析后，根据品牌定制发展目标，最后形成一个行动计划，通过培训和研习来改善供应链 www.made-by.org

认证（Certifications）

标准	内容	产品
CONFIDENCE IN TEXTILES Tested for harmful substances according to Oeko-Tex® Standard 100 00000000 Institute	消费者安全、 RSL/化学品残留	生产各个阶段的纺织品原材料、半成品和成品，包括纺织装饰品、染料和助剂
CONFIDENCE IN TEXTILES Eco-friendly factory according to Oeko-Tex® Standard 1000 00000000 Institute	污水排放、空气排放、能源消耗、工人安全、消费者安全、社会标准、RSL/化学品残留、合理用水	对整个纺织产品链，包括纺纱厂、梭织和针织厂、纱线染色和纺织整理厂以及服装生产商进行测试、审计和认证环保型生产地
CONFIDENCE IN TEXTILES Tested for harmful substances according to Oeko-Tex® Standard 100 + Oeko-Tex® Standard 1000	污水排放、空气排放、能源消耗、工人安全、消费者安全、社会标准、RSL/化学品残留、合理用水	主要是纱线和面料生产商
ORGANIC 100 content standard	有机原材料、基因改造	有机含量标准（OCS）涉及任何产品中通过认证的有机种植材料的使用。100标志适用于至少95%是有机种植材料做成的产品，只要其余部分不是同种材料
ORGANIC BLENDED content standard	有机原材料、基因改造	有机含量标准（OCS）涉及任何产品中通过认证的有机种植材料的使用。这一标志适用于至少5%为有机种植材料做成的产品，其余部分可以是同种材料
CERTIFIED TO OE 100 STANDARD	有机棉、基因改造 （此前称为Organic Exchange）	OE 100涉及纱线、面料和成品中使用95%～100%通过认证的有机种植棉纤维
CERTIFIED TO OE BLENDED STANDARD	有机棉、基因改造	OE混纺标志涉及开始涉入有机棉领域供应商的纱线、面料和成品中使用5%～95%通过认证的有机种植棉纤维
	有机、基因改造、工人安全、消费者安全、社会标准、RSL/化学品残留	土壤联合会认证根据GOT标准授予生产商、加工商和供应商

包含内容	要求
原材料、半成品和成品生产的各个步骤，根据要求的标准进行检测，都必须满足要求，无一例外	根据产品与皮肤接触程度的不同，将其分为四个产品类别。检测参数包括依法禁止、限制和有害成分，确保对消费者健康的色牢度和皮肤友好pH值 www.oeko-tex.com
对纺织品加工因素的审计包括： 不使用对环境有害的助剂和染料； 废水和废气处理； 优化能源消耗； 避免噪音和粉尘污染，使用环境管理系统； 质量管理系统	必须提供证据证明总体生产至少有30%已经得到Oeko-tex® 100标准的认证，加工过程必须满足规定的环境友好标准。必须满足Oeko-Tex® 1000规定的社会标准 www.oeko-tex.com
所有产地的每个制作和加工过程都需要评估。认证可对任何阶段进行，甚至包括服装加工	所有产品链上的产地要符合Oeko-Tex® 100+服装认证必须满足Oeko-tex 100标准和Oeko-tex® 1000标准的要求 www.oeko-tex.com
在所有产品中追溯和记录购买建档、处理和使用经认证的有机种植材料，但不包括生产过程	满足OCS标准和含有95%～100%有机种植材料的产品只要产品不含有同样原材料的传统成分，就应该标注为： “含有有机种植原材料”或“含有100%有机种植原材料” www.textileexchange.org/content/standards
在所有产品中追溯和记录购买建档、处理和使用经认证的有机生长材料，但不包括生产过程	满足OCS标准和含有5～95%有机生长材料的产品应该标注为： “含x%有机种植原材料” www.textileexchange.org/content/standards
在纱线、面料和成品中追溯和记录购买建档、处理和使用95-100%经认证的有机棉纤维，但不包括生产过程	必须使用至少95%认证的有机棉纤维，不包括线和非纺织辅料 如果有95%及以上棉花，其他材料不是棉花，产品可以使用“含有机种植棉花”标志 www.textileexchange.org/content/standards
在纱线、面料和成品中追溯和记录购买建档、处理和使用经认证的有机混纺纱线，但不包括生产过程	认证的商品必须包含至少5%有机或有机转化棉花 标签表明：“包含x%有机种植棉花” www.textileexchange.org/content/standards
所有天然产品（包括纤维、纱线、纺织品和服装）的原材料的收获、生产、处理、加工、包装、贴商标、出口、进口以及分销	认证的产品必须满足GOTS标准列出的要求，这样它们就可以贴上土壤联合会的有机标志，它是英国使用最广泛的有机标志

来源：改编自*Eco-Textile Labelling Guide 2010*（第二版）和*Eco-Textile Labelling Guide 2012*（第三版），EcoTextile News出版

绿色化学（Green Chemistry）

保罗·阿纳斯塔斯（Paul Anastas）和约翰·华纳（John Warner）设定了12个原则来解释"绿色化学"的实际意义，他们有助于界定一种原材料或一个产品是否真正的生态环保、符合道德，是否具有可持续性。任何出于道德的原因，而非纯粹的市场潜力而采购或者使用环保面料的人，都应认真考虑这些问题。

预防：与其在浪费产生后对其进行处理和清洁，不如对浪费进行预防。这是不言自明的。现在有一整个行业对废物进行处理。处理和控制废物的成本巨大。即便在控制以后，还必须进行监测。

原子经济：在制造材料时，重要的是最大化地利用形成最终产品的所有材料的成分。换句话说，尽可能减少浪费。比如，一道工序的原子经济性为50%，那么所使用的材料中将有50%被浪费掉。实际上只有一半的材料最终成为产品。

低害合成：工序的设计原则应为：其使用并产生的物质，其毒性很少甚至无毒。也就是说，创造材料的过程中所使用的物质是无害的，其产生的物质也是无害的。这通常说起来容易做起来难。

设计安全的化学品：化学产品应该加工成具有功能性而没有毒害的，减少产品毒性降低了对人和环境的危害。

更安全的溶剂：尽可能避免使用添加剂，如溶剂和分离剂。当必须使用时，它们应当是无毒的。

节能：设计与生产产品时，应该考虑到能效。能源需求应该最小化，因为既影响环境又增加成本。尽可能在室温或室内压力下完成工序。

使用可再生能源：如果可能，材料应该来自可再生能源，例如，有些研究使用玉米来代替煤或石油来加工化学产品。此外，选择已经在实验室形成的其他反应反馈来研究废物。

减少派生物：派生物是在加工过程中用来产生临时效果的化学品。它有可能是在加工过程中保护某部分物质，其后再除去的化学品，也可能是加工过程中产生临时变化，使反应继续进行的化学品。如果可能，尽量避免使用派生物。它们在最终产品中不会消失，只会增加废物的量。

催化剂：有选择性地使用催化剂，而不是化学试剂。催化剂可以促进反应的产生，减少能源的使用，而且还会加速反应。

善终：为产品设计合适的处理方式。产品使用后，应分解为无毒物质。这样，产品不会残留、累积在环境中。

使用实时污染防范：需要进一步开发各种方法，以实现对化学过程的实时监视。这包括：过程进行中的监控、有害物质形成过程的监测与控制以及物质处理后的监控。

防止意外：应该谨慎选择物质与物质的形态（液态、气态等），以尽量减少化学过程中发生意外事故。事故包括：火灾、爆炸与意外泄露。

来源：*Green Chemistry: Theory and Practice*，保罗·阿纳斯塔斯，约翰·华纳著，哈佛大学出版社，2000。

生物可降解

"可降解"和"生物可降解"具有不同的含义：

- 生物可降解是指材料在一定的时间内降解，时间长度依赖于产品和正确的生物降解条件。
- 由于缺少氧气，光和湿气的作用下产生甲烷气体，生物可降解材料在填埋场降解速度非常缓慢，
- 可降解指材料最终会分解，但没有确切的时间限定。

行业过程季节循环

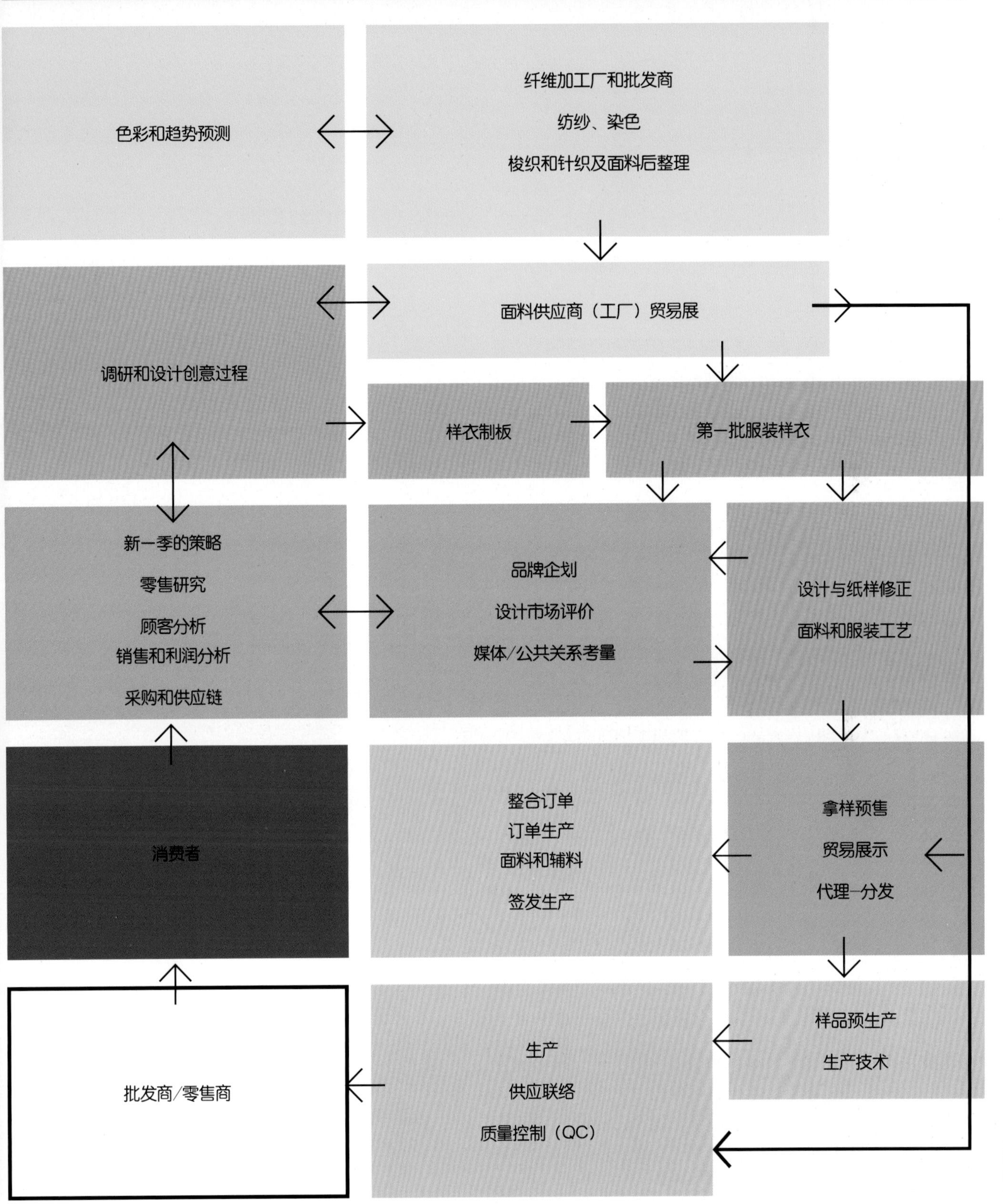
色彩和趋势预测
纤维加工厂和批发商
纺纱、染色
梭织和针织及面料后整理
面料供应商（工厂）贸易展
调研和设计创意过程
样衣制板
第一批服装样衣
新一季的策略
零售研究
顾客分析
销售和利润分析
采购和供应链
品牌企划
设计市场评价
媒体/公共关系考量
设计与纸样修正
面料和服装工艺
消费者
整合订单
订单生产
面料和辅料
签发生产
拿样预售
贸易展示
代理-分发
样品预生产
生产技术
批发商/零售商
生产
供应联络
质量控制（QC）

制造与加工（Manufacture and processing）

虽然面料产业结构中的许多规范仍保持一致，但在过去30年间这一结构已经发生了巨大变化。

设计（Design）

在一个深谙消费者的竞争性市场中，优秀的设计对公司的成功至关重要。现代设计师需要掌握广泛的技能和知识储备，从市场营销到生产技术等。设计院校培养多才多艺的毕业生以满足法国、意大利与美国设计公司的需求。

设计产品管理（Design product management）

这是一个广泛的区域，近年来经历了急剧变化与扩张。现在，营销、采购与产品开发领域需要更多的毕业生，负责从采购到品牌构建、产品系列与产品线规划到产品经销的一切事宜。

即使公认的通用语是英语，在与境外制造商的联络上会出现交流的问题。在零售方面，信息技术已经使信息变得即时：过去需要花几个星期才能知道最畅销产品，现在可能当即就知道了。

纸样裁剪（Pattern cutting）

高端产品与定制的纸样裁剪仍然是在国内完成的。不过，绝大多数的服装其纸样是在生产商所在国家剪裁完成的，这种做法的优势是成本较低，且更接近生产工厂。

成衣技术（Garment technology）

以往，技术人员与工厂是联系在一起的，在出现问题时可以实地解决。现在，他们通过远程处理问题，这就需要更精确的信息和更好的沟通。

打样（Sample making）

与纸样剪裁类似，打样的地点也随产品的档次而定；

高档裙装的生产商也许会在国内打样，但一个多样化品牌则会在其海外制造商处打样。这样的优势有两个：一是成本，二是生产制作技术。无论其档次，一家工厂通常都会制作一个剪裁样本。

制造（Manufacturing）

如今，不仅平价品牌在海外制作生产，很多高级品牌也利用发展中国家不得不提供的廉价劳动力。这是介于制造中心与工厂质量水平之间的选择。更优秀的品牌会对装饰辅料更加挑剔，可能在之前就已从全世界其他地方输送过来。现在，约60%的男装是由来自不同国家的面料制成的，这些国家也是生产所在地。所种植的T恤棉中30%制成针织面料，然后运输至其他国家甚至其他大洲的制造商。尽管这种运输增加了公司的碳足迹，并质疑公司的伦理道德，但对更高利润率的追求根本无法削弱其决心。

质量控制（Quality control）

这个曾经只是制造过程中的部分规范，现在，随着海外制造的爆炸式增长，它已经成为重中之重。如今质量控制不仅只是制造过程的一部分，还是采购与产品开发过程的环节。

面料供应商（Fabric suppliers）

大多数远东制造商都利用其国内面料生产的优势，特别是棉布。因此，面料采购也是工业生产采购的部分内容。

销售（Sales）

一旦服装产品系列准备就绪或上市，销售就成了营销部门的任务了。根据公司规模的大小可以在公司内部进行或者由代理商或代销商来进行。可以通过服装展销会或交由各国家的代理商或经销商将产品销至海外，因为他们能更好地理解国家特征与特殊需求。

贸易交易会（Trade fairs）

纱线展销会（Yarn trade fairs）

举办纱线展销会的目的是展示新一季的纱线与色彩趋势。

Expofil：法国巴黎，纱线，纺织纤维与时尚服务。

Indigo：法国巴黎，与Première Vision同期举行。

Intercot：举办地点不定。接触有机纱线与纺织品的国际途径。

Pitti Imagine Filati：意大利佛罗伦萨，纱线与纤维。

Peru Moda：秘鲁利马，奢华纱线，如羊羔毛和羊驼毛。

Printsource：美国纽约，三年一次，国际印花设计与后整理。

Yarn Expo：中国北京，集中了全中国的相关机构。

面料展销会（Fabric trade fairs）

这些展销会展示下一季所有新的面料与色彩趋势。虽然许多公司也会展示进货或交货周期较短的面料，潮流趋势通常比服装订货会早6个月。

面料贸易展现在是全球性的，在有纺织品或服装工业的国家举办不同规模的贸易展。有些情况下这些面料展会与其他贸易展同步举行，来促进工业和商业发展。

在世界上各个服装中心都举办广受欢迎的国际贸易展，从服装业角度看，最重要的依然是在法国、意大利、德国、日本和美国举办的传统贸易展。

Premi è re Vision：法国巴黎，非常重要的展会，一年两次，有趋势预测、配饰与印花展厅。同样也在莫斯科、东京、上海与纽约举办。

Denim By Premier Vision：法国巴黎，规模较小的展会，以牛仔及相关原材料为主。

Fabric at Magic：美国纽约，面料、装饰材料与色彩趋势。

Idea Como：意大利米兰，展示最高端的面料，以丝绸为主。

Interstoff：德国法兰克福，两年一次，展示国际面料。

Interstoff Asia and Interstoff Russia：由最初的形式演变而来，在香港与莫斯科两城市举办。

Intertextile：中国北京、深圳与上海，Interstoff组织的一部分，面向中国市场。

Japantex：日本东京，国际面料。

Modatisimo：葡萄牙波尔图，各国特色面料与国际面料。

Moda in Tessuto e Accesori：意大利米兰，两年一次，面料与配饰。

Prato Expo：意大利佛罗伦萨，因为展示大量的新理念而举足轻重。

Texworld India and Texworld USA：时装材料博览会（Interstoff）的一部分，在孟买与纽约举办。

Texbridge/Turish Fashion Fabric：两年一次，在伦敦、米兰与纽约举办。

资源和术语表（Resources/Glossary）

实用机构与出版物（Useful organizations and publications）

以下各机构、服务和出版物能够提供本书中讨论过的有关纤维和面料，以及从面料到成品的各方面的实用信息。

面料与色彩出版物（Fabric and Colour publications）

There are many textile and colour journals published worldwide. Some are factual while others are creative and inspirational, and of great use when starting a design collection.

Eco Textile News, UK, 6 issues.
Journal Du Textile, France, 42 issues.
Mood Textiles, Italy, 4 issues.
Noa Colour, Japan, 2 issues.
Provider (View On Colour), The Netherlands, 4 issues.
Selvedge, UK, 6 issues.
The Society of Dyers and Colourists, UK, 10 issues.
T Design Living Textile Tendence, Italy, 4 issues.
Texitura, Spain, 2 issues.
Textil Wirtschaft, Germany, 52 issues.
Textile Asia, Hong Kong, 12 issues.
Textile Forum, international, 4 issues.
Textile History, UK, 2 issues.
Textile Horizons, UK, 6 issues.
Textile Month, UK, 6 issues.
Textile Outlook International, UK, 6 issues.
Textile Report, France, 4 issues.
Textile Research Journal, US, 12 issues.
Textile View, The Netherlands, 4 issues.
Textiles Eastern Europe, UK, 1 issue.
Textiles, UK, 4 issues.
View Point, The Netherlands, 2 issues.

羊毛（Woll）

Australian Wool Innovation Ltd:
www.wool.com.au; and
Australian Wool Services:
www.wool.com
Both are part of the Australian Woolmark Company, which is considered to be the world's leading wool fibre textile authority, with more than 60 years of experience.

British Wool Marketing Board:
www.britishwool.org.uk
Central marketing system for UK fleece wool.

International Wool Textile Organization:
www.iwto.org
Representing the world's wool textile trade and industry, including spinners, weavers and garment manufacturers.

Merino Advanced Performance Programme MAPP:
www.mapp.co.nz
Performance-based fabric developments incorporating New Zealand merino wool.

Merino New Zealand:
www.nzmerino.co.nz
Represents the merino producers of New Zealand, promotes the merino characteristics of brightness/whiteness, strength, extra staple length and thus advanced manufacturing efficiency, and is associated with the highest quality manufacturers.

Uruguay: Wool Secretariat/Secretariado Uruguayo De La Lana (SUL):
www.wool.com.uy
Works to promote and develop all aspects of Uruguayan wool in a similar way to the larger Australian Woolmark Company.

Wool is Best: www.woolisbest.com
A factual guide to the Australian wool industry.

The Woolmark Company:
www.wool.com.au
The aim of the company and organization is to improve the profitability of wool growers by building and sustaining demand. It also aims to increase productivity through research, development and marketing. It has offices in approximately 20 countries and representation in 60. It also has design and development centres in Biella, Italy, and Ichinomiya, Japan. It also encourages industry partner projects. Central to the company is the Woolmark, which is an international trademark that promises high-quality performance and fibre content. It also confirms that the products on which it is displayed are of pure new wool.

Wools of New Zealand:
www.fernmark.com
Works to promote and develop all aspects of New Zealand wool. It originally promoted interior textiles, and since 1996 includes apparel textiles.

Zque™ Fibre: www.zque.co.nz
Ethically sourced New Zealand merino wool with an accreditation programme that ensures environmental, social and economic sustainability as well as animal welfare, with traceability back to the source.

奢华动物纤维（Luxury animal fibres）

Australian Alpaca Association:
www.alpaca.asn.au
Comprehensive information on the Australian alpaca industry.

Australian Cashmere Breed and Fleece Standard:
www.acga.org.au
Information on the Australian breed evolved from the bush goat.

British Alpaca Society:
www.bas-uk.com
Comprehensive information on the British alpaca industry.

Canadian Llama and Alpaca Registry:
www.claacanada.com
Comprehensive information on the Canadian llama and alpaca industry.

Cape Mohair Wool:
www.cmw.co.za
A group of South African mohair textile production companies.

Cashmere and Camel Hair Manufacturers Institute:
www.cashmere.org
US-based international institute for research into and promotion of camel hair and cashmere.

Coloured Angora Goat Breeders Association:
www.cagba.org
Promotes the development and marketing of coloured angora goats and fibre.

Import and Export of Vicuña (US Wildlife Services): www.fws.gov
Information on legalities in and restrictions on the trade in vicuña fibre.

International Alpaca Association (Peru):
www.aia.org.pe
Peruvian-based association with extensive information on all South American camelids and their hybrids.

Pygora Breeders Association:
www.pygoragoats.org
US-based association dedicated to the 'advancement' and well-being of pygoras.

Roseland Llamas:
www.llamas.co.uk
Informative site regarding llama attributes.

Yampa Valley Yaks:
www.yampayaks.com
Colorado-based site dealing with yaks.

丝绸（Silk）

Peace Silk suppliers:
www.ahimsapeacesilk.com
Suppliers of peace silk.

Silk Association of Nepal:
www.nepalsilk.org
European Union-funded trade organization for silk producers and exporters.

Silk Mark Organization of India (SMOI):
www.silkmarkindia.com
Silk quality mark organization sponsored by the Textiles Ministry.

亚麻（Linen）

CELC: Confédération Européenne du Lin et du Chanvre (Linen and Hemp):
www.belgianlinen.com
A non-profit-making trade organization for linen in Western Europe. Affiliated countries are Austria, Belgium, France, Germany, Italy, Holland, Switzerland and the UK.

The Irish Linen Centre and Lisburn Museum:
www.lisburncity.gov.uk
Information and artefacts relating to the Irish linen industry. Lisburn, Northern Ireland.

The Irish Linen Guild:
www.irishlinen.co.uk
Founded in 1928, promotes and monitors quality Irish linen. Gives a seal of quality to fabrics or yarns that are made and finished in Ireland.

The Linen Dream Lab: Showcasing textile innovations, trend publications, yarn and fabric sourcing – sponsored by CELC 15, rue du Louvre, Paris, France 75001 and Via Orti 2, 20122 Milano, Italy.

Maison du Lin: www.lin.asso.fr
Organization promoting French linen.

Masters of Linen:
www.mastersoflinen.com
Paris-based subsidiary of CELC. Provides information on and promotes European linen.

Saneco: www.saneco.com
Statistics and information on the flax industry.

棉（Cotton）

Cotton Australia:
www.cottonaustralia.com.au
Organization servicing Australian cotton growers, dealing with environmentally conducive and sustainable production issues.

Cotton Foundation:
www.cotton.org
US cotton export and research foundation.

Cotton Incorporated:
www.cotton.inc
A company with offices worldwide that offers extensive information on all aspects of cotton from farming and green issues to design and manufacturing. It also offers extensive fabric resources.

International Cotton Advisory Committee:
www.icac.org
Association of governments of cotton producing and consuming countries.

International Cotton Association:
www.ica-ltd.org
International trade association and arbitral body.

National Cotton Council News and Current Events:
www.cotton.org/news
Global news and information site.

Plains Cotton Cooperative Association:
www.pcca.com
Largest producers and suppliers of Texan-style cotton.

The Seam: www.theseam.com
Online trading and interactive marketplace for cotton agriculture.

Spinning the Web:
www.spinningtheweb.org.uk
Comprehensive information on the history of the cotton industry.

United States Cotton Board:
www.cottonboard.org
Information for producers, buyers and importers.

100 Per Cent American Supima cotton:
www.supimacotton.org
Information on American Pima cotton.

天然彩棉生产商（Naturally coloured cotton producers）

Peru Naturtex Partners:
www.perunaturtex.com
Organic production with sustainable processing for textile products. The site has good information on the origins of cotton, organic and naturally coloured cotton. It also has several links to fashion companies using organic cotton.

有关棉花交易的情况与数据（Facts and figures on the cotton trade）

www.cottonorg/econ/cropintfo/cropdata/rankings.cfm
www.pbs.org/now/shows/310/cotton-trade.html

可持续性、道德和公平贸易问题（Sustainability、ethical and fair-trade issues）

生态、公平贸易和有机机构（Ecological, Fairtrade and organic organizations）

ASTM International
www.astm.org/Standard/interests/textile-standards.html
Textile standards organization.

BCI (Better Cotton Initiative):
www.bettercotton.org
Since 2005 the BCI has worked across the supply chain and aims to improve the economic, environmental and social sustainability of cotton cultivation worldwide. The first Better Cotton products became available in 2011.

The Centre for Sustainable Fashion:
www.sustainable-fashion.com
London College of Fashion's sustainable research, education and business consultancy centre.

C.L.A.S.S. (Creative Lifestyle and Sustainable Strategies):
www.c.l.a.s.s.org
An international organization with its own dedicated materials library. C.L.A.S.S. works to promote eco-textiles, materials and services.

The Clean Clothes Campaign:
www.cleanclothes.org
Aims to improve working conditions and to empower workers of the global clothing industry.

A Deeper Luxury:
www.wwf.org.uk/deeperluxury
A report on the findings of WWF-UK's analysis of the environmental and social performance of the luxury goods sector.

DEFRA (Department for Environment, Food and Rural Affairs):
www.gov.uk/defra
DEFRA invests in supporting farming, protecting biodiversity and encouraging sustainable food production. It launched the Sustainable Clothing Action Plan in 2009 with 300 stakeholders. The UK Sustainable Clothing action plan can be seen here: http://www.gov.uk/government/publications/sustainable-clothing-action-plan.

Environmental Justice Foundation:
www.ejfoundation.org
Information on empowering those affected by environmental abuse.

Ethical Fashion Forum:
www.ethicalfashionforum.com
Network of designers, businesses and organizations focusing on environmental and social sustainability in the fashion industry.

Ethical Trading Initiative:
www.ethicaltrade.org
Information on the promotion of ethical trade.

The Fairtrade Foundation:
www.fairtrade.org.uk;
www.fairtrade.net
Registered charity that licenses the FAIRTRADE mark to products that meet internationally recognized ethical standards.

Fair Wear Foundation:
www.fairwear.org
International verification initiative dedicated to enhancing workers' lives all over the world.

Fibre 2 Fashion:
www.fibre2fashion.com
A US organization covering sustainable issues through the entire value chain from fibre to fashion products.

FTC (Federal Trade Commission):
http://ftc.gov
US consumer protection agency.

Helen Storey Foundation:
www.helenstoreyfoundation.org
A London-based, project-funded, not-for-profit arts organization. It aims to inspire new ways of thinking across art, science, design and technology, incorporating ethical and sustainable thinking.

International Fairtrade:
www.ifat.org
Information on members practising fair trade in business.

Labour Behind the Label:
www.labourbehindthelabel.org
Resources and information on clothing labels.

No Sweat: www.nosweat.org.uk
Information on the global campaign against sweatshops and child labour.

OCIA (Organic Crop Improvement Association): www.ocia.org
Organic certifications.

Organic Trade Association:
www.ota.com
Organization listing members using organic cotton.

Pesticide Action Network UK:
www.pan-uk.org
Working to eliminate pesticides and to promote fair trade and organic alternatives. Website has many related links.

Positive Luxury:
www.positiveluxury.org
An organization offering the first consumer guide to positive living. It licenses and awards the 'blue butterfly', a global interactive trust mark, providing information about recommended brands' social and environmental status at the point of sale and on its website.

Rite Group: www.ritegroup.org.uk
Founded by UK retailer Marks & Spencer, University of Leeds and *Ecotextile News*, it provides advice and information to drive forward sustainable and ethical production of textiles and fashion products.

SCP (Sustainable Cotton Project):
www.sustainablecotton.org
Founded in 1996, the SCP encourages information-sharing among farmers, about biological farming techniques, and educates manufacturers and the consumer about the importance of supporting local industry in order to develop a Cleaner Cotton™ industry.

The Sustainable Angle:
www.thesustainableangle.org
A not-for-profit organization dedicated to education and the promotion of sustainability in the fashion industry. The Sustainable Angle presents exhibitions, manages an extensive fabric library and liaises with the fashion industry on responsible sourcing strategies.

Sustainable Apparel Coalition:
www.apparelcoalition.org
An international trade federation founded in 2011 that aims to reduce the environmental and social impact of the fashion industry.

Sustainable Cotton Initiative:
www.wwfpak.org
The initiative focuses on some of the most important, and poorest, cotton-producing areas (e.g. Australia, Pakistan, India and Central Asia). The Sustainable Cotton Initiative is aimed at reducing water use for the irrigation of cotton, while safeguarding the livelihood of the local farmers. As such, the project will contribute to the biological, economic and social sustainability of these focal regions.

Textile Environmental Design (TED):
www.tedresearch.net
Chelsea College of Art and Design's collaborative projects looking at creating textiles with a reduced impact on the environment.

Textile Exchange:
www.textileexchange.org
A charitable organization committed to expanding organic agriculture, with a specific focus on organically grown fibres, such as cotton.

Vote Hemp: www.votehemp.com
US advocacy group which holds comprehensive information on all aspects of hemp, from legislative and sustainable issues to production and retail information.

World Fair Trade Organization:
www.wfto.com
Global authority on fair trade.

回收机构（Recycling organizations）

Cardato: www.cardato.it
Italian organization for recycled and regenerated CO_2-neutral wool fabrics produced in the Prato region of Italy.

Eco Circle: www.ecocircle.jp/en/
Polyester fibre producer Teijin has developed an innovative eco-recycling system, Eco Circle, to reuse post-consumer garments to make new fibres.

Ragtex, Textile Recycling Association:
www.textile-recycling.org.uk
The Recylatax Bonded scheme helps local authorities, charities and other organizations set up recycling services for reuse of clothing and shoes.

TRA (Textile Recycling Association):
www.textile-recycling.org.uk
The association has members internationally, and facilitates the work of second-hand shoe and clothing collectors, graders and reprocessors.

TRAID: www.traid.org.uk
Charity recycling organization.

Waste Online:
www.wasteonline.org.uk
An overview of recycling with facts, figures and details of what happens to the clothes we recycle. Run by Waste Watch.

人造纤维（Man-made fibres）

AFMA (American Fiber Manufacturers Association):
http://fibersource.com/afma/afma.htm

BISFA (Bureau International pour la Standardisation des Fibres Artificielles):
www.bisfa.org
International association of man-made fibre producers.

CIRFS (Comité International de la Rayonne et des Fibres Synthétiques): www.cirfs.org
European Man-made Fibres Association

泛读与展览（Further reading and exhibitions）

The Book of Silk, Phillippa Scott (Thames & Hudson, 1993)

Chinese Silk: A Cultural History, Shelagh Vainker (The British Museum Press, 2004)

Colour, Edith Anderson Feisner (Laurence King, 2006)

Colour, Helen Varley, ed. (Marshall Editions, 1998)

Colour: A Workshop for Artists and Designers, David Hornung (Laurence King, 2005)

The Colour Eye, Robert Cumming and Tom Porter (BBC Books, 1990)

Cradle to Cradle: Remaking the Way We Make Things, William McDonough and Michael Braungart (Vintage, 2009)

Cotton, Beverly Lemire (Berg, 2011)

Cotton: The Biography of a Revolutionary Fibre, Stephen Yafa (Penguin, 2006)

The Chemistry of Textile Fibres, R.H. Wardman and R.R. Mather (RSC Publishing, 2010)

Eco Chic: The Fashion Paradox, Sandy Black (Black Dog, 2008)

An Economic History of the Silk Industry, Giovanni Federico (Cambridge University Press, 1997)

Fair Trade, A. Nicholls and C. Opal (Sage Publications, 2005)

Fashion and Sustainability: Design for Change, Kate Fletcher and Lynda Grose (Laurence King, 2012)

Fashion and Textiles, Colin Gale and Jasbir Kaur (Berg, 2004)

Fashion Zeitgeist, Barbara Vinken (Berg, 2005)

Fashioning the Future, Suzanne Lees (Thames & Hudson, 2005)

Global Silk Industry: A Complete Source Book, R. Datta and M. Nanavaty (Universal Publishers, 2005)

Green Chemistry: Theory and Practice, Paul T. Anastas and John D. Warner (Oxford University Press, 2000)

The Green Imperative, Papanek, Victor (Thames & Hudson, 1995)

Green Is the New Black, Tamsin Blanchard (Hodder & Stoughton, 2007)

Hemp for Victory: History and Qualities of the World's Most Useful Plant, Kenyon Gibson (Whitaker Publishing, 2006)

An Insider's Guide to Cotton and Sustainability, Simon Ferrigno (MCL Global, 2012)

Mantero 100 anni di storia e di seta, Guido Vergani (Fos Editoria e Communicazione, 2002)

Seven Deadly Colours, Andrew Parker (Free Press, 2005)

Silk, Jaques Anquetil (Flammarion, 1995)

Silk, Mary Schoeser (Yale University Press, 2007)

Small Is Beautiful: Economics as if People Mattered, E.F. Schumacher (Vintage, 1973)

Sustainable Fashion and Textiles, Kate Fletcher (Earthscan Publications, 2008)

Techno Textiles 2, Sarah E. Braddock Clarke and Marie O'Mahony (Thames & Hudson, 2005)

The Sustainable Fashion Handbook, Sandy Black (Thames & Hudson, 2012)

术语表（Glossary）

A

马尼拉麻（Abacá）：蕉麻植物的叶子，能加工出马尼拉麻纤维。

醋酸纤维（Acetate）：来源于纤维素的人造纤维。

醋酸（Acetic acid）：无色的液体，属于弱酸，用于加工醋酸纤维。

丙酮（Acetone）：无色、可燃性有机物，有机化学中常见材料，为加工醋酸纤维，丙酮用于溶解纤维素树脂。

丙烯酸（Acrylic）：合成聚合物纤维的通用名称。

丙烯酸单体（Acrylic monomers）：甲基丙酸烯酰胺通常作为丝绸加工增重工艺，赋予吸收染料性能。

附加值作物（Added value crop）：根据签订的书面合同而种植的作为，因为具有特别属性，其价值增加。

加色（Additive colour）：混合色光的过程，用于戏剧或零售用途。

残象（After-image）：在看特定色相不久后，再观察空白处，观察者大脑中显示相反的颜色。

代理（Agent）：代表一个品牌或公司在国内或海外展示和销售产品。

不杀生和平丝绸（Ahimsa peace silk）：出自不同品种的野生或半野生蚕蛾形成的蚕茧，作为道德丝在南印度部分地区推广。

非暴力主义哲学（Ahimsa philosophy）：一种不伤害任何生命的戒律。“Ahimsa”是一个梵文术语，意思是非暴力，作为这种在印度耆那教中延续了3000年的哲学的一部分，对佛教和印度教都非常重要，支持因果哲学。

羊驼（Alpaca）：骆驼科家养动物，南美主要的动物纤维都来自于羊驼。

羊驼毛（Alpaca fleece）：华卡约羊驼纤维的市场名称。

苏里羊驼毛（Alpaca suri）：苏里羊驼纤维的市场名称。

洋麻（Ambari hemp）：见洋麻（Kenaf）。

洋麻（Ambary）：见洋麻（Kenaf）。

氨气（Ammonia）：用于腈纶纤维加工的无色气体化合物。

邻近色（Analogous hues）：在色环上相邻的颜色。

安哥拉（Angora）：一种具有类似毛发的特殊山羊、兔和猫，名称来源于土耳其安哥拉，安哥拉山羊的纤维称为马海毛。

贴花（Appliqué）：将一片面料或其他材料缝制或刺绣到底布上，实现设计效果的装饰工艺。

芳纶纤维（Aramid fibre）：人造高性能纤维，单词“芳纶”是“芳香族聚酰胺”的合成词。

阿兰花（Aran）：凯尔特渔夫针织服装风格，起源于爱尔兰西海岸的阿兰岛。典型的特征是具有绞花纹样和使用阿兰羊毛。

阿兰羊毛（Aran wool）：含有天然油脂的未染色羊毛。

多色菱形花纹（Argyle/Argyll）：由带颜色的菱形图案组成的苏格兰针织服装

芳香族聚酰胺（Aromatic polyamide）：与尼龙相关的合成聚合物，可以加工成芳纶纤维。

人造纤维（Artifical fibres）：由纤维素制成，不能与属于化学纤维的合成纤维混淆，

人造丝（Art silk）：纺织术语，用来描述人造丝，见黏胶。

奥德马尔·乔治（Audemars Georges）：瑞士化学家，他于1855年获得人造丝的专利。

澳大利亚山羊（Australian cashmere goat）：能出产羊绒，与标准的喜马拉雅山羊不同的杂交品种。

偶氮染料（Azo or azoic dye）：石油加工染料，通常用于纤维素纤维。

B

抑菌（Bacteriostatic）：限制细菌的生长和繁殖。

双峰驼（Bactrian）：出产驼绒纤维的骆驼品种。

竹琨（Bamboo kun）：竹子内含有的天然纤维素，用于纤维加工。它还能保护植物免遭虫和生物病原体侵害，这些病原体能在寄生的植物内产生细菌。

竹亚麻（Bamboo linen）：机械加工的竹纤维，没有经过化学处理。

竹黏胶（Bamboo rayon）：在美国用于黏胶方法加工竹纤维的术语，经过化学加工。

竹黏胶（Bamboo viscose）：在欧洲用于黏胶方法加工竹纤维的术语，经过化学加工。

塔加拉族服饰（Barong Tagalog）：菲律宾传统的带有装饰的裙子，由菠萝纤维织物制成，通常在正式场合或庆典时穿着。

韧皮纤维（Bast fibres）：由植物的韧皮或内层皮制成，与木质部和芯杆分离。

批（Bat）：经过机器梳理，平整有序排列的纤维。

蜡染（Batik）：染色前先用蜡处理面料。

苯环（Benzene ring）：6个碳原子形成的环，每个碳原子上有一个单独的氢氧根。

巴杰洛绣品（Bergello）：帆布绣花形式。

斜裁（Bias）：面料沿经纬向45°角剪裁，这种剪裁利用了面料天然的拉伸性能，因此在身体表面有良好的悬垂性。

比耶拉（Biella）：临近意大利米兰的重要纺织品加工地，主要产粗纺毛。

洋麻（Bimli）：见洋麻（Kenaf）。

洋麻（Bimlipatum jute）：见洋麻（Kenaf）。

生物可降解（Biodegradable）：经生物活体酶处理后降解生成有机物的过程。

生物聚合物（Biopolymer）：由生物有机体，如淀粉和糖加工而成的天然聚合物。

生物合成（Biosythesis）：在生物活体细胞中形成的复杂分子。

生物技术（Biotechnology）：为特定用途而使用生物系统、生物活体和派生物来制造、改性或加工产品的技术。

渗色（Bleeding）：在印花面料上去除或转移颜色。

混纺（Blend）：有两种或多种纤维混合纺成的纱线。

木版印花（Block printing）：起源于中国，将设计图案雕刻在木版上，然后用它将染料转移到面料上。

吹塑（Blowing）：用蒸汽去除面料上褶皱的方法。

蓝领（Blue collar）：体力劳动者。

梭结花边（Bobbin lace）：将纱线编辫和加捻，缠绕到线轴上并由针固定在枕头上而形成的纺织品。

棉铃（Boll）：棉花的果实，含有种子，种子外面是白色的棉纤维。

保铃棉（Bollgard）：一种转基因棉花的注册商标。

一匹布（Bolt）：一整块的面料折叠在卡纸外面，棉布是卷绕的，所以一匹布通常是粗纺/精纺面料。

印度麻（Bombay hemp）：见印度麻（Sunn）。

野蚕（Bombyx mandarina moore）：据称是家蚕的野生祖辈。

家蚕（Bombyx mori）：驯养的蚕蛾，使用桑树叶养殖，眼睛没有视力，不能飞行。

接合（Bonding）：两层或多层面料结合在一起，通常经过热熔处理。

博特尼湾羊毛（Botany wool）：出产于的博特尼湾美利奴羊毛，这是第一代美利奴绵羊在澳大利亚登陆的地方。

毛圈织物（Boucle）：纱线或织物具有卷曲、带线圈的表面。

亚麻碎茎工艺（Breaking）：（1）增加蚕丝柔软手感和表面光泽度的加工方法。（2）亚麻生产加工过程之一，将原材料转化成亚麻纱线。

增白剂（Brightening agent）：增加面料的白度或明度。

英国色彩集团（BCG，British Colour Group）：英国色彩咨询机构。

宽幅布（Broadcloth）：幅宽超过150cm的棉布或毛料。

织锦（Brocade）：表面具有凹凸图案的富丽面料。

起绒布（Brushed）：具有梳毛、表面起绒织物。

刷毛（Brushing）：移除松散纤维并将面料起绒以增加保暖性。

苏云金芽孢杆菌棉（Bt cotton）：天然存在的土壤细菌苏云金杆菌。

粗麻布（Burlap）：美式英语术语，同黄麻或麻布。

C

绞花针织（Cable knitting）：针织中模拟绳子形成的三维缠绕效果。

轧光（Calendering）：使用加热金属旋转辊筒，赋予面料光泽的过程。

十字布刺绣（Canvas work）：形成完全覆盖底布的刺绣。

梳理（Carding）：梳理未加工或清洗过的纤维的加工工艺，确保它们稀薄、均匀分布，以利于纺纱。梳理也用于将不同纤维或不同颜色材料混纺。

梳理机（Carding machine）：具有许多辊筒的装置，能将纤维拉直，大批量地有序排列，见梳理（Carding）。

经济作物（Cash crop）：为经济利益而不是居民生活所种植的作物。

杂种羊绒（Cashgora）：兼有山羊绒和马海毛特性的羊绒，是尼哥拉所产的三种纤维之一。

羊绒（Cashmere）：主要但不限于喜马拉雅山羊出产的超细绒毛，以出产细度细、有短绒毛的山羊绒著称。

卡卡拉（Ccara）：骆马的两种轻质毛之一，见Curaca。

马尼拉麻（Cebu hemp）：见马尼拉麻（Manila hemp）。

塞拉尼斯公司（Celanese Corporation）：第一个商品化醋酸纤维的生产商，原来称为美国纤维素及化学生产公司，现在是全球性企业。

纤维素（Cellulose）：这种有机物是所有绿色植物的主要结构，形成主要的细胞壁，也是第二层壁的一部分。

纤维素纤维（Cellulose fibres）：来源于植物的天然和再生纤维，如黏胶和莫代尔。

纤维素I和纤维素II（Cellulose I and II）：天然和再生纤维素纤维的正确名称。

恰可（Chacu）：印加一种围猎羊驼的仪式，每隔3～4年举行一次，剪毛后将羊驼放归大自然。这项惯例现在还在继续，是秘鲁政府羊驼保育政策的一部分。

闪光织物（Changeant）：面料经向和纬向采用不同的颜色，当观察角度变化时颜色也产生变化，也称为双色织物。

夏尔多内人造丝（Chardonnet silk）：早期的纤维素基人造丝，非常易燃。

手纺车（Charkha/churka）：印度最早的轧棉机，用于长绒棉，但不适合于短的长绒棉品种。

灯芯绒（Chenille）：具有毛绒、天鹅绒般“毛虫”外观的纱线或织物。

化学整理（Chemical finishes）：用于面料后整理的工艺，赋予面料特殊效果。

铬染料（Chrome dye）：经常染毛的染料类型。

中国草（China grass）：苎麻的两种类型之一，荨麻属韧皮植物纤维，也称为白苎麻。

中国风（Chinoiserie）：受东方风格影响的18和19世纪的流行趋势。

印花棉布（Chintz）：对棉布进行整理赋予其光滑的表面。

甲壳质（Chitin）：可见于蟹壳的天然聚合物。

甲壳素纤维（chitosan）：由甲壳材料制得的纤维。

色度（Chroma）：颜色的饱和度和明度，这个术语也定义了颜色的纯度和强度。

彩色的（Chromatic）：有色相的。

色彩学（Chromatics）：色彩科学，色彩学考虑人类对色彩的感觉、色彩理论及人眼和人脑对色彩的认知。

蝶蛹（Chrysalis）：蛹的壳，蚕蛾四个生命阶段（胚胎/幼虫/蛹/成虫）中的第三个。

圆机编织（Circular knitting）：圆机针织机编织形成筒形织物。

剪毛（Clip）：安哥拉山羊剪毛所用的通用术语，也指一次从一群羊身上剪下的羊毛数量。

闭环加工（Closed-loop processing）：在纺织品加工中，通常指在加工人造纤维的过程中回收再用溶剂的方法。

四色系统（CMYK system）：四色系统用来重现照片颜色：青色、洋红、黄色、黑色。

蚕茧（Cocoon）：蚕蛾幼虫做成的蚕蛹的壳。

美国色彩协会（CAUS，Color Association of the United States）：色彩标准和预测机构，建立于1915年，目前的名称从1955年开始使用。

着色剂（Colourant）：染料或颜料等着色物质。

有色安哥拉山羊（Coloured angoras）：杂交的安哥拉山羊。

褪色（Colour fade）：由于光线、洗涤或其他媒介失去色彩。

色牢度（Colour fast）：面料染色后防止褪色。

色彩和谐（Colour harmony）：不同颜色之间的比例关系。

色彩营销集团（Color Marketing Group）：色彩预测服务机构。

色移（Colour migration）：色彩从面料的一个部位转移到另一个部位。

色值（Colour value）：见色阶。

色域（Colour-way）：几种可选颜色的组合。

色环（Colour wheels）：将色谱以环状表示，有助于理解和解释它们之间的关系。

梳理（Combing）：纺纱前使纤维光滑的过程。

弹性织物（Comfort stretch）：为梭织或针织结构面料赋予2%～3%的拉伸弹性，或者使用弹性纱线。

国际照明委员会（CIE，Commision Internationale de L' Eclairage）：成立于1931年，为满足对色彩标准化的需求而建立。

科莫（Como）：因加工丝绸而闻名的意大利城市和地区，一直是意大利丝绸工业的中心。

互补色（Complementary hues）：色环上相对的颜色。

复合材料（Composite materials）：由两种物理和化学性质区别很大的两种或多种材料

加工而成的工程材料，在最终宏观结构中依然独立可区分。

特许权（Concession/retail）：大百货公司内的专门销售空间，用来出租或分配给特殊的品牌。使品牌在零售领域中获得了向顾客展示的机会。

粗纺（Condensers）：作为纺纱过程的一部分，将棉网或棉絮分成预设重量的股的机器。

对比（Contrast）：颜色明显不同，如黑和白石高对比色。

布匹加工商（Converter）：购买坯布，对其染色、印花或整理的公司。

煮茧（Cooking）：在丝绸加工中指将茧浸入开水中软化丝胶，也指浸软。

棉花种植带（Cotton belt）：用来描述美国棉花种植地区的术语。

纱支（Cotton count）：纱线细度的表示方法，代表固定重量纱线的长度，这里指一磅纱线具有840码的倍数。

轧棉机（Cotton gin）：轧棉机的缩写，这种机器将棉纤维从种子上分离，美国发明家伊莱·惠特尼（Eli Whitney，1765—1825）于1972年发明了轧棉机，并与1794年获得专利。

棉纺（Cottonizing）：使用棉纺机械加工亚麻和大麻纤维的方法。

棉都（Cottonopolis）：用来描述英国曼彻斯特的术语，它是19世纪世界上棉花加工最重要的城市。

摘棉机（Cotton picker）：用于在不损伤棉纤维的情况下，将其从棉铃上取下的机器。

数线刺绣（Counted-thread embroidery）：数出底布的经纬线来计算表面绣花。

线圈横列（Course）：针织中，沿织物宽度方向的线圈横列，等于梭织物中的纬向。

共价键（Covalent bond）：原子之间共用电子对的化学键，形成聚合物。

防皱（Crease-resistant）：面料经整理提高褶皱回弹性。

克里奥尔棉（Creole cotton）：特级的长绒棉。

绉纱（Crepe）：纱线或面料经强捻后形成颗粒肌理。

手工刺绣（Crewel-work）：一种手工刺绣的形式。

卷曲（Crimp）：纤维或纱线上天然或人工波纹。

钩编（Crocheting）：使用钩针将纱线线圈拉过另一个线圈形成面料的装饰技术。

摩擦牢度（Crocking）：摩擦测试色牢度。

交染（Cross-dyeing）：对混纺纤维染色时，至少其中的一种纤维上色而形成的混色效果。

十字缝（Cross stitch）：数线刺绣的风格。

铜氨液（Cuprammonium）：硫酸铜和氨水的混合物，用于加工纤维素纤维，如铜氨纤维。

铜氨纤维（Cupro）：由棉花加工的副产品棉短绒加工而成的纤维，经常用作里子布。

古拉卡（Curaca）：两种轻盈羊毛类型美洲驼之一，见Ccaca。

固色（Cured）：印花过程中，用于描述固定颜色的术语。

针织服装（Cut-and-sewn knitwewar）：预先织造的针织面料经缝合而成的针织服装，加工与梭织面料服装类似。

D

锦缎（Damask）：有图案的面料，图案通过织布时对比形成，通常由经面缎纹的经纱和纬面缎纹的纬纱制成，由现今叙利亚共和国的大马士革得名。

马尼拉麻（Daveo）：见马尼拉麻（Manila hemp）。

去皮（De-cortication）：将植物如苎麻的硬皮去掉。

脱胶（De-gumming）：去除蚕丝表面的丝胶，苎麻加工时指纺纱前将纤维脱离出来的过程。

去毛（De-hairing）：纺纱前将柔软的内层动物纤维中的粗硬针毛去掉。

旦尼尔（Denier）：测量纤维线密度的单位，几根长丝在一起称为“总旦尼尔”，这个度量体系在英国和美国用于制袜。

牛仔布（Denim）：斜纹棉织物，纬纱在两根或多根经纱下经过，形成斜罗纹效果，面料最初根据生产地的法国城镇称为尼姆布。

设计单元（Design repeat）：纺织品设计的一个完整单位，以一种或多种方式循环。

烂花面料（Devoré）：一种部分透明的面料，含有两种或多种纤维成分，用酸浆料经丝网印后，一种天然纤维被腐蚀形成图案，露出下面透明的合成纤维基底长丝。

腰布（Dhoti）：不经缝纫的传统服装，穿的时候包缠住下体，是印度次大陆男人的正式礼服。

直接印花（Direct printing）：常用的工业印花方法，染料、增稠剂和助剂直接印到面料上。

拔染印花（Discharge printing）：通过化学方法将底布颜色从织物部分去除，也可以增加不受拔染剂影响的其他颜色。

分散染料（Disperse dyes）：主要用于聚酯染色，分散染料含有能分散到纤维内产生颜色的颗粒。

分销商（Distributor）：参与生产产品或使消费者或其他销售商使用该商品而提供服务的个人或组织。

双面面料织造（Double-cloth weaving）：制造的面料有两个正面或双面使用的织造技术。

双正面（Double face）：有两个正面而没有反面的面料。

双面针织物（Double jersey）：所有针都按罗纹排针编织，所有的正反面都相同，见纬平针。

悬垂性（Drape）：面料在触摸、下垂和悬挂时的状态。

拉伸或末道并条（Drawing and finisher drawing）：最终纺纱前，进一步提高纱线均匀度和整齐度的两个加工过程，每一种技术都赋予面料或最终产品的外观和手感一种独特的特质。

德雷福斯、卡米尔和亨利（Dreyfus、Camille、Henri）：瑞士工业家，纤维素醋酸纱线的早期生产者。

单峰骆驼（Dromedary）：单峰阿拉伯骆驼，不用于生产骆驼纤维。见双峰驼（Bactrian）。

干法印花（Dry prints）：颜料印花面料并经热固化处理。

易延展的（Ductile）：容易模压或造型。

延性强度（Ductile strength）：描述材料破裂前保持形状难易程度的机械指标。

杜邦（Dupont）：成立于1802年的美国化学品公司，在20世纪成功开发了一系列材料，如氯丁橡胶、尼龙、莱卡和特氟龙，引领了聚合物的革命。

染料（Dye）：色料溶解在液体中，用于染色。

染色（Dyeing）：将颜色转移到纤维、纱线、织物或成衣的加工过程。

缸号（Dye lot）：在同一染缸中染的一批纱线。

E

埃及棉（Egyptian cotton）：所有生长于埃及的棉花都称为埃及棉，然而只有陆地棉和海岛棉品种具有超长的纤维，用来生产奢华织物，是奢华织物的代名词。

弹性（Elastane）：能拉伸面料和纱线的通用名称。

弹性系数（Elatic modulus）：当施加外力时，一种物质弹性变形（非永久）倾向的数学描述。

弹性体（Elastomer）：由聚合物组成的橡胶材料，拉伸后能够恢复初始的形状。

埃尔斯（Ells）：英国都铎王朝时就有的测量体系，30～40埃尔斯等于32～46米。

压花（Embossing）：浮雕花型压到面料上，通常采用热压方法。

绣花（Embroidery）：手工表面装饰手法，使用线或纱将设计针缝到面料上，珠子、亮片或其他装饰辅料都可以绣到面料上。

经纱（Ends）：经向纱。

酶（Enzymes）：能催化/加速化学反应的蛋白质。

蓖麻蚕丝（Eri silk）：来源于蓖麻蚕的一种野蚕丝类型。

蓖麻蚕娥（Eri silk moth）：只存在于印度的一种野生蚕蛾，它生长于蓖麻上，蚕茧上得到的蚕丝纱线被认为符合伦理道德，并且属于有机饲养。

酯（Ester）：任何一类能与水反应生成酒精和有机或无机酸的有机化合物。

挤出（Extrusion）：强迫黏性液体通过一个设备，形成长丝纤维。

F

面料染色（Fabric dyeing）：织完布后的染色过程，也称为匹染。

正面（Face）：织物正确的一面。

费尔毛衣（Fair Isle）：一种传统、复杂的手工编织技术，特点是使用5～7种不同的颜色织成横向花型，初始于苏格兰北部费尔岛。

公平贸易（Fairtrade）：独立标签体系，最初荷兰将其用于食品生产，现今扩展到纺织品，尤其是棉花。标签向消费者保障该产品的生产符合国际公平贸易标准，有资格使用公平贸易标志，该标志保证农民得到比市场价高的最优价格。

成型的（Fashioned）：针织编织中，通过增加或减少针数形成服装形状。

耐洗（色和光，Fast和light）：暴露于光中或洗涤后不褪色。

毡（Felt）：通过毡缩将纤维连接在一起的无纺布。

毡制的（Felted）：无光泽的外观。

制毡（Felting）：制毡的过程。

纤维（Fibre）：长而细且柔韧的结构，植物和动物纤维经纺纱后称为纱线。

原纤化（Fibrillation）：蚕丝容易出现的天然瑕疵，如果粗暴洗涤或摩擦，最外层变粗糙脱离纤维而形成，造成原纤反光，形成“桃皮绒”效果，有时也在整块面料上通过酶处理或机械摩擦制造出这种效果，形成期望的触感柔软的“麂皮绒”或“砂洗”丝绸。

原纤（Fibrils）：纳米纤维。

提花（Figure/figured）：装饰图案或设计中凸起部分，与底布形成对比。

长丝（Filament）：单独的连续的纤维束，任何单股或多股人造纤维纱线的整个长度。

阻燃（Fire-retardant）：能延缓或防止燃烧。

固色（Fixing）：利用助剂提高染料在面料上的色牢度。

亚麻（Flax）：一年生草本亚麻科植物，用来生产亚麻纤维。

浮线（Float）：一部分纱线在相邻经纱或纬纱上面或下面通过，这个术语也用于针织，指纱线“浮”着通过几个线圈。

含氟聚合物（Fluoropolymer）：一种有机聚合物，含有大的、多种原子，其中一个碳原子链上附着氟原子。

联邦贸易委员会（FTC，Federal Trade Commission）：美国消费者保护管理部门，监管国内商标的正确使用。

缩绒（Fulling）：通过加热、蒸汽及压力压缩面料的整理过程。

全成型（Fully Fashioned）：针织服装使用的术语，每个衣片通过增加或减少针数得到需要的形状。

G

甘地，圣雄甘地（Gandhi，Mohandas Karamchand，1869-1948）：印度主要的政治家和思想领袖，俗称圣雄，他劝诫印度人民，无论贫富，都制作印度土布，支持独立运动，达到了抵制英国纺织品的结果。

重击撕裂（Gang-slit）：生产金属纱线撕裂过程之一，形成宽度很小的纱线。

成衣染色（Garment dyeing）：对成衣进行染色。

机号（Gauge）：根据针号和间距描述针织服装的厚薄和结实程度。

土工织物（Geo textiles）：当与土壤使用时，土壤可渗透的织物，能分离、过滤、增强、保护或排水，通常用丙纶或聚酯制成。

轧棉厂（Gin）：棉花加工厂，见Cotton gin。

轧棉（Ginning）：通常暗指棉花准备过程的整个加工过程。

光滑的（Glazed）：织物光滑、有光泽的表面。

转基因棉花（GM cotton）：基因改造或转基因棉花。

原毛（Grease-wool）：用来描述在清洁和洗净前的羊毛，也称为含脂羊毛。

绿色化学（Green chemistry）：有助于界定原材料或产品真正的生态、道德和可持续发展凭据的12个原则。

绿色苎麻（Green ramie）：苎麻两种类型之一，荨麻属韧皮植物纤维。

坯布（Greige）：漂白、染色和整理前的初始状态的面料。

底色（Ground colour）：通常是印花术语，指面料的背景色或主要的颜色。

原驼（Guanaco）：南美驼马，南美骆驼科家族的一员。

针毛（Guard hairs）：许多动物都有的保护细毛或绒毛的较粗的外层毛发。

H

亚麻栉梳（Hackling）：亚麻纤维的加工过程，将短、断裂的亚麻纤维或短麻屑梳出，只剩下所需长度的纤维，供纺纱用。

无绒毛羊（Hair sheep）：不产羊毛的一种羊。

晕轮效应（Halo effect）：灰色安哥拉纱线超细柔和的表面形成的效果，在光照下会轻微发光。

手感（Handle）：面料的触感。

绞（Hank）：没有支撑的一卷纱线，末端连在一起保持形状，也称为一束。

绞染（Hank dyed）：纱线染色。

标题卡（Header cards）：也称为面料挂卡，标题卡是大块的面料样品上用来展示面料质量的。上面的信息包括纤维类型、纱线支数、幅宽、克重和后整理工艺的使用。

大麻（Hemp）：所有大麻属植物的通用名称。

横断（Henduan）：中国西藏高山地区的牦牛，产出最好的纤维，也称为九龙（Jiulong）。

粗麻布（Hessian）：见黄麻（Jute）。

高街（High street）：通用的营销与零售术语，表示具有竞争性的大众市场服装。

高强黏胶（High-tenacity rayon，HTR）：20世纪40年代开发的用于工业用途的高强黏胶。

高湿系数黏胶（Hig-wet-modulus rayon，HWM）：20世纪50年代开发的，在湿态下依然保持强度的高强黏胶。

喜马拉雅山羊（Himalayan mountain goat）：亚洲绒山羊，常称为克什米尔山羊。

中空纤维（Hollow fibre）：具有优良绝热性的筒状人造纤维。

土布（Homespun）：家庭手工制作的小量梭织面料，这个术语也可以指令人向往的乡村风格手工制品外观，意指原汁原味的手工艺。

马尾毛（Horsehair）：最初意指马尾和鬃毛，现在是黏合衬（通常用于服装缝制）的通用术语。

华卡约（Huacaya）：羊驼的两种类型之一，出产的紧密、柔软、像羊毛一样的纤维，具有均匀的卷曲。

华里柔（Huarizo）：雄性羊驼和雌性羊驼杂交而生的后代。

色调（Hue）：色彩，纯色没有其他颜色混合其中。

碳氢化合物（Hydrocarbon）：只由碳和氢两种元素组成的化合物。

I

冰岛羊毛（Icelandic wool/sheep）：冰岛羊身上获得的羊毛，它具有双层，由像羊绒一样的内层纤维以及较粗的中外层纤维组成。

纱线扎染（Ikat）：纬纱和经纱以特定的间隔染成不同的颜色进行编织，产品具有模糊效果。

靛蓝（Indigo）：目前仍然流行的用于牛仔产品的植物染料，根据设计效果褪色后具有独特的蓝色色阶。

工业大麻（Industrial hemp）：为了获得纤维而非毒品目的种植的大麻品种。

惰性气体（Inert gas）：在特定条件下，不产生化学反应的气体。

英吉尔（Ingeo™）：由玉米制成的高性能生物聚合物的商标。

喷墨印花（Inkjet printing）：墨水液滴转移或喷射到任何介质上。通常指的是使用家用喷墨打印机打印。

嵌线（Inlaid yarn）：针织过程中通过线圈固定纱线，而不是将其织入其中。

嵌花（Intarsia）：针织面料的一行有几种不同的纯色，变化颜色时，一种颜色结束，用针织入另一种颜色而形成图案。

黏合衬（Interlining）：用于外衣的紧密织物，手感较硬、造型挺括，在缝制时经常用于领子、袖口和胸片等部位。

国际色彩权威（ICA，International Colour Authority）：色彩预测机构。

伊森（Isan）：泰国东北地区，纱线扎染面料是当地的特产。

伊滕色环（Itten wheel）：由约翰尼斯·伊藤（1888–1967）发明，研究色彩时用来记录颜色的逻辑格式。

J

提花（Jacquard）：梭织和针织面料的加工过程，也可指一种织物。在梭织面料中，这个过程适用于不同的设计，在针织服装中，每一种颜色的纱线在面料的后面编织，而不用于正面。

提花机（Jacquard loom）：由法国发明家约瑟夫·雅卡尔（1752–1834）发明，具有一串穿孔卡片，且能按正确的顺序进行机械加工。

杰姆织物（Jamewar weave）：复杂的克什米尔编织工艺，制作出最初由贵族穿着的围巾织物，非常昂贵。

日本风（Japonisme）：受东方美学影响的18、19世纪的流行趋势。

针织汗布（Jersey）：通常用于描述许多类型的针织面料，单面汗布的一面是平纹，另一面是反针，经常用于上衣。双面针织汗布两面都是平纹，重量会加倍。当剪开时不会脱散，所以适合剪裁缝纫做成更复杂的款式。

针织服装（Jerseywear）：不同针织服装的统称，如T恤衫和polo衫，用已织好的针织面料剪裁缝制而成。

九龙（Jiulong）：中国西藏地区驯养的牦牛，生产出最好的纤维，见横断（Henduan）。

埃尔金郡的约翰斯顿公司（Johnstons of Elgin）：位于苏格兰埃尔金，现在仍然在生产的最古老的羊绒工厂。

即时生产（JIT，just-in-time）：只在需要时才生产，减少库存的生产策略。

黄麻（Jute）：粗而结实的韧皮纤维。

K

木棉（Kapok）：木棉树上得到的种子纤维。

卡拉库耳大尾绵羊（Karakul）：也称为波斯羔羊，这种羊有紧密光滑的卷曲，通常是灰色或黑色。

卡苏里（Kasuri）：日本风格的纱线扎染梭织面料。

粗毛（Kemps）：如安哥拉山羊等粗羊毛上的短、厚、粗、硬的中空纤维，通常不受染色的影响。

洋麻（Kenaf）：木槿的一种，具有与黄麻类似的外观。

角蛋白（Keratin）：羊毛、头发、指甲、羽毛及动物角中含有的动物蛋白。

印度土布（Khadi）：印度利用棉花、蚕丝或羊毛手工纺纱织成的布，传统上使用称为手纺车的家用纺车加工而成。

印度土布手纺车（Khadi hand-loom）：印度利用棉花、蚕丝或羊毛手工纺纱织布的工具。

和服（Kimono）：丝绸制成的日本传统服装。

金字棉（King Cotton）：用来描述19世纪棉花生产对美国经济重要性的术语。

针织（Knitting）：从纱线经一系列线圈串套形成织物的方法，包括手工和机械加工方法。

科尔贝·阿道夫·威廉·赫尔曼（Kolbe Adolph Wilhelm Hermann，1818–1884）：解释了有机物可由无机物通过直接或间接途径合成的德国化学家。

L

色样（Lab dips）：在进行批量染色前先对小卷的纱线或者面料小样染色，以进行确认。

蕾丝（Lace）：由缠绕或者装饰线做成的面料或者裁边。

金银丝面料（Lamé）：含有金属装饰的面料，经常呈金色。

层压（Lamination-1）：生产金属纱线加工工艺的一部分，这个过程在选择的两层纤维中间封闭一金属层。

层压面料（Lamination fabrics-2）：将两种或多种面料黏合或封装在一起。

羊毛脂（Lanolin）：由羊毛脂制成，医药级的羊毛脂具有低过敏性和抑菌性。

拉努达（Lanuda）：两种净毛率低的美洲驼毛之一。

排料（Lay planning）：裁剪前将服装纸样以最经济的方式排到平铺的布上。在大生产时，这个过程通常用计算机进行。

缕（LEA）：美国对亚麻细度评级的测量体系，1缕=1×300码与重量磅数的比值。

生产周期（Lead time）：加工面料和/或服装的时间与运输时间的总和。

兰卡（Lehnga）：印度和巴基斯坦的穆斯林妇女传统穿着的长裙和上衣。

光谱环（Light wheel）：根据加色体系，这种色环展示了光线和透明颜色的信息，用于照明并作为影像和计算机图像的基础。

木质素（Lignin）：一种化合物，通常从树木和植物的细胞壁的主要部分得到。

线性聚合物（Linear polymer）：分子没有分支和交联而形成长链的聚合物，所有能形成纤维的聚合物都是线性结构。

亚麻董事会（Linen Board）：成立于1711年，爱尔兰亚麻生产商设立董事会来发展爱尔兰亚麻工业。

亚麻之都（Linenopolis）：用来描述19世纪的贝尔法斯特的术语。

交织亚麻布（Linen union）：纬纱为亚麻纱，经纱为棉纱的面料。

棉绒（Lint）：干净的棉布，也用来描述有绒毛的表面，亚麻没有绒。

棉短绒（Linters）：作为轧棉的一部分将绒毛从棉表面移除。

生活亚麻项目（Living Linen Project）：记录20世纪北爱尔兰亚麻工业的第一手信息。

美洲驼纤维/美洲驼毛（Llama fibre或llama wool）：称其为纤维，是因为从严格意义上来讲，由于特殊的结构，美洲驼毛发不是羊毛。

高级的（Lofty/loft））：描述粗纺毛纤维或织物的外观，意味着丰满、柔软、有弹性。

长线纤维（Long-line fibres）：两种亚麻纤维之一，短的纤维称为纤维束。

毛圈织物（Loop-back fabric）：毛圈织物的一种，线圈保持原样，像毛巾布。

光度（Luminosity）：指颜色值，颜色越亮就有越多的光被反射回眼睛，因此亮色比暗色更明亮。

卢勒克斯（LUREX™）：一种金属纱线的商标，通常是合成纤维，具有一层铝蒸镀层。这个术语也指含有金属纱线的面料。

莱卡（LYCRA）：杜邦公司制造，但现在属于英威达的弹性纤维的商品名。

里昂（Lyon）：以加工丝绸而闻名的法国城市和地区，现在依然是法国丝绸工业的中心。

M

浸软（Maceration）：见煮茧。

机器绣花（Machine embroidery）：自动绣花。

流苏花边（Macrame）：相互打结形成的面料。

马尼拉麻（Manila hemp）：从马尼拉麻织物的叶子中获得，也称为宿雾麻。

制造中枢（manufacturing hub）：描述重要的加工中心，经常指代发展中国家。

利润（Margin）：毛利意味着扣除管理费用前，购买和销售一个产品的差值，净利是扣除管理费用后的利润。

混色纱（Marl yarns）：两种不同颜色的纱线加捻在一起。

棉背丝绸（Mashru）：经纱使用蚕丝，纬纱使用棉纱开发的织物。

苯素（mauvine）：第一种合成染料，由威廉帕金斯于1856年开发出来。

有髓纤维（Medullated fibres）：安哥拉山羊中间的纤维，比粗毛细但比真正的马海毛纤维粗。

混合物（Melange）：混色的纱线或织物。

丝光棉（Mercerized cotton）：见丝光。

丝光（Mercerizing）：将棉纱或织物浸入浓碱溶液，赋予其更好的光泽和更光滑的外观，这种工艺是约翰·默瑟在19世纪中期发明的。

美利奴（Merino）：原产于西班牙的独特品种绵羊，但现在羊毛大量出产于澳大利亚，是特级羊毛。

间位芳纶（Meta-aramid）：两种芳纶纤维之一（另一种是对位芳纶），主要用于消防服。

金属纱线（Metallic yarns）：含有金属线或金属成分的纱线。

微纤（Microfibre）：细度小于1旦的超细人造纤维或长丝，1克重量的微纤长度超过10千米。

马克隆尼值（Micronaire）：棉纤维细度和成熟度的评价系统，较低的数值影响棉花的价值。

微米（Microns）：测量单位，1微米是1米的百万分之一。

工厂（Mill）：纱线和织物加工的地方。

滚花（Milled）：做旧面料或使其外观柔和，或者将不同的颜色混合起来。

缩绒（Milling）：混合不同的颜色使面料外观做旧柔和，模糊织纹并使织物更紧密的处理方法。

莫代尔（Modal）：再生天然聚合物纤维素纤维的通用名称。

棉花压块机（Module builder）：将棉花压成大的模块的机器。

马海毛（Mohair）：安哥拉山羊的毛及用它做成的织物。

云纹织物（Moire fabric）：通常是丝绸或黏胶面料，具有松软的、波浪形、起涟漪的外观。

分子（Molecule）：能保持材料的成分和化学性能的最小可区分单元，一个分子含有两个或多个由化学键结合的原子。

姆米（Momme/s）：丝绸克重测量系统，表征丝绸的密度，与纱线支数不同。

单色的（Monochromatic）：只有一种颜色或一个色调，一个和谐的色调由一个颜色的不同色阶组成，基于同一个颜色而产生的变化。

单体（Monomer）：一个分子可与其他分子化学结合形成聚合物，这个词来源于希腊语“mono”和“meros”。

媒染（Mordant）：用于固色的化合物。

媒染剂印花（Mordant printing）：染色时，利用能防止上色的媒染剂产生的效果，以此形成图案。

毛竹（Moso bamboo）：用于纺织品加工而种植的竹子品种。

蒙加丝（Muga silk）：由蒙加丝蚕蛾收集到的不同野蚕丝。

蒙加丝蚕蛾（Muga silk moth）：生长于印度阿萨姆邦特定地点的野生或半野生蚕蛾品种。

桑蚕（Mulberry silkworm）：见silkworm。

多化性（Multivoltine）：用于描述一年至少能产十批卵的蚕蛾品种。

蒙塞尔色环（Munsell wheel）：基于5个主要颜色和后形象感知的分色系统，来源于肉眼可见的自然色。

柔和色（Muted colour）：柔和的色彩。

N

纳帕（Napa/nappa）：羊皮。

窄幅布（Narrow fabric）：宽度窄于45cm（英国）或30cm（欧洲/美国）的面料。

天然彩棉（Naturally coloured cotton）：天然具有颜色的棉花，秘鲁皮马棉和秘鲁棉花是天然彩棉。

天然聚合物（Natural polymer）：见聚合物（Polymer）。

天然蛋白质纤维（Natrual protein fibre）：见蛋白质纤维（Protein fibre）。

天然树脂（Natural resin）：黏稠的液体，来源于碳氢化合物为基础的植物分泌物，随时间延长而变硬，它们通常能溶解，但不溶于水。

针编蕾丝（Neele lace）：用针手工加工的蕾丝，所有的线圈都基于钮扣孔或锁边绣。

针绣花边（Needlepoint）：十字布刺绣的一种形式。

氯丁橡胶（Neoprene）：一种合成橡胶。

棉结（Neps）：缠绕的纤维或结子。

荨麻（Nettle）：一种韧皮纤维。

新西兰棉（New Zealand cotton）：新西兰丝带树的韧皮纤维，强度可与亚麻纤维媲美。

新西兰麻（New Zealand flax）：新西兰的本地品种，与亚麻不同。

纽兰德·朱利叶斯（Nieuwland Julius，1878-1936）：比利时裔美国化学家，氯丁橡胶的发明人。

尼哥拉山羊（Nigora）：安哥拉山羊和克什米尔尼日利亚矮山羊的杂交品种，其纤维称为杂种山羊毛。

记忆合金（Nitinol）：具有形状记忆性能的镍钛合金，在特定温度下变形后，加热后能够恢复原状。

公制支数（Nm）：公定回潮率下，1克纤维具有长度米数，常用于表示亚麻细度。

落毛（Noils）：精梳毛或绢丝纺纱后剩下的短纤维，这些纤维强度比普通纤维低，作为次品使用。

尼龙（Nylon）：杜邦生产的第一种合成纤维，在二战时作为蚕丝的替代品用于丝袜生产。它也是合成聚合物聚酰胺的通用名称。

O

丝缕未对齐（Off-grain）：服装图案样片没有放在面料的正确直纹位置上。

离岸生产（Offshore）：指在海外生产，通常指在发展中国家进行的生产。

原毛（Oiled wool）：含有羊毛脂的未漂白染色处理的羊毛。

油布（Oilling（cloth））：面料的防水处理。

聚烯烃纤维（Olefin fibre）：具有防污、防虫、耐磨和耐晒的人造纤维。

单向织物（One-way fabric）：指面料具有单一方向，所有的图案样片一定要沿相同的方向剪切，以避免明显的底纹不同。

有机棉（Organic cotton）：没有使用杀虫剂的非转基因棉。

强捻生丝绸（Organzine）：以强捻纱为经纱织成的丝绸面料。

东方风格（Orientalism）：指受东方艺术和文化影响的趋势和时尚的通用术语。

大岛（Oshima）：日本扎染梭织面料的一种类型。

罩染（Over-dye）：在初始染色的基础上染上另一种颜色，可以用来加工更深的颜色，纠正或将不想要的颜色以条纹替代，或者用于已有印花的面料上。

罩印（Over-print）：在满地印花基础上再进行设计或印上图案。

P

羊驼骆马交配种（Paco vicuna）：羊驼和骆马的交配品种。

潘通色卡体系（Pantone Professional System）：国际颜色配色和参照系统。

对位芳纶（Para-aramid）：两种芳纶纤维之一（另一种是间位芳纶），同样重量下，对位芳纶的强度比钢铁高。

分色（Partitive colour）：为产生不同的反应，将颜色依次排列的过程。

仿羊绒（Pashmina）：这克什米尔单词指羊绒制成的披肩，这个术语出自波斯单词帕夏姆，意思是"羊绒"。

纸样剪裁（Pattern cutting）：将绘图或设计转化成二维纸样的艺术或科学，转移到面料上并经缝纫后成为三维的初始设计图的代表。

帕扬·安塞尔姆（Payen Anselme，1795-1878）：19世纪30年代发明了纤维素的法国化学家。

和平丝（Peace silk）：不伤害制作出蚕茧的蚕蛾而得到的蚕丝，在蚕茧收获前，允许蚕蛾自然出现，也称为素食丝绸。

胶质（Pectin）：植物细胞壁（非木质素部分）上得到的轻物质，胶质帮助将细胞结合在一起。

高纱支（Percale）：代表紧密织物，高纱支，而不论纱线类型。

贝纶（Perlon）：二战时，与美国尼龙竞争的德国聚酰胺纤维的商品名，由于贝纶的单体有六个碳原子，为与初始的尼龙66版本区分，也称为尼龙6。

秘鲁羊驼（Peruvian alpaca）：羊驼以自己的商品名商品化。

斜针绣品（Petit point）：刺绣的一种形式。

韧皮部（Phlome）：运输营养的植物组织活体，见韧皮纤维（Bast fibres）。

光合作用（Photosynthesis）：绿色植物利用二氧化碳、水和阳光合成糖的过程。

清棉机（Picker）：打松并混合棉纤维的机器。

纬线（Picks）：纬线。

匹（Piece）：完整长度的面料，成卷的形式。

匹染（Piece dyeing）：见面料染料。

颜料（Pigment）：不可溶的色料。

颜料印花（Pigment print）：用颜料和粘合剂印花，而不是染料。

色素环（Pigment wheel）：用于减色的12步色环，展示了当颜色混合形成新的颜色时，它们之间如何反应。

起绒织物（Pile fabric）：表面起绒织物的通用术语，如丝绒或灯芯绒。

起球（Pill/pilling）：缠绕的纤维洗涤或穿着后形成的小球。

皮马棉（Pima cotton）：美国本土的长绒棉，名称出自北美皮马印第安人。

菠萝纤维（Pina）：从菠萝树的叶子上得到的纤维。

菠萝纤维面料（Pina cloth）：由菠萝纤维加工成的面料。

纬平针织物（Plain knit）：针织面料一面是正面线圈，另一面是反面线圈。

平纹面料（Plain weave）：基本的织物结构，经纱和纬纱垂直相交。

股（Ply）：两根或多根单纱捻在一起。

聚酰胺（polyamide）：酰胺（含氮的化合物）之间由肽键（氨基酸基之间的化学键，是所有蛋白质结构的主要连接键）连接组成的聚合物。

聚合物（Polymer）：由重复结构单元或单体相互连接形成的分子质量较大的分子组成的物质，它可以是天然存在的，也可以是化学合成的物质，典型的例子是DNA和塑料。

聚酯（Polyester）：合成聚合物的通用名称。

聚乙烯（Polyethylene）：用于加工烯烃纤维的两种聚合物之一，聚乙烯是最常用的塑料，经常用于制绳和日常面料。

聚对苯二甲酸乙二醇酯乙烯（Poly（ethylene terephthalate））：用于加工聚酯和PET（坚硬透明的塑料，通常用于制作容器）的合成聚合物

聚合（Polymerization）：任何单体结合在一起形成长链聚合物的化学过程。

聚丙烯（Polypropylene）：用于加工烯烃纤维的两种聚合物之一，聚乙烯是最常用的塑料，经常用于制绳和日常面料。

聚氨酯（Polyurethane）：用于制作弹性纤维及许多类型的柔韧泡沫的聚合物。

普拉托（Prato）：意大利羊毛工业的重要中心，临近佛罗伦萨。

"第一视觉"面料展（Premier Vision）：每年两次在法国巴黎及其他国际场所举办的面料贸易展。

预缩（Pre-shrunk）：面料在织布厂已经收缩，不需要继续收缩。

三原色（Primary colours）：红、黄、蓝三种不能通过混合其他颜色得到的色彩。

基色三色组（Primary triad）：三原色。

印数（Print run）：纺织品印花中经常指需要印的面料数量，但也可以指时间范围。

工艺环（Process wheel）：由三原色混合成纯色时的12步过程。

流水线生产（Production run）：同一款服装同时生产的总数，这个数目作为一个订单交给工厂。

蛋白质纤维（Protein fibre）：动物毛或蚕丝。

蛹（Pupa）：昆虫处于幼虫和成虫之间的过程。

纯染料丝绸（Pure dye silk）：蚕丝在染色过程中还没有增重的阶段。

纯新羊毛（Pure new wool）：见新羊毛（Virgin wool）。

双反面针织（Purl knit）：基本针织组织的反面，正面称为纬平针。

俾哥拉山羊（Pygora）：安哥拉山羊和克什米尔山羊的杂交形成俾格米山羊。

Q

质检（QC）：面料和服装生产的质量控制。

北极麝牛毛（Qiviut/qivent））：麝香牛的下层毛，它的栖息地是加拿大北极圈地区、阿拉斯加和格陵兰岛。

绗缝（Quilting）：将一层面料和一层保暖填料缝合在一起的方法，通常呈菱形图案，但也经常缝成装饰针形，做成质轻保暖的材料，通常用于里衬。

R

酒椰属植物（Raffia palms）：用于加工酒椰叶面料。

耙机（Raker）：组成多色菱形花纹设计的设计线。

兰布莱绵羊或法国美利奴（Rambouillet或French merino）：西班牙美利奴羊和英国长毛羊的杂交品种，最开始在法国近巴黎的兰布莱地区养殖。

苎麻（Ramie）：荨麻属韧皮植物纤维，见中国草和绿苎麻。

生丝（Raw silk）：纺丝过程剩下的短纤维。

黏胶（Rayon）：一种再生纤维素纤维，名称最早于1924年在美国使用，在欧洲被称为黏胶或人造丝，因为它是真丝的廉价替代品。

竹黏胶（Rayon bamboo）：见Bamboo rayon。

活性染料（Reactive dyes）：主要用于纤维素纤维和蛋白质纤维染色的染料。

缫丝（Reeling）：将蚕丝长丝从蚕茧上取下的过程。

重复（Repeat）：一个完整的印花或梭织设计单元。

防染（Resist dyeing）：一种描述阻止染料到达面料特定区域而形成图案的方法的通用术语。

树脂（Resin）：见天然树脂和合成树脂。

沤麻（Retting）：描述所有韧皮纤维，将纤维从植物茎秆上分离的过程。

正反面（Reversible）：既能正面使用，也能反面使用制作服装的面料。

罗纹（Ribs）：经常用于毛衣的腰口和袖口，以实现更好的弹性和封闭合体性，也可以用于全贴身针织效果。

梳麻（Rippling）：亚麻纤维的生产工艺，通过机械方法将种子去除。

罗门哈·奥托（Rohm Otto，1876–1939）：德国科学家，他关于丙烯酸酯聚合物的博士论文激发了理解丙烯酸实际应用。

罗拉格（Rolag）：梳理形成的一卷松散纤维。

辊筒印花（Roller printing）：使用刻花辊筒将颜色和设计图案转移到面料上的工业印花方法。

草甘膦（Roundup Ready）：转基因棉某种特质的注册商标。

粗纱（Roves）：准备纺纱的连续长度的纤维。

纱束（Roving）：一束长而窄的纤维，由轻微加捻握持在一起。

轮状皱领（Ruff）：围绕颈部穿着的服装配件，通常是亚麻的，从16世纪中期到17世纪中期在欧洲很流行。

印花长度（Run（print））：印花面料完整、连续的长度。

S

锦绣（Samite）：用金银线织成的给上层人士穿着的重丝织物，起源于拜占庭早期，在中世纪的意大利和沿丝绸之路的波斯地区也有出现。

砂洗丝绸（Sand-washed silk）：用砂或其他的研磨材料洗丝绸织物，磨损其表面产生麂皮一样的触感和手感，具有桃皮绒的外观。

纱丽（Sari）：印度妇女的传统服装。

萨珊王朝（Sassanid Persia）：最后的前伊斯兰波斯王朝，从公元3世纪持续到公元7世纪。

横贡（Sateen）：缎纹组织面料，正面有抛光的光泽。

纬面缎纹（Sateen weave）：大量纬纱呈现在织物正面的织物结构，得到柔软的手感和光滑的表面。

经面缎纹（Satin weave）：大量经纱呈现在织物正面的织物结构，得到平整、柔软的手感和光滑的表面。经面缎纹不要与色丁织物混淆，色丁织物指具有缎纹组织的面料。

饱和度（Saturation）：特定颜色的纯度或强度。

国际海洋颜色纺织品标准色彩词典（SCOTDIC，Standard Color of Textile Dictionnaire Internationale de la Couleur）：世界范围的织物色彩编纂系统。这个系统适用于聚酯、棉和羊毛。编码定义了数千种颜色的色相、明度和纯度，总部位于日本东京。

煮练（Scouring）：除去纱线上天然的油脂及污物，赋予纤维饱满度和使织物胀大。

打麻机（Scutchers）：见Scutching。

打麻（Scutching）：使用金属辊筒将纤维茎秆从韧皮纤维的木质茎上分离的过程。

海岛棉（Sea Island cotton）：特级的长绒棉。

接缝翻转（Seam turning）：接缝缝好后将里面翻出来，使其成为服装的正面。

二次色（Secondary colours）：混合三原色中的两种形成的颜色，二次色是绿色、橙色和紫色。

间色三色组（Secondary triad）：三种二次色。

籽棉（Seed cotton）：清理前的棉花，即在轧棉过程开始前收获的棉花。

布边（Selvedge）：织物沿经纱方向的结实的边界。

丝胶（Sericin）：由蚕的腺体产生的水溶性防护胶。

养蚕（Sericulture）：饲养蚕蛾的过程。

长衫裤（Shalwar Kameez）：主要由孟加拉国、斯里兰卡、巴基斯坦妇女穿着的传统服装，宽松裤是宽松的类似睡衣裤的长裤，克米兹是长衬衫或长袍。

沙拉拉（Sharara）：自莫卧儿王朝入侵时期流行于印度的传统穆斯林妇女的服装。

分成制（Sharecropping）：在农业生产中，地主将一定的利润分给在土地上劳作的承租人，尤其是指美国内战后，在白人拥有的棉花种植园的黑人农民（以前的奴隶）。

沙图仕（Shatoosh）：由藏羚羊的绒毛制成的围巾。

剪毛（Shearing）：一片式剪去羊毛或者其他产毛动物毛的工艺 。

设得兰绵羊（Shetland sheep）：起源于斯堪的纳维亚，具有超细纤维羊毛的绵羊。

次羊毛（Shoddy）：从羊毛织物拽下或重新纺纱得到的回收或再生的羊毛。

闪色（Shot）：从不同方向看时，织物具有变幻的颜色。

木质茎（Shous）：加工韧皮纤维时，将纤维部分从茎秆分离前的木质茎秆。

梭子（Shuttle）：梭织工具，用于存储和来回传递纬纱通过两根经纱之间的空间。

蚕蛾（Silk moth）：驯养的蚕蛾，在桑树的叶子上驯养，眼睛没有视力，不能飞行，蚕丝由毛虫的蚕茧上得到。

落绵（Silk noil）：见原丝（Raw silk）。

丝路（Silk Road）：古代连接中国和亚洲次大陆及中东的贸易通道。

丝网印花（Silk-screen printing）：用手工或机械方法，利用丝网和墨水印制图案的工艺，现在丝网使用合成纤维制成。

蚕（Silkworm）：家蚕的幼虫或毛虫，驯养的蚕只能在桑树叶上饲养。

单层毛（Single coat）：羊身上没有针毛。

单层汗布（Single jersey）：正面是平针，反面是反针。

绞纱（Skein）：卷绕纱线头打结保持形状。

净毛（Skirted）：清洁、去除了所有污物的安哥拉纤维。

斯尔沃斯（Silvers）：没有加捻的束状纤维。

缩褶（Smocking）：针线装饰作品或绣花工艺，用来将织物聚拢并集结持在一起，见绞（Hank）。

间隔染色（Space dyeing）：一种染色技术，颜色随意的或者沿纱线固定间距施加到纱线上，在梭织或针织面料上形成随意的多色效果。

氨纶（Spandex）：北美用于弹性织物和纱线的通用术语。

喷丝孔（Spinneret）：（1）蚕头部的开口，分泌防护性的丝胶；（2）用于挤出黏性聚合物长丝纤维的多孔装置。

纺纱（Spinning）：（1）纱线单向加捻的过程；（2）通过挤出喷丝孔，生产聚合物长丝纤维的加工过程。

纺纱机（Spinning frame）：18世纪的发明，归功于理查德·阿克赖特（1733-1792），但实际是其他人受雇佣时发明的，其后发明了水力织机（1769年申请专利），提高产能，生产的纱线比早期的珍妮纺纱机更结实。

珍妮纺纱机（Spinning Jenny）：多根纱线纺纱机，1764年由詹姆斯·哈格里夫斯（1720-1778）于英格兰兰开夏郡发明（1770年申请专利）。它能8路纱线（后来增加到80路）同时进行纺纱，在某种程度上开始了英国的工业革命，以他女儿的名字命名。

纺纱过程（Spinning process）：几步独立过程的统称，包括梳理、粗纺、牵伸和纺纱。

打卷（Spiralling）：针织面料扭曲变形。

分级（Staple）：量化纺织纤维的长度、质量和等级。

短纤维（Staple fibre）：固定长度的纤维。

线迹（Stitches）：形成织物的单独联结的线圈。

库房（Stock houses）：从不同来源找到并存储面料的批发公司，优点是可以购买少量面料而不需要直接给工厂下订单。

条纹（Striation）：一系列平行排列的纹路或脊线。

打样（Strike-off）：基本的小印花样片，用来确认颜色和印花图案。

脱色（Stripping）：去除印花织物上不想要的颜色。

减色（Subtractive colour）：基于天然及化学来源的颜料和染料产生颜色的方法。颜色吸收一定波长的光，并反射其他波长的光。

苏恩（Sunn）：生长于印度的不同类型大麻，也称为印度麻（Bombay hemp）

超级100支（Super 100's）：一种国际体系，确定一定范围内的精纺面料，从超级100支到超级210支，数值越高，纱线越细，是定制服装的理想面料。

供应链（Supply chain）：从产品概念到零售过程中所涉及的所有不同的学科、服务以及参与的人。

苏里（Suri）：读作soo'ree，两种羊驼类型的其中之一，它们具有类似蚕丝、纤细的缕状纤维，见华卡约（Huacaya）。

合成纤维（Synthetics）：石油化工得到的人造纤维（可以是短纤维纱或长丝纱）。不要与再生纤维混淆（部分天然，部分合成），再生纤维是经过化学处理的纤维素纤维。

合成树脂（Synthetic resin）：模拟天然树脂的部分性能而开发的一类合成产品。

T

塔夫绸（Taffeta）：精细、平整紧密的梭织丝绸面料，手感干爽，

定制（Tailoring）：劳动密集型的艺术或工艺，高标准的剪裁缝制服装。

上油（Tamponing）：一层均匀的油膜施加到丝绸面料上，将不规则部分弄光滑。

秘鲁棉花（Tanguis cotton）：秘鲁生长的不同棉花，通常是有机棉。有一些品种是天然彩棉。

达帕达（Tapada）：两种"净毛率低的毛"骆马品种之一，也称为lanuda。

挂毯编织（Tapestry weaving）：垂直织机织造技术，由于所有的经纱都不可见，有时称为纬面织物。

目标消费者（Target consumer）：销售术语，用于指理想的消费者人群。

柞蚕蚕蛾（Tassah moths/also tassar）：印度柞蚕和普利柞蚕，分别是野生和半野生蚕蛾。

技术型面料（Technical fabric）：生产用于特定的功能性。

技术专家（Technologist）：服装或面料结构、生产或质量等所有领域的专家。

拉伸强度（Tensile strength）：测量将材料拉伸到断裂点时的应力。

三次色（Tertiary colours）：当三原色之一和相邻的次级色混合时得到的颜色。

特丽纶（Terylene）：涤纶纤维的一个商品名。

特克斯（Tex）：测量纤维线密度的一个国际单位。

耐刺穿性（Thorn proofs）：传统用于户外活动的不同类型、结实耐用的纺织品，通常用切维厄特绵羊毛或新西兰杂交羊毛制成。强捻纱能加工成手感较硬、难以破坏的面料。

织物经纬密度（Thread count）：决定面料厚薄的评价指标，通过一平方英寸面料上经纬纱线的根数决定。

穿线器（Threader）：加工蚕丝时使用的机器喂纱装置。

加捻（Throwing）：为蚕丝加捻。

加捻丝线（Thrown threads）：加捻蚕丝获得的不同类型的纱线。

扎染（Tie-dyeing）：染色前通过捆扎、打结、针缝等方式将图案施加到面料上，然后在染色后松开得到图案。

色调（Tone）：描述颜色的明度、色值、亮度、灰度和光度。

明缝（Top-stitching）：指服装上可见的缝迹，与将服装各部分结合在一起的功能性缝迹不同。

麻的粗纤维（Tow）：大量没有加捻的人造纤维，在亚麻生产时，也用来描述两种亚麻纤维之一，这种纤维较短，而较长的纤维称为长线纤维。

贸易展销会（Trade fairs）：纱线、面料和服装生产商聚集在一起展示和销售新产品的地方。

商标名（Trade name）：特别的品牌。

三色系（Triadic hues）：光谱在色环状态下任何三种等距的颜色。

三合一（Tri-blended）：三种不同类型的纤维混合在一起。

辅料（Trimmings）：描述服装上任何数量的功能性组件的通用术语，如钮扣、拉链及穗带等装饰附件。

柞蚕丝（Tussah silk）：最常见的野蚕丝，由柞蚕得到。

刮麻（Tuxing）：将叶子叶鞘内外层分离得到其中纤维的加工过程。

斜纹（Twill weave）：具有明显倾斜线的织物组织。

加捻（Twist）：纺纱过程中纤维呈螺旋形，赋予额外的强度，还可以赋予其他的颜色或使用另外的纤维一起加捻，得到特殊的外观和手感。这个术语也用来描述纱线加捻的方向（S捻或Z捻）。

双向面料（Two-way fabric）：织物样片可以在任意方向剪裁而不影响最终产品的性能。

U

独特卖点（USP）：销售术语。

V

色彩明度（Value （（colour））：色彩的亮度和净度。

缸（Vat）：染色容器。

还原染料（Vat dyes）：染棉的常用染料。

骆马（Vicuna）：南美骆驼家族最小的品种，由骆马纤维制成的面料和服装应该得到秘鲁政府的认证，它是唯一的一个认证机构，确保对该动物的保护。

纯新羊毛（Virgin Wool/ pure new wool）：羊毛制品由从未使用过的羊毛纤维制成。

黏胶（Viscose）：天然再生聚合物纤维素纤维（人造）的通用名称。它本身不能溶解，需要加入化学物质，生产溶液后挤出形成长丝纱。第一种黏胶纤维纱线在20世纪早期由木浆制得。

竹黏胶（Viscose bamboo）：见Bamboo viscose。

黏性（Viscous）：描述又厚又黏，难以流动的液体。

视觉环（Visual wheel）：由列奥纳多·达·芬奇创立的16步分色或减色环，他对互补色的理解受文艺复兴油画的影响非常大。

W

填料（Wadding）：通常是用来增加保暖性的无纺填充料。

纵向凸纹（Wales）：（1）沿面料长度方向的一列线圈；（2）灯芯绒脊状凸起或罗纹，与布边平行，脊状凸起越粗，用数字表示时越小，反之亦然。1英寸内纵向条纹的数目称为纵向条数，21条灯芯绒表示每英寸有21条凸纹。

经纱（Warp）：纱线沿面料长度方向，从上到下。

防水（Waterproof）：完全防止水进入。

拨水（Water-repellent）：部分防水。

拒水（Water-resistant）：防水但不能完全阻止吸水。

上蜡（Waxing）：面料浸蜡使其防雨。

机织（Weaving）：经纱和纬纱相互穿插形成面料的过程。

成网（Web）：单层或多层纤维通过纺纱过程成片，也称为棉絮。

纬纱（Weft）：纱线边到边穿过面料。

增重（Weighting）：丝绸面料染色和整理前施加金属盐。丝绸加工过程中纤维脱胶以去除使天然纤维硬挺和具有纸感的丝胶。通过加金属盐增重的方法补偿失去的重量，并提升光泽。

湿法印花（Wet prints）：用染料（可溶于水）而不是颜料（不能溶于水）对织物上色。

白领（White collar）：从事办公室工作的人。

白苎麻（White ramie）：见中国草（China grass）。

芯吸（Wick）：蒸汽和汗液蒸发走的过程。

野蚕丝（Wild silks）：粗糙、具有竹节，与驯养蚕的蚕丝不同的外观。由于蚕破茧而出，蚕茧被破坏。

碎茎（Winnowing）：处理亚麻过程中，将颗粒从粗纤维上除去的过程。

混纺羊毛（Wool blends）：不同羊毛或羊毛与其他纤维混纺。

羊毛分级（Wool classes）：羊毛纤维分级评价，纤维直径、细度，卷曲、长度、洁净度、颜色、饲养及最终用途都会考虑。

粗纺毛纱支数（Woollen或wool count）：指按照毛织体系纺成的纱线，512米长相当于一磅（454克）。

粗纺纱（Woollen spun yarn）：经过粗梳和拉伸的纱线，没有经过精梳。

羊毛标志（Woolmark）：用于将不同类型的澳大利亚羊毛品牌化而使用的注册商标，作为质量标准的保证。

毛用绵羊（Wool sheep）：用于羊毛生产的羊。

精纺毛纱支数（Worsted count）：根据重量而不是长度买卖纱线，纱线重量和长度的关系用纱支表示，表示纱线的直径或粗细。纱支表示每560码（512米）重量为1磅（454克），要从精纺毛纱支数转成公制支数，长度乘以1.129，例如，1/15精纺毛纱支数对应1/17公制支数。

精纺纱（Worsted spun yarn）：经过梳理、拉伸和精梳的纱线。

X

黄化（Xanthation）：从纤维素制成纤维素黏胶的过程之一。

Y

牦牛（Yak）：生长于中国西藏高原，家养用于运输的牲畜类，也用于提取纤维。

山见蚕蛾（Yamami silk moth）：据信是日本本土的品种。

纱线（Yarn）：加捻或未加捻的连续长度的纤维。

纱支（Yarn count）：纱线细度的数学表达，代表固定重量时，特定长度的纱线。纱支越高，纱线越细。

纱线染色（Yarn dyeing）：纱线在织成面料前就进行染色。

羊毛脂（Yolk）：安哥拉山羊羊毛上的油脂。

Z

扎里（Zari/Jari/Zardozi）：金银装饰的手工艺品，主要用于印度和巴基斯坦。

全包式紧身衣（Zentai）：覆盖全身的紧身服装，这个单词是“zenshin taitsu”的合成词，是一个日本语，代表全身包覆。

致谢（Acknowledgements）